# 浦江築夢

毛佳樑 著

学林出版社

爲建廣廈千萬間

海上王宜明題

# 序 一

## 学习 思考 创新

佳樑同志长期在上海从事规划建设工作，就工作性质而言，城乡规划工作是推动城乡健康、有序、高质量发展，人民实现美好生活的事业，责任十分重大。就上海的城乡规划工作而言，更有另外一层要求。建设“五个中心”和具有中国特色社会主义国际大都市是上海发展的主旨，这就要求我们上海的规划工作既要着眼于当下，又要着眼于长远；既要着眼于上海大都市经济的发展，又要着眼于人民生活品质的提升；既要着眼于上海城乡发展的统筹，又要着眼于长三角城市群规划一体化发展的思考；既要对标世界一流城市的高水平规划，又要扎实地保护和建设好上海地区的历史文化风貌……如何处理好这些错综复杂的关系，佳樑同志一直有着清晰的认识和切实的行动。这是我与他认识二十多年来对他最基本的一个认知。

佳樑同志准备将工作期间发表的文章集结成书，让我写篇序，我欣然答应。他作为百万知青中的一员，曾远赴黑龙江国营农场，屯垦戍边。回到上海后，他先是在区里，后到市级管理部门，长期从事城市建设和规划管理工作。佳樑同志在这个领域不断总结经验教训，思想提升到了一个哲学的高度，工作上也不断取得新的成果。读了书稿，我真切地感受到，佳樑同志是一个尊重知识、善于学习、勤于思考、勇于面对工作困难的人。不管到哪个岗位，他始终保持不断进取的心态，在繁忙的工作之余，努力学习政治理论、业务知识，特别是城市规划和建设等专业知识，坚持学以致用，这些品质在书中的许多文章里都有体现。实际上，知识也是在不断更新的，只有坚持在实践中学习，才有可能从不太专业到相对专业，再到相当专业。学习，让一切都变得有可能。

作为改革开放的亲历者，佳樑同志赶上了好时代，参与了上海城乡建设与发展工作，特别是浦东开发开放以来，上海发展更快、变化更大。上海四十年的光辉业绩，一是靠党的正确领导，靠改革开放政策；二是靠勤勤恳恳奋战在第一线的广大干部与职工；三是靠全体市民群众的理解和支持。而且，在这前所未有的大建设中，佳樑同志始终坚持在实践中学习，这种得益是巨大的，是在其他课堂上永远学习不到的。

佳樑同志不仅做人踏实，办事认真，而且善于团结和协调团队，让整个班子形成共识，以较为一致的理念开展工作，整个团队形成优势互补。毫无疑问，他在专业领域中的思想、水平和工作能力同步得到了提升，这也是佳樑同志给我印象比较深刻的一个特质。我和佳樑同志在工作上比较熟悉，是他在市住宅局和市规划局工作期间。无论是担任副局长，还是党委书记、局长，始终认真贯彻落实上海市委、市政府的中心任务和决策部署，始终坚持承上启下、向老同志学习，坚持开拓创新、求真务实。特别重要的是，他在班子内团结向上、踏实工作，在不断化解问题和困难中拓展眼界、增强能力，为上海城乡规划、建设和管理工作作出贡献。后来，他在担任市政协常委期间，建言献策，积极参与人资环建委工作，也很有成效。

"学而不思则罔，思而不学则殆"，在实践中坚持学习与思考的一致性，也是佳樑同志的另一个特点。因而，他的文章，既有对工作的总结，也有对理论的深入思考与心得体会，充分体现了他对工作的专注、对事业的热爱。例如他坚持理论联系实际，思考并剖析了城市规划管理中八个方面的辩证关系；从城市整体风貌出发，提出了居住建筑的文化观赏功能；阻止了一条历史风貌道路被拓宽，强化了对历史文化风貌道路的梳理和保护。而故事访谈，则从侧面展现了他在工作中的大局意识、宽广的视野和睿智的思维。我曾去调研过文中提到的"陆丰路老公房综合改造试点"，佳樑会同住宅局同志全力推进了这项具有开创性的民生工作，给这幢老公房改造加装电梯后，受到广大居民的真诚感谢。还有一件事，令我印象深刻。2006年，我在市政府工作，参加了由市规划局和上海警备区后勤部联合召开的驻沪部队规划工作会议。会议通过积极探索建立部队和地方规划管理部门的协同审批机制，既能主动服务驻沪部队的工作需求，也有利于推进地方和部队规划工作的规范、有序开展。这种加强城市规划管理的创新方法，也可以说是一种学习与实践相结合的成果。

读《浦江筑梦——为建广厦千万间》，特别是其中的访谈故事，使我深切感受到佳樑同志作为规划系统中的一员，在“以人民为中心”“服务城市可持续发展”“保护历史文化”等核心理念指引下的规划实践，展现了其专业、情怀和智慧！他直接参与了上海许多重点地区、重大项目的规划建设，特别是从领导岗位退下来后，仍带领上海规划专家组，持之以恒地做好市委、市政府主要领导交办的援疆、援滇规划工作，十年如一日，这令我十分感动。

可以说，《浦江筑梦——为建广厦千万间》既是一个规划工作者、领导者几十年来的工作实践，也是历史的回忆、理性的总结，更体现了一代规划人对城市发展的美好愿望、对人民幸福生活的努力和追求！

上海市第十一届政协主席

2025年5月

# 序 二

## 见证激情岁月

前些日子得知毛佳樑同志在编著一本书，将他几十年工作中的所思所想所做进行梳理总结，得此消息后我就一直期盼着。此后，十分荣幸拿到《浦江筑梦——为建广厦千万间》样书，一口气读完，感觉又回到了改革开放、新世纪国家经济发展和城市建设的难忘岁月，四十多年的风雨兼程、砥砺前行，历历在目。

我因工作需要，于1999年从海口市政府调建设部任规划司司长，开始与上海从事规划和建设工作的同志们有了更全面、更深入的交往，也与佳樑同志在工作中相识、相熟、相知。当时上海正处于城市发展建设的高潮时期，2001版上海总规获国务院批准后，浦东开发建设方兴未艾，"一城九镇"建设又拉开序幕，加上黄浦江两岸规划实施、世博会园区规划建设、历史文化名城保护、整体人居环境质量提升、长三角城市群规划编制等一系列重大事项的推进，同时体制机制要符合现代化国际化要求、可持续发展理念要落实、运作方法要适应中国特色，城市规划管理面临前所未有的挑战。当然，机会也是前所未有的。能否在紧迫的时间内，为如此宏大的事业作出应有的贡献，创出"上海经验"乃至"中国经验"，是时代赋予的责任。

面对全国城市建设"遍地开花"的局面，为了防止建设中出现"散""乱"等现象，建设部倾向将城市规划审批管理权集中统一在市级政府的制度设计中。上海处于城市建设的高潮期，如何使城市规划建设管理有序、有效？自20世纪90年代起，上海市委、市政府经反复研究后，试行"两级政府、两级管理"的城市规划管理机制。2003年4月，毛佳樑同志调任上海市城市规划管理局局长，与领导班子成员常来北京与我们探讨交流，介绍上海在规划管理上确保不失控的制度设计，强化城市规划制定权和建设工程许可的监督权集中在市级；同时，积极发挥区级规划管理部门的作用，开展属地的建设工程规划许可工作，辅以全市规划工作的信息化联网，把住法定程序关和强制性条文关。建设部与上海市政府、市规划局多次沟通后，肯定了上海对特大城市规划管理制度的探索。随后，毛佳樑同志组织市、区规划局总结上海城市规划管理经验，编撰《上海城市规划管理实践：科学发展观统领下的城市规划管理探索》一书，此书对促进全国城市规划工作向科学化、法制化发展起到了很好的推动作用。

2006年，上海启动对2001版总规的评估工作，佳樑同志又带领上海市规划局和上海市规划院领导一起来京，共同讨论如何做好评估工作，掌握底数，提出对策，才能言之有据。上海在之后的评估中走出了新路子，比较全面、系统地研究并建立了城市总体规划评估构架和指标体系，在全国率先建立规划数据库。2010年，我在住建部担任总规划师期间，参加了2009年度全国城乡规划设计评优工作，彼时佳樑同志已转任上海市城市规划行业协会会长。那一年，上海市规划院完成的《上海市城市总体规划实施评估》成果获得了全国一等奖。

2015年8月，我带领住建部专家组审查上海新一轮城市总体规划《纲要》，他作为上海总规编制公众参与咨询团团长，共同讨论把关上海总规成果。

毛佳樑同志孜孜不倦地为上海城市建设和规划事业贡献着自己的智慧和热情。随着历史文化遗产保护工作对城市的重要性逐渐被人们所认识，城市遗产保护工作也越来越重要。在上海市政府主要领导的支持下，佳樑同志抓住山阴路保护契机，首开先河，开展了风貌道路的梳理研究，及时组织编制了历史风貌道路保护规划，并制订了相应的管理意见，使得上海城市历史文化遗产保护和风貌保护有了“点、线、面”的完整体系，进一步形成了优秀历史建筑、风貌保护道路和历史文化风貌区三个保护层面。这些工作思路和实践在《传承历史、延续文脉，提升城市历史风貌保护水平》《一条风貌道路》等相关文章中，都有着生动的体现。

前些年，我到龄后在中国城市规划协会工作，而佳樑同志已在上海城市规划行业协会工作多年。根据沪疆两地主要领导的嘱托，他带领上海援疆规划专家组、新疆维吾尔自治区城乡规划顾问组的同志们，奔波在辽阔的新疆大地上，为上海的规划援疆工作作出很大贡献，提升了规划援疆的内涵和高度。我们也因在援疆工作中一起为全疆领导干部授课而碰面。

毛佳樑同志的《浦江筑梦——为建广厦千万间》即将付梓，这本书是他对工作历程的回顾，也是对同一时期上海城市建设和城市规划历程的梳理，很多文章记录了那个时期城乡规划创新和发展背后的故事。上海这四十多年的城市发展建设"当惊世界殊"，毛佳樑同志是这一进程中的重要参与者。他用学习心得表述其中探索的艰辛和成就，表现了他的谦虚态度。事实上，如果我们读这本书，同那个时代的背景结合起来思考，体会将更加深刻。《浦江筑梦——为建广厦千万间》是规划工作者难得的一份学习资料。

中国城市规划协会会长 唐凯

2025年5月于北京

# 序　三

## 读《浦江筑梦——为建广厦千万间》

我们平素亲切地称呼他“佳樑局长”，即使他卸任后依然如此。《浦江筑梦——为建广厦千万间》是佳樑局长对工作经历的回顾，既是一部回忆录，更是一部浓缩的上海近四十年建设史。读这本书也让我回想起在佳樑局长领导下工作和学习的那些年代。我的专业是建筑学，进入规划领域有偶然性，有幸在工作中有许多机会见到佳樑局长，从他那里学到了许多规划思想，受益良多。

佳樑局长先后担任上海市住宅发展局和上海市城市规划管理局的局长，卸任后又多年担任上海市政协常委和上海市城市规划行业协会会长，经历了上海改革开放的重要建设时期，也是经济快速发展的时期。为贯彻落实好市委、市政府的总体部署，佳樑局长也是在工作中不断学习专业知识，把握全局，全力实施上海城市总体规划，注重全面发展，注重协调发展，也注重可持续发展，作为规划工作者和领导者，阅历和指导项目无数，四十多年的上海发展进程有他的智慧和贡献。

我自1995年起担任过两届上海市政协委员，当年凡是与城市建设和城市规划有关的研讨场合，经常见到佳樑局长，他总是亲自到会，详尽介绍规划问题，专心听取委员的意见和建议。

自1998年起，我参加上海市规划委员会的专家委员会，先是在城市空间与环境专业委员会，以后又在城市发展战略委员会，参加上海的城市规划和历史文化名城保护的讨论，参与2010年上海世博会的筹办、黄浦江两岸滨江规划等咨询工作，有许多机会在佳樑局长领导下工作。2013年以后我参与上海2035总规的编制，佳樑局长担任总规编制的公众参与咨询团团长，又有机会学习他的规划思想。

佳樑局长主政规划期间正是上海世博会紧锣密鼓的规划和筹办时期，城市建设全面推进，基础设施和轨道交通的建设全面铺开。我参与上海世博会的主题演绎，参与世博园区的总体规划的讨论，深入涉及上海城市发展的各种问题。深切感受到上海城市总体规划的编制与未来城市发展的关系，尤其是这届世博会的主题“城市，让生活更美好”，更是关系到城市发展的愿景。

自2004年起，我因参加历史风貌区和优秀历史建筑保护专家委员会的工作，深深体会到上海在历史建筑保护方面有许多创举都与佳樑局长的指导和推进落实有关。在市委、市政府领导下，他大力推进历史文化风貌区的整体规划和保护，建立最严格的历史文化风貌区和优秀历史建筑的保护制度。2004年提出历史风貌道路的保护，确定了64条永不拓宽的历史风貌道路，如规划与历史风貌道路的保护有矛盾，以风貌道路保护为准。传统意义的城市建设为解决交通问题，就不断拓宽马路，致使街道两侧的行道树和建筑面目全非。上海外滩源位于北京东路和圆明园路转角一幢19世纪末的洋行建筑，由于历史风貌道路红线不得变更而得以保留，成为上海历史建筑保护的优秀案例。城市的街道格局也因此得以保存，一大批历史建筑得以保护。

2011—2018年，我有机会参加援疆规划专家顾问组，2016—2019年，又有三年参加援滇专家顾问组，参与新疆和云南的城市规划讨论和指导，专家顾问组的组长是佳樑局长。在新疆，专家组不仅参与上海市援建的喀什市所属叶城、莎车、巴楚和泽普四县的规划咨询，同时还承担新疆自治区的规划顾问和干部培训工作，到过14个地州的60多个市县开展调研和咨询，以推进当地城市布局优化，健全城乡规划体系，提升规划管理水平。我们的专家组成员有原上海市城市规划管理局局长、规划局原副总工程师，市规划设计院的总工程师和大学的城乡规划、建筑、交通、生态领域的教授，都在佳樑组长的领导和指导下工作，有很多机会学习他的规划思想。每逢各城市规划的研讨会，都由佳樑组长主持会议，总结会议，佳樑组长的总结能敏锐地把握各位发言的要点，每次都会提出详尽的具有现实性和可行性的指导意见。

《浦江筑梦——为建广厦千万间》是一部珍贵的历史回忆，也是一部亲历者探索规划和建设工作的思想笔记。由于规划和建设工作的特殊性，涉及城市的各个领域和历史的演变，这部历史回忆也是珍贵的文献资料。读《浦江筑梦——为建广厦千万间》，把我们又带回到那些曾经经历过的跌宕起伏的激情年代，让我们对未来的人民城市发展充满理想和期望。

中国科学院院士、同济大学教授

2025年5月2日于上海

# 自 序

## 感恩改革开放好时代

六年前的2019年，是中华人民共和国七十华诞，也是上海解放70周年，我恰逢70周岁，感到由衷地高兴。当年7月，我在上海市城市规划行业协会换届卸任，工作压力减轻，心情也随之放松。

2018年，正值全国纪念改革开放40周年，我曾应邀参加了由上海市委党校、复旦大学、同济大学、规划协会等单位举办的专题讲座，经常要翻阅工作期间的一些资料和笔记。此后有了一些空闲时间，我便尝试把三十年来发表在杂志、报刊上的文章作一些收集、梳理，包括记者采访留下的一些工作回忆和实践案例，成为如今这本《浦江筑梦——为建广厦千万间》，以留作纪念。本书付梓之际，我想说几句心里话。

第一，感恩改革开放的好时代。

我很荣幸与共和国同龄，生在旧社会，长在红旗下，沐浴着新中国的阳光。在上海念完小学、初中，从杨浦区房地局中专学校毕业后，响应毛主席的号召，我下乡到黑龙江省山河农场。春播秋收，风雪严寒，在北大荒度过的知青岁月，为我日后的人生道路打下了坚实基础。1979年我返回上海，正赶上了改革开放的好时代。但是当年的上海，住房难、交通难、就业难，城市建设和市民生活都面临重重困难，上海是在艰难之中砥砺前行。自1990年党中央、国务院宣布浦东开发开放后，我们经历了从20世纪90年代"一年一个样、三年大变样"，到跨入21世纪建设"四个中心"和现代化国际大都市，再到现在进入中国特色社会主义新时代，全力建设"五个中心"、加快推进中国式现代化进程。世界在变化，中国在振兴，上海的发展举世瞩目，人民生活水平不断提高，城乡面貌焕然一新。四十多年来，我有幸参与了改革开放的一段历程，也共享了改革开放的丰硕成果。首先要感恩党中央的英明决策和正确领导，没有改革开放，就没有我们今天美好的生活！

第二,感激家乡上海对我的培育。

我从小喝着黄浦江的水长大,童年时代看到最高的建筑是南京路上24层的国际饭店。求学时期,最喜欢去的地方,是离家半里路的福州路上几家旧书店。最浓郁的乡情,是陪伴我成长的石库门里弄。上海在我的生命中就像母亲一样,我对她有着难以忘怀的深厚感情。时代在进步,改革在深入,在历届市委、市政府的领导下,上海坚持转型、提升、创新、发展,焕发出新的魅力。我们看着上海一年年变得更高、更美、更有气质和温度,特别是“海纳百川、追求卓越、开明睿智、大气谦和”的城市精神已经渗透到我们的血液之中,激励着一代又一代上海人民脚踏实地、奋力拼搏。我们为生活在党的诞生地,这座有着光荣革命传统的城市而倍感自豪和亲切;也愿意为上海在新时代再出发,贡献自己毕生的智慧和力量。

第三,感悟城乡规划和建设事业对我的教益。

知青返城后,根据政策,我被分配回到上海房地系统工作,从黄浦区房地局基层工作做起,在组织的教育和培养下,后来到了区住宅办、区政府工作。1995年初,我调任新组建的上海市住宅发展局,一直从事旧区改造和新区建设工作,尤其是参与了上海365万危棚简屋的改造和全市住宅的建设发展,始终与城市规划有缘。2003 年 4 月组织上调我到上海市城市规划管理局任职,我直接参与了一系列重大城乡规划的编制、审批和管理工作,如推进2001版总规落地实施,承前启后开展世博会园区、黄浦江两岸地区、虹桥综合交通枢纽等重大规划的编制和实施。2008年底,从领导岗位退下来后,我又在市城市规划行业协会工作十年,其间有五年时间参与市政协人口资源环境和城市建设委员会的工作,以及上海城乡规划重点课题的研究,开展了2035总规的公众参与咨询团活动。我还特别受市委、市政府主要领导的委托,带领上海专家组参与援疆、援滇的规划顾问工作。

习近平总书记高度重视规划工作,明确指出“规划科学是最大的效益,规划失误是最大的浪费,规划折腾是最大的忌讳”,使我深受教育和共鸣。几十年的学习探索和工作实践,使我更加体会到城乡规划工作的重要性。一座城市的功能定位、空间布局、产业发展、城乡建设亟须规划的战略引领，同时必须坚持底线管控。从城乡规划到当前构建的国土空间规划体系，充分体现了其公共政策属性。作为城乡规划工作队伍中的一员，秉持的社会责任感和职业精神，促使我们一事当先，首先要思考如何落实国家战略、有利于城市的发展目标和符合人民群众的根本利益。我热爱城乡规划和建设事业，并愿意为之继续发挥自己的一份余热。

第四，感谢各位领导和同仁的关心与帮助。

上山下乡后回到上海，走上工作岗位，我就像走进了社会大学堂，感受到学海无涯，始终有一种边学习边“充电”的自觉。历届市委、市政府领导高瞻远瞩、身体力行，全力推进上海改革开放事业的蓬勃发展；同时教育我们要牢记历史使命，爱岗敬业，尽心尽力，为人民群众服务。我从一名基层工作人员逐步走上部门负责人的岗位，真诚感谢各级领导对我的关心和支持，感谢与我一起工作过的同志对我的帮助和指点，如果没有老领导当年的言传身教、鼎力相助，没有单位里广大干部、职工的努力奋斗，没有兄弟部门领导的理解和支持，我确实难以完成组织上布置的各项任务。

书中汇集的这些文章案例以及工作中的学习心得，都是我在实践探索中的收获和感悟，也是所在单位同事特别是班子成员共同努力的成果。上海在改革开放的进程中，勇立潮头、奋发有为，离不开党中央的关心和支持，上海市、区各级领导的不懈努力和广大市民群众的艰苦奋斗。我作为改革开放的亲历者，就像是黄浦江后浪推前浪中的一簇浪花，借助浩荡东风，与大家齐心协力奔向前方。现在我把工作经历和实践体会记录下来，其中既有成功的喜悦，也有工作中的教训，自省自勉，这是我一辈子弥足珍贵的精神财富。同时，我也希望借此把改革开放大背景下的工作片段作一回顾，作为奉献给社会的一份城市记忆和历史资料。

最后，让我们共同祝愿伟大的祖国，明天更美好！

毛佳樑

2025年6月

# 目 录

## 重点规划篇

## 住宅建设篇

## 区域统筹篇

## 科学发展篇

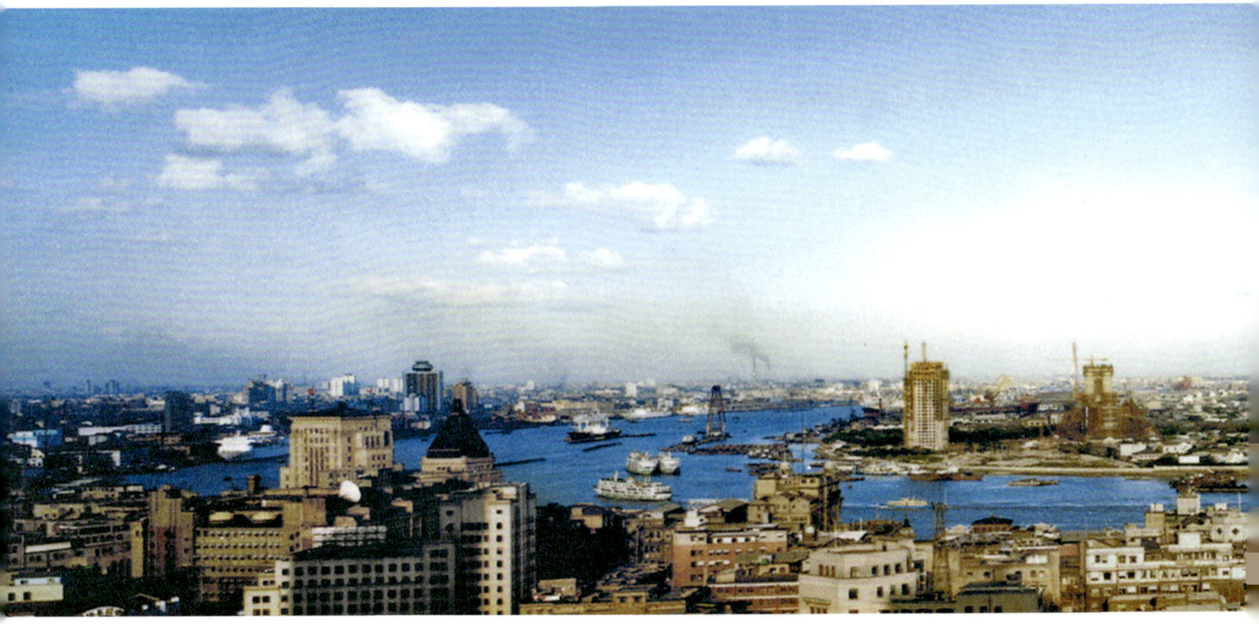

# 歷史文脈篇

## Historical Context

歷史文脈篇

Historical Context

# 保护历史风貌，弘扬都市文化

上海地处太平洋西岸、长江三角洲东端，位于沿江沿海两大经济发达地带的交汇处，地域范围6340平方公里，人口1640万。改革开放以来，作为我国最重要的对外开放城市，上海城市建设步伐加大，以建设国际经济、金融、贸易、航运中心为目标，朝着现代化国际大都市方向大踏步迈进。

上海在中国近代史上有着特殊地位，工商业发达、文化繁荣、人文荟萃、革命史迹丰富。上海历史文化风貌区与优秀历史建筑汇集东西方建筑文化，是上海城市发展和时代变迁的历史见证。1986年，国务院批准上海为第二批国家历史文化名城。

历史文化风貌区和优秀历史建筑的保护工作是上海建设国际化、现代化大都市的重要内容，也是“海纳百川”的上海城市文化特色得以延续的必要手段。因此，我们深刻认识到，上海在城市现代化进程中，必须保护城市历史风貌，提升城市品位，弘扬城市文化，塑造城市精神。

# 一、历史文化风貌区与优秀历史建筑保护的主要成效

上海历届市委、市政府十分重视上海历史文化名城保护。在市领导的关心和市房地局、市文管委的共同努力下，城市规划管理部门加强了对历史文化风貌区与优秀历史建筑的保护，在多年的实际工作中取得了一些成果和经验。主要工作有以下四个方面。

## （一）确定保护范围，锁定保护对象

1996年，上海城市规划管理部门组织编制了《上海历史文化名城保护规划》，划定中心城11处历史文化风貌保护区，确定郊区4个历史文化名镇，确定398处优秀近代建筑。

1999年，上海市政府批准保护234个完整历史街坊、440处历史建筑群，保护和保留的历史建筑总面积达1000万平方米。

2002年，上海市人大颁布《上海市历史文化风貌区和优秀历史建筑保护条例》。

2003年，上海城市规划管理部门根据《上海市历史文化风貌区和优秀历史建筑保护条例》对中心城原有风貌区的保护范围进行整合，经上海市政府批准，确定了12个历史文化风貌区，包括外滩、老城厢、人民广场、衡山路—复兴路、南京西路、愚园路、新华路、山阴路、提篮桥、江湾、龙华、虹桥路历史文化风貌区，总面积约为27平方公里，占上海老城区的三分之一左右。

## （二）制定保护规划，研究保护方法

上海城市规划管理部门组织编制了若干地区的保护规划，确定了保护目标，提出了控制引导方法。比如中心城区的新华路、思南路、溧阳路花园住宅区、多伦路历史街区、老外滩以及郊区的朱家角古镇等地区的保护与整治规划。

上海城市规划管理部门会同市房地部门、市文管委，编制完成了398

处优秀历史建筑的技术管理规定和规划控制要求。

以上规划的编制，为上海全面开展保护工作积累了经验，奠定了基础，有利于从整体上提升上海历史文化风貌区保护工作的水平。

## （三）推进保护立法，明确保护要求

为积极贯彻依法治国基本方略，使保护工作有章可循、有法可依，上海市政府于1991年发布了《上海市优秀近代建筑保护管理办法》。

2002年，市规划局、市房地资源局、市文管委等有关部门联合起草了《上海市历史文化风貌区和优秀历史建筑保护条例》（初稿），经上海市政府审核，上海市人大于2002年7月25日正式颁布，并于2003年1月1日起施行。该条例把保护的范围由单个建筑或建筑群扩展至历史文化风貌区，把保护建筑的时间标准由原规定的1949年以前扩展至建成使用30年以上，对保护管理的内容和方法作了更明确和更细致的规定。

《上海市历史文化风貌区和优秀历史建筑保护条例》的颁布，为上海历史文化风貌区与优秀历史建筑保护工作提供了有力的法律保障。

## （四）加强保护管理，探索保护模式

随着城市经济快速发展和旧区改造工作的深入，保护工作也在不断地进行探索和实践。

在保护模式上，市、区政府管理部门不仅建立了自上而下的目标控制和监督机制，而且注重发挥市场机制的作用，通过适当的经济和法律手段，调动社会各方面的积极性，实现有效保护和合理利用。

例如，中国科学院学科交叉中心办公楼的抢救性修缮。办公楼位于岳阳路319号内，该建筑曾为法国领事馆，建于1928年，两层砖木结构，面积为800平方米。改造前，建筑严重破损，局部不均匀沉降高差达30厘米，被鉴定为危房。将其拆除重建，还是采取保护修缮措施，是城市规划管理部门和房地部门面临的选择性课题。经过各方面专家的论证，在中国科学院的大力支持下，对这幢历史建筑进行了抢救性保护修缮，其现已成为设备一流、深受中外科学家喜爱的学术交流中心。该建筑已被列入第四批优秀历史建筑保护推荐名单。

又如，外滩19幢大楼的置换是上海在保护工作方面所开展的重点工作之一。经过多年的努力，调动了市、区各方面积极性，现已有约三分之二的大楼完成了功能置换和保护性修缮，使这些历史建筑既保持了原有的风貌，又转换成为银行、保险公司等金融行业的办公场所。

回顾历史，上海历史文化风貌区和优秀历史建筑保护工作，是在实践中不断探索和拓展的过程。保护对象不断明晰，规划编制逐步深入，保护管理更加规范。

## 二、历史文化风貌区与优秀历史建筑保护的探索实践

提高城市综合竞争力，建设有历史文化内涵的国际大都市，要求上海进一步加强历史文化风貌区与优秀历史建筑保护工作。这对于上海城市规划管理部门来说，是一项重要任务，也是一个重大课题。

上海市委、市政府在2003年10月召开的第五次规划工作会议上明确提出，上海要建立"最严格的历史文化风貌区和优秀历史建筑的保护制度"。上海城市规划管理部门根据这一要求，按照"全面规划、整体保护、积极利用、依法严管"的原则，从以下四个方面进一步探索，全面深入地开展保护工作。

### （一）推进普查工作，扩展保护对象

在认定保护对象取得一定成果的基础上，上海城市规划管理部门还需要进一步组织普查工作，用系统分析的方法，分层次、有针对性地将城市中具有历史价值的保护对象全面纳入规划管理与监控范围。研究的内容要更为深入细致，以利于掌握全面、翔实的现状资料。

一是全面掌握12个历史文化风貌区和398处优秀历史建筑的现状。对每一个街坊、每一幢建筑进行严格的现场踏勘调查，建立完整、细致的档

案资料，确保保护工作落实到位。

二是研究确定黄浦江、苏州河沿岸产业建筑保护区。把具有历史文化价值和再利用价值的厂房和仓库逐一登记，并通过修旧如旧和局部修缮改造的方式，达到保护和利用的目的。

三是扩大历史文化风貌区和优秀历史建筑的认定范围。2004年，在上海市领导的关心和推进下，市规划局会同房地局和文管委开展了优秀历史建筑的普查工作。在原先确定的398处优秀历史建筑之外，经过认真筛选、认定，形成了上海市第四批共230处优秀历史建筑的推荐名录，于同年10月18日向社会公示，广泛征求各方面的意见。上海郊区历史文化风貌区的普查认定工作也在推进之中，努力把郊区的历史文化名镇、名村纳入规划保护范围内。

## （二）深化保护规划，研究规划编制方法

保护规划编制的科学性和规划管理的可操作性应当紧密结合。城市规划管理部门首先选择试点区域开展保护规划编制工作，在取得成效的基础上，全面推进历史文化风貌区保护规划的编制。

一是从2004年初开始，由上海市城市规划管理局牵头组织编制保护规划。以衡山路—复兴路历史文化风貌区为试点，邀请境内外著名的专家与院校共同参与，认真研究并吸取国内外历史风貌保护与规划管理的成功经验，同时也结合了上海城市的现状管理体制，进行保护规划的制定。目前，该规划已编制完成，成果分为法定文本、图则和研究报告三个部分。规划对既有建筑的保护与改造方式加以分类，对需要保留或拓展的公共开放空间、绿化区域加以明确，对所有沿街建筑和需改造建筑的高度也进行了规定，详尽系统地对每一街区提出科学严格的规划控制要求。该规划已上报上海市政府，批准后将作为该地区保护管理和开发建设的依据。

二是全面推进外滩、江湾、新华路等11个历史文化风貌区保护规划的编制工作。上海市城市规划管理局会同有关区政府于2004年10月开始组织编制相关规划，力争在2005年底完成中心城历史文化风貌区保护规划的编制任务。

老城厢历史文化风貌区　陈志强 摄

三是对衡山路、复兴路、思南路、山阴路等93条风貌街道进行研究，努力维持原有街道的宽度、两侧建筑的高度，保持树木的布置等风貌特色。93条风貌街道分三种保护类型：第一类是将风貌街道的原有特色全部保留；第二类是局部路段拓宽，沿路建筑予以保留；第三类是局部路段拓宽，保留沿路建筑的符号。

## （三）开展试点工作，探索保护工作新举措

以点、线、面为载体，积极探索保护工作新举措。通过“十幢建筑、十条街道、十片地区”的试点，在保护规划的严格指导下，研究探索规划实施的方法与举措，健全完善保护整治的政策与机制，积极推进政府引导、市场运作的新途径。具体设想为：一是“点”上选取10幢优秀历史保护建筑，如原怡和纱厂、面粉厂等；二是“线”上选取10条历史文化特色街道，如愚园路、复兴路、山阴路等；三是“面”上选取10片历史文化风貌地区，如黄浦江、苏州河沿岸保护区，外滩源地区，新华路、思南路、溧阳路花园住宅区等。

## （四）依托科技手段，加强科学管理

上海市历史文化风貌区和优秀历史建筑保护专家委员会已经成立，要充分发挥专家的积极性，强化专家对保护工作的决策咨询与参谋作用。市规划局会同市测绘院正在尝试运用先进的科技手段，对老城厢豫园地区的三维建模试点工作开展研究，现已取得初步成果。通过数字建模的方式进行方案比选，实现了区域内全方位自由浏览功能、固定路径浏览功能和重要观测点的观测功能，可充分体现方案的可比性、互动性、直观性，确定合理的技术指标和优化的景观分析，为城区的历史文化风貌保护和项目审批提供重要的科技支撑。

## （五）加强宣传工作，强化依法行政

对历史文化风貌区和优秀历史建筑的保护，需要各级政府和社会各方面的关心和参与。当前，在保护利用和开发建设关系的处理上，还存在认识上不尽一致、依法保护意识不到位等问题，仍然有不少“拆除真古董，制造假古董”的现象。历史文化风貌区和优秀历史建筑保护工作的配套措施还不完善，管理的力度不够。因此，要进一步扩大宣传，提高全社会对上海历史文化名城保护工作的法律意识。城市规划管理部门应当通过深入贯彻执行《上海市历史文化风貌区和优秀历史建筑保护条例》，努力做到强化管理、依法行政，加大执法力度。

历史文化风貌区和优秀历史建筑的保护工作，是上海城市规划管理工作的重中之重。我们要认真吸取国内外历史名城保护的先进经验，努力开拓，不断创新，真抓实干，在上海城市的发展中，切实保护城市历史风貌，延续城市文脉，弘扬城市精神。

原载于《上海城市规划》2004年第6期

历史文脉篇

Historical Context

# 传承历史、延续文脉，提升城市历史风貌保护水平

## 上海历史风貌保护规划管理实践

上海在城市发展的历史长河中，人文荟萃，多元文化兼容并蓄，在城市空间格局和建筑形态上形成了独特的风格。加强城市历史风貌保护，是坚持科学发展观，促进城市全面协调可持续发展的重要实践，也是保护名城特色、提升城市文化内涵、塑造城市精神的重要工作。

1986年，上海被列为国家历史文化名城。上海历届市委、市政府高度重视历史文化风貌和优秀历史建筑的保护工作。1991年，市政府颁布《上海市优秀近代建筑保护管理办法》，这是中国第一部有关近代建筑保护的地方性政府规章。2002年，《上海市历史文化风貌区和优秀历史建筑保护条例》颁布施行。2003年10月，市委、市政府召开规划工作会议，明确提出建立"最严格的历史文化风貌区和优秀历史建筑保护制度"。

按照"正确定位、完善规划、理顺体制、有序推进"的原则，上海规划部门从明确保护对象、推进保护规划

编制、推动保护工作立法、确立保护机制等方面开展落实工作，积极探索适应上海城市特点的风貌保护方法。

## 一、明确风貌保护对象，展现城市历史文化底蕴

历史风貌，是城市文化底蕴的集中体现，也是城市建设发展的宝贵资源。上海的历史风貌主要由保护建筑、风貌保护道路和历史文化风貌区三个方面组成。

### （一）保护建筑

保护建筑，是上海城市发展和时代变迁的历史见证，由文物保护单位和优秀历史建筑构成。

目前，上海有13处全国重点文物保护单位，113处市级文物保护单位。优秀历史建筑共632处、2138幢，总建筑面积约400万平方米，先后于1989年、1994年、1999年、2005年分四批由市政府公布（其中第一批61处同时为文物保护单位）。

### （二）风貌保护道路

风貌保护道路，是城市历史文化的重要载体，也是城市肌理的有机组成部分。

2004年起，市规划系统开展了风貌保护道路的研究和认定工作。经认真梳理，2005年底，经市政府批准，确定衡山路、思南路、山阴路、愚园路、多伦路等为风貌街道，开展总体规划、分类保护，注重保护原有空间尺度、景观特征、风貌特色。截至目前，共确定144条风貌保护道路，其中64条道路进行原汁原味的整体保护。

### （三）历史文化风貌区

历史文化风貌区，是上海城市风貌保护的重要组成部分，积淀了大量

富有特色的历史文化。

1. 中心城区

1991年，外滩等11片区域被列为历史文化风貌保护区。1999年，划定了234个历史街坊、440处历史建筑群。2003年，确定了外滩、老城厢、人民广场、衡山路—复兴路、南京西路、愚园路、新华路、山阴路、提篮桥、江湾、龙华、虹桥路共12个历史文化风貌区，总面积为27平方公里。这些历史文化风貌区展现了上海不同时期、不同地域、不同风格的城市风貌，构成了上海城市建设完整而多彩的画面。

2. 郊区

1996年，上海市政府明确了嘉定城厢镇、南翔镇，青浦朱家角镇，松江城厢镇为上海市历史文化名镇。2005年，金山枫泾镇被批准为国家历史文化名镇。

自2004年下半年开始，市、区规划部门对郊区村镇进行了全面调查，通过认定保护对象、划示保护范围、编制保护规划三方面，全面开展郊区历史风貌保护工作。经过公示和听取专家意见，2005年11月，上海市政府批

金山区枫泾镇　沈文全 摄

准了浦东新区及郊区共32个历史文化风貌区，总面积约为14平方公里，按以下三种类型实施分类保护。

第一类，风貌保存完整、具有相当规模的风貌区。如金山枫泾镇、青浦朱家角镇、南汇新场镇等，以古镇范围内的整体风貌为保护要素，充分展现古镇历史风貌。

第二类，以历史街区风貌特征保护为主。如闵行七宝老街、奉贤青村港等，注重挖掘街区的历史特征，在建筑风貌、街区尺度、环境空间等方面，做好保护规划，塑造街区历史氛围。

第三类，以建筑群保护为主要对象。如南汇大团、浦江召楼等，明确单体建筑及周边环境的保护控制要求，凸显历史建筑的传统特色。

## 二、编制风貌保护规划，推进规划全覆盖

编制科学合理的保护规划，是落实“最严格的保护制度”的重要前提。

### （一）历史文化名城保护规划

1991年，市规划局编制了《上海市历史文化名城保护规划》。2001年，国务院批准《上海市城市总体规划（1999—2020年）》，明确了上海历史文化名城保护规划的原则、方法、框架及内容，确定了历史风貌保护在城市发展中的重要地位。

### （二）历史文化风貌区保护规划

2005年，中心城12个历史文化风貌区保护规划全部编制完成并获市政府批准。规划从整体性保护的角度出发，全面梳理现状，确定保护对象，明确规划控制要求，为上海城市历史文化风貌保护提供了严格、规范的操作依据。

1. 分类保护，细化要求

规划将现有建筑分为五种类型，明确每一类建筑的规划控制要求，落

实每一幢现状建筑的保护整治措施:(1)保护建筑,包括法定文物保护单位和优秀历史建筑;(2)保留历史建筑,风貌特色明显的历史建筑,是历史文化风貌区的重要组成部分,不得整体拆除,应予以维修和再利用;(3)一般历史建筑,允许拆除重建,重建建筑应当与原有风貌相协调;(4)应当拆除建筑,包括危房、简屋、违章建筑等,应当根据规划管理要求予以拆除;(5)其他建筑,各类合法建造的多层、高层建筑,虽与历史文化风貌不协调,但暂时没有条件拆除或不可能拆除的。

例如衡山路—复兴路历史文化风貌区,总占地面积为7.5平方公里,是中心城最大的历史风貌区。根据保护规划,保护、保留历史建筑和一般历史建筑共计3500余幢,其中保护保留建筑达该地历史建筑总量的76%。

2. 制定图则,强化控制

制定街坊的分地块规划图则,对每一地块的建筑密度、建筑沿街高度与尺度、建筑后退红线、街道空间、公共开放空间和绿化等都作了详尽规定。分地块规划图则直观明了,在规划管理中发挥了积极作用。

## (三)专项保护规划

积极开展各类专项保护规划,如世博会地区、黄浦江两岸、苏州河沿线等的专项保护规划。

在轨道交通线路与站点规划中,把保护建筑作为重要的控制要素。通过合理规划布局,对保护建筑进行了避让,并采取了有效的保护措施。

在上海世博会举办区域,规划充分考虑当地历史文化资源和对现有工业建筑的保护与利用。在世博会规划控制范围内,有市级文物1处、区级文物1处、优秀近代建筑2处6幢,保留历史建筑2处。上述建筑总面积约2万平方米,将全部予以保护和保留。

浦西园区的江南造船厂,在中国近代民族工业史上具有重要地位。对历史建筑、原有厂房和船坞进行保护与保留改造,会展期间可作为企业馆等世博会展览和相应的配套设施,会后可改造为大型系列工业博览展示场馆、文化娱乐设施等。结合现有大型厂房,通过改建、扩建形成博物馆、博

徐汇区陕南邨

览馆，成为面向世界的文化展示和研究中心，促进国际文化交流。

浦东园区，规划对原上钢三厂部分大型钢结构厂房进行保留改造，会展期间作为联合展馆使用。

按照规划，红线范围内利用原有工业建筑改造、置换为展馆和配套服务设施的面积，约占总建筑面积的20%。

## （四）历史风貌地区城市设计

开展对老城厢、思南路、南京西路、山阴路等历史风貌地区的城市设计。结合现状，对在建和未建项目统筹研究，通过“拍集体照”等方式，从建筑功能、建筑高度和天际轮廓线、群体通透度、建筑立面形式、公共空间的开敞和连续等方面，评估城市公共景观质量，确定评价体系，形成规划导则，实施项目管控。

结合具体建设项目，组织编制地区修建性详细规划，确定保护目标，提出规划控制要求。如针对新华路、思南路、溧阳路花园住宅区、多伦路历史街区、老外滩地区以及朱家角古镇等编制保护与整治规划，提出城市设计要求。

## 三、完善法规规范，提高保护规划管理水平

完善的法规规范和严格的监督检查制度是完善保护制度的重要抓手，要从加快制定法规规范、加强保护规划管理等多方面努力提高保护规划管理水平。

结合1991年《上海市优秀近代建筑保护管理办法》颁布实施以来的工作实践，2002年7月，市人大常委会颁布了《上海市历史文化风貌区和优秀历史建筑保护条例》，保护工作的法律依据上升为地方性法规，为上海历史风貌保护工作提供了有力的法律保障。该条例细化了保护管理的内容和方法，保护范围由单个建筑或建筑群扩展至历史文化风貌区，保护建筑的时间标准由原规定的1949年以前扩展至建成使用30年以上。

目前，《上海市历史文化风貌区城市规划管理技术规定》正在研究制定中，在规划控制、建筑风格和特色、立面色彩等方面作出了特别规定，为风貌保护工作提供了管理依据。《中心城风貌保护道路规划管理办法》已经初步制定完成，进一步确定了风貌保护道路两侧地块的开发与建筑控制、道路整体景观塑造等控制要求。为进一步加强上海市桥梁景观规划管理，市规划局会同市水务局专门下发通知，明确要求桥梁建设要在满足交通、安全功能的基础上，妥善协调好与周边建筑及空间景观的关系，传承历史文脉，彰显滨水风貌特色。

同时，为加大风貌保护力度，上海积极探索建立历史文化风貌区和优秀历史建筑的巡查机制，加强监管，严格查处违法建设行为。

## 四、健全管理机制，深入推进风貌保护规划工作

高效、有序的管理和运作机制，是历史文化风貌保护工作的重要内容。针对新形势、新要求，积极探索符合上海城市发展要求的新机制，不断推进风貌保护规划工作。

## （一）完善管理机制，加大保护力度

为确保“最严格的历史风貌保护制度”落到实处，2005年，上海市政府成立了上海市历史文化风貌区和优秀历史建筑保护委员会（以下简称“保护委员会”），分管副市长杨雄担任主任，由十多个政府相关部门共同组成，统筹管理运作、资金保障、政策支持等内容协同推进。保护委员会设办公室，由市房地资源局、规划局和文管委共同组成，各司其职、协同管理。办公室设在市房地局。

市、区两级规划部门分别设立了保护规划管理的专门机构。同时，针对上海的具体情况和工作特点，明确市管、区管和市区共管的风貌保护规划管理模式，形成管理合力。

为保证规划的科学性、权威性和合法性，建立历史文化风貌区规划管理的“专家特别论证制度”，明确规划变更的工作原则和运作程序，确保保护规划的有效实施。

## （二）实施分类指导，探索多元风貌保护模式

加强市、区政府管理部门的目标控制和监督，充分发挥市场机制的作用，要通过经济和法律手段，调动社会各方积极性，实现有效保护和合理利用。

实例一：外滩建筑群的功能置换与建筑修缮

外滩19幢大楼的功能置换是上海历史文化风貌保护的重点工作之一。经过多年的努力，现已有约三分之二完成了功能转换，成为金融业办公场所以及高档休闲场所。通过保护性修缮，原有的建筑风貌得以保留。

实例二：原上海啤酒厂及上钢十厂等产业建筑的保护与改造

上海啤酒厂是20世纪30年代远东最大的啤酒制造商，厂区位于苏州河南岸，建筑群由匈牙利建筑师邬达克设计，其中有三幢建筑被列入第三批优秀历史建筑名单。2002年初，在生态绿地“梦清园”的建设中，三幢历史建筑被很好地保护和修缮，成为苏州河展示中心和公共活动休闲中心。

原上钢十厂位于长宁区。厂内冷轧带钢厂建于1958年，结构高大，空

间开阔。2005年，通过保留厂房，改建为上海城市雕塑艺术中心，展示面积约2万平方米，成为集雕塑展示交流、创作孵化、作品储备、艺术教育等多功能于一体的综合文化中心，这一改造为老厂房保护性改造、公共服务设施建设提供了有益探索。

实例三：中国科学院学科交叉中心办公楼抢救性修缮

该建筑曾为法国领事馆，建于1928年，两层砖木结构，面积800平方米。改造前建筑严重破损，局部不均匀沉降高差达30厘米，鉴定为危房。经过抢救性保护修缮，该建筑目前已被列入第四批优秀历史建筑名单。

实例四：外滩信号台整体移位

外滩信号台建于1907年，塔高36.8米，用于发布气象信息。1993年外滩道路拓宽时，对外滩信号台实施了整体移位，向东南平移18米，妥善保护了这座外滩标志性建筑。

此外在老城厢豫园、新天地等历史风貌地区的城市更新改造中，积极探索城市特色风貌延续和传承的方法。

## （三）加强规划宣传，不断提高社会保护意识

加强风貌保护的规划展示工作，组织开展专题讲座，出版有关历史文化风貌区和优秀历史建筑的书籍和宣传画册，拍摄制作系列专题片《上海建筑百年》，积极扩大保护规划的宣传力度，进一步提高广大市民的保护意识和参与意识。

延续城市历史文脉，探索历史与未来共融，努力实现“城市，让生活更美好”，是城市建设发展的重要目标。上海城市规划工作将坚持科学发展观，紧紧抓住承办中国2010年上海世界博览会的重要契机，依托全国支持，推动城市发展，为加快上海“四个中心”和现代化国际大都市建设做出积极贡献。

原载于《上海城市规划》2006年第2期

历史文脉篇 Historical Context

# "一条风貌道路"：历史风貌道路保护缘起

新建是发展，保护、保留也是发展，而且是更具文化内涵的发展。在城市快速发展进程中，上海市政府通过建立"最严格"的保护制度，保护历史文化，留住城市文脉。追溯起来，在建立"原汁原味"风貌道路保护机制的探索中，山阴路的保护案例起到了一定的借鉴和推进作用。

山阴路，原名"施高塔路"（Scott Road），位于上海虹口区，南起四川北路，北至祥德路，全长651米。山阴路是沪上人文荟萃的地方，留存着不少名人轶事，在我国近代史上有着重要的地位，鲁迅、茅盾、瞿秋白、郭沫若等名人都曾居住于此。如今，在梧桐如荫的山阴路上，仍保存着上海弄堂、溧阳路日式别墅等优秀历史建筑，汇集了20世纪二三十年代各种类型的住宅。

2004年8月，市规划局局长毛佳樑、副局长伍江和局副总工程师叶梅唐、谷士扬等赴虹口区规划局调研，实地考察了多伦路文化名人街及摩西会堂等优秀历史建筑，了解到虹口区在历史文化风貌保护方面所做的大量工作。但在会议结束后，得知区里为改善地区交通，要对山阴路进行局部拓宽。当时，考虑到山阴路是上海历史文化风貌区的一条重要道路，尺度宜人、绿树成荫，两侧有不少名人故居和历史建筑，是城市记忆的重要载体。同时，地区局部交通的疏解也必须立足于更大范围路网的梳理、完善。考虑及此，毛佳樑局长当即要求工程暂停，事后又及时向时任上海市市长韩正作了汇报，建议对中心城历史风貌区的道路进行全面调查和梳理，确保历史文化风貌区内的重要元素——道路风貌得以保留，当场得到了韩正市长的赞同和支持。

随即，市规划局组织上海市城市规划设计研究院，迅速针对中心城区12个历史文化风貌区开展调研工作，梳理出144条风貌保护道路，并根据不同情况进行分类。市规划局将调研成果向市政府领导汇报后，于2005年组织编制了《上海历史风貌道路保护规划》，经市政府批准，明确把风貌道路分为四大类。其中，第一类道路将“原汁原味”地保护、保留。这些享受“最高保护级别”的道路共64条，后来被老百姓称为“永不拓宽的道

山阴路历史文化风貌保护区

路”，山阴路、武康路、衡山路等名列其中。同年，市政府又批准认定了位于郊区的32片历史文化风貌区。

在市建交委和相关部门的配合下，2007年，市规划局又制定了《上海市风貌保护道路（街巷）管理若干意见》，以利于各区、县推进保护规划的落地实施。徐汇区武康路作为64条永不拓宽的风貌道路之一，其历史风貌保护和整治工作于2010年实施完成，2011年入选“中国历史文化名街”。

据此，上海在优秀历史建筑和44片历史风貌区保护的基础上，进一步加强了对历史风貌道路的保护。这既是城市历史文化底蕴的延续，也是城市文化品质的提升，对上海构建“点、线、面”相结合的保护体系框架，具有现实指导作用和长远发展保障。

原载于《上海城市规划》2019年第6期

歷史文脉篇

Historical Context

# “一座大学校门”：留住百年名校文脉

2003年7月初，遵循“科教兴市”方针，市规划局局长毛佳樑、副局长伍江、副总工程师沈人德以及相关处室负责人一行赴复旦大学开展学习调研，与复旦大学校长王生洪、校党委书记秦绍德就杨浦大学园区以及复旦大学新江湾校区规划等工作进行交流，听取意见。在交谈中，王校长提到正在规划的中环高架路将对学校大门和燕园（邯郸路220号）造成较大程度的影响。他希望中环线的规划能否向南作些移动，兼顾道路建设和校门保护，留住“百年老校”的“文脉”。

与复旦大学校长王生洪就新江湾校区规划等工作进行现场交流（2003年7月）

燕园是复旦校园内的两大名园之一，从理科图书馆沿绿荫葱茏的望道路向西约百米，便可来到叠山枕水、曲径通幽的“小江南”燕园。燕园

复旦大学邯郸路校门（2019年12月）

“老校门”（2019年9月）

燕园（2019年9月）

的环境布局极具江南特色，园名取自刘禹锡的著名诗句“旧时王谢堂前燕，飞入寻常百姓家”，园内小楼曾作为国际政治系办公场所。陈望道教授领衔新闻系时曾在此办公，他是《共产党宣言》第一个中文全译本的翻译者，也是新中国成立后复旦大学第一任校长。

回到市规划局后，毛佳樑局长与伍江副局长立刻召集相关负责人展开专题研究，认为必须重视百年名校的历史建筑和风貌保护。在市建委领导的关心下，经综合协调和多方支持，市规划局决定把规划中的中环线向南移动约7米，同时把高架道路改为部分地下穿行。复旦大学校门和燕园主体部分可以被最大限度地保留下来，避免了拆除重建的不良后果。如今，原本要从复旦大学正门前经过的中环高架路，自大柏树起就进入地下，通过隧道至国定路重新回到地面。市规划局对中环线规划进行了局部调整，为保护“百年老校”建筑而合理移位。

2005年，在复旦大学百年校庆盛典之际，这一段新建成的中环路主线如期通车，校门前的邯郸路地道迎来了第一批车流。成千上万名再次踏进学校大门的复旦校友可能并不知道，为保护母校的历史建筑和文化风貌，他们脚下的中环线邯郸路地道曾做过如此关键的调整。

原载于《上海城市规划》2019年第6期

# "一棵百年大树"：保护承载历史记忆的大树



2004年，市规划局局长毛佳樑和副局长伍江等一行到杨浦区，调研江湾—五角场城市副中心的规划和建设推进情况，当时一同参与调研的还有杨浦区规划局局长熊孝刚。

大家来到江湾体育场广场前，恰好看到一支施工队正准备将一棵粗壮的大树搬移，搬运大树的卡车已停在路边。调研人员当即上前了解情况，才知道这棵大树正好处在规划道路上，所以必须搬迁。当时，调研人员提出把这棵百年大树保留下来，施工人员的领队表示搬移大树的准备工作已经就绪，不能停工。

毛佳樑局长一想，立即拉上伍江副局长一起来到大树前，大树之大，两人合抱都抱不过来。随后，毛局长请随行的市规划局副总工程师叶梅唐给他和伍局长在大树前拍了合照，并提出"如果谁要挪掉这棵大树，就请先把我们两位局长挪走"。后来，相关部门领导非常重视，在规划上采取了相应措施，终于把这棵百年大

在大树前留影　叶梅唐 摄

树保留了下来。

"没有大树，就是没有历史根基的城市；没有优秀历史建筑，就是没有文化底蕴的城市。"在城市更新和建设过程中，要牢固树立和实践保护生态环境的理念，要像保护优秀历史建筑一样保护古树、名园。

原载于《上海城市规划》2019年第6期

歷史文脈篇 Historical Context

# “一封教授来信”：加强石库门里弄保护

2008年初，同济大学历史文化名城研究中心主任阮仪三教授给时任中共上海市委书记俞正声写信，希望上海能进一步扩大风貌保护范围，加强对石库门里弄的保护。俞书记十分赞同，亲笔写了回信，表示石库门里弄最能体现上海城市的地域特色风貌和历史文化底蕴，必须加大保护力度。由时任上海市委常委、市委秘书长丁薛祥带领，市规划局局长毛佳樑、副局长伍江共同上门，向阮教授送达了俞正声书记的复函，诚恳地听取阮教授的意见和建议，并针对石库门里弄的保护理念和推进工作与阮教授进行了深入的交流沟通。

此后，市规划局设立了专项研究课题，委托阮仪三教授牵头组织团队进行深化研究。同时，市规划局在全市范围内开展了新一轮实地调研梳理和规划编制工作，进一步扩展了石库门里弄保护的规划控制范围，细化了具体操作要求，为此后石库门里弄保护工作的推进发挥了重要的作用。

从那时至今，上海已先后两次在全市开展排摸工作，特别针对有一定规模的石库门里弄住宅，出台了抢救性保护的工作意见，最大限度地避免了这些历史建筑的拆除。此后，市政府先后公布了两批历史风貌保护街坊名单，拓展了石库门里弄及其他历史建筑群的保护范围，加大了对石库门里弄的保护力度，这有利于进一步彰显上海城市的文脉传承和特色风貌保护决心。

原载于《上海城市规划》2019年第6期

上海石库门

历史文脉篇 Historical Context

# 《上海，城市的记忆——64条永不拓宽的道路》序

为迎接即将开幕的中国2010年上海世界博览会，上海市政协于2009年邀请全国著名画家以油画的艺术形式，生动地再现了上海历史风貌道路承载的百年历史和人文情怀，后作品结集为画册《上海，城市的记忆——64条永不拓宽的道路》出版。时任上海市政协主席冯国勤应邀作序一。担任上海市城市规划行业协会会长的毛佳樑作为画册三个总策划人之一，应邀作序二。

城市，让生活更美好；文化，使城市更多彩。上海是国家级历史文化名城，各类文化在上海这一方热土上交融展现，精彩纷呈，形成了独具魅力的海派特色。在建筑文化上，上海尤其体现了海纳百川的城市特色和深厚的人文底蕴。各类优秀建筑和历史风貌道路，成为上海城市生活中一道靓丽的风景线。

上海市委、市政府十分重视优秀历史建筑和风貌

的保护。全市实行了最严格的历史文化风貌保护制度，积极探索具有时代特征、上海特点的保护发展之路，逐步建立起历史文化风貌区、历史风貌道路和优秀历史建筑三个层面有机结合的保护体系。其中，上海的历史文化风貌区在中心城有12片，约27平方公里；在郊区有32片，约14平方公里。经市政府批准的全市优秀建筑共4批，共计692处、2138幢。市规划管理部门积极开展调查，梳理出144条风貌道路，市政府已于2007年6月批准，并把其中的64条列为“一类风貌保护道路”，对其进行“原汁原味”的整体保护，市民称这些道路为“永不拓宽的道路”。市政府文件明确，未制定风貌道路保护规划的，不得进行任何建设、修缮和整治活动。同时，文件对保护规划的内容也作了明文规定，严格控制原有的道路宽度，加强对沿线建筑、市容、绿化及环境的管理，不断提升城市的文化品位。

上海的历史风貌道路，是建筑文化在城市发展中的演绎，与上海城市的特点密切相关。一是多元性。上海开埠后中西文化碰撞交汇，形成了多元文化兼容并蓄的态势。体现在建筑风格上，同样也是神态各异，多姿多彩，石库门里弄就是中西建筑文化交融的典型产物。二是商业性。工商业在城市中的重要地位，决定了城市格局的商业特点。与上海日益发达的商贸活动相适应，各种功能、各类风格的道路和建筑应运而生。反映在建筑形态上，又有一种追求时尚、讲究实用的特征。因此，这些“永不拓宽的道路”成为展示上海发展脉络、延续城市文化的物质载体，集中体现了上海城市的精华和神韵。

举世瞩目、举国期盼的中国2010年上海世博会即将拉开帷幕。这是一次以创新和融合为主旋律的盛会，也是体现中国改革开放崭新形象、构筑未来和谐发展的重要舞台。为积极参与世博、服务世博，充分挖掘和弘扬城市文化，在上海市规划和国土资源管理局、同济大学和上海市城市规划行业协会开展的“上海市重点风貌保护道路”课题研究的基础上，上海市政协发起并举办了“上海，城市的记忆”油画展，邀请全国各地著名画家描绘历史风貌道路的宜人风情。这本画册汇集了本次油画展的精华作品，充分表达了艺术家们对上海城市文化的热爱和对世博会的期盼。各位艺术家以不同的心灵感知和绘画技巧，通过描绘具有代表性的历史建筑、典型的道路景观和历史文化元素，生动地再现了它们所承载的历史风貌和环境氛围。如外滩历史建筑群的雄浑、大气，湖南路、武康路花园住宅的安静、幽雅，南京路、淮海路商务楼宇的气派、时尚，衡山路、复兴路文化休闲街的浪漫、温馨……几十幅作品可谓各具风情，韵味十足。希望这本画册能为融入世博、服务世博做出一份贡献。

无论时光如何流逝，人物如何变迁，这些“永不拓宽的道路”仍将永久地展现上海作为历史文化名城与现代化国际大都市的独特魅力。我们相信，上海的明天会更美好！

2009年9月

南京东路外滩鸟瞰　王梁　绘

历史文脉篇 Historical Context

# 《长宁，历史的钩沉——百幢经典老房子油画集》跋

长宁区是一个历史文化底蕴深厚的城区，拥有虹桥路、愚园路、新华路等历史文化风貌保护区，集聚了东西方文化交融下的历史建筑精品。在喜迎中国2010年上海世界博览会之际，长宁区政府、区政协积极筹划，邀请全国近百名著名油画家齐聚上海，共同为长宁百幢经典老房子进行艺术创作。在此基础上，长宁区精心举办了油画展并出版了《长宁，历史的钩沉——百幢经典老房子油画集》。担任上海市城市规划行业协会会长的毛佳樑参与了油画集的策划，应邀作跋。

上海是全国的经济中心，也是我国的历史文化名城。

长宁区位于上海市中心城区西部，东有闻名遐迩的中山公园，中有虹桥经济技术开发区，西有蓄势待发的虹桥商务区。全区共涉及上海中心城区12个历史文

化风貌区中的4个，分别是新华路、虹桥路、部分愚园路和衡山路—复兴路历史文化风貌区。在全市已批准的四批优秀历史建筑中，位于长宁区的有96处，计706幢，约占全市的三分之一。其中花园住宅约占全市的29%，居全市第二位。

上海开埠后，随着黄浦江西岸商业贸易的发展，城市建设也由东向西逐步推进。长宁区发挥了其潜在的优势，从近郊乡村逐年演变成繁华的都市地区。随着近代西方建筑思想的逐步引入，长宁区内建造了大量的花园住宅，还有不少具有一定历史、文化、景观价值的公共建筑，涉及商业、文化、教育、医疗等领域，形成了文化特色多元的城市建筑风貌。这些建筑吸纳了欧美建筑的特征和艺术手法，风格独特、造型优美、环境宜人，具有鲜明的地域特征，已成为上海"万国建筑博览会"的重要组成部分。

"建筑是凝固的历史。"可以说，每一个街坊、每一幢优秀建筑，都有着一个个生动的故事。这百余幢花园住宅，集中反映了当时上海社会、经济和城市发展的历史背景，体现了中西文化的融合，蕴涵着丰富的人文积淀。在长宁区委、区政府的重视下，在长宁区工作、生活的市民的共同努力下，区域社会、经济、文化的不断发展为历史建筑的保护创造了更多有利的条件。如今随着时代的变迁和城市的发展，部分历史建筑已改变原有的使用功能，结合内部的现代化设施改造，被赋予了新的使命，具有更多展示、休闲等公共功能。比如，虹桥路的沙逊别墅已成为龙柏饭店一号楼，原王伯群住宅被改造成了长宁区少年宫。这些花园别墅群和大量历史建筑共同构成了具有良好生态环境和文化氛围的城市风貌区，成为城区宜业、宜居的靓丽名片。

众多的优秀建筑充分体现了长宁区深厚的历史文化底蕴。长宁区政协发起并组织出版了《长宁，历史的钩沉——百幢经典老房子油画集》，邀请众多著名画家描绘出这些花园别墅的宜人风貌。油画通过特有的质感、光影和艺术表达手法，充分展现了与建筑元素对话、交流的共鸣，也是广大艺术家们对城市建筑文化的深刻感悟和生动演绎。

留住历史的记忆，是为了创造更美好的未来。在上海建设"四个中心”和现代化国际大都市的进程中，长宁区正在积极推进经济发展方式的转变，加快产业结构的调整。令世人瞩目的世博会即将拉开帷幕，这本画册从一个侧面展示了长宁区的风采，既是让海内外各方来宾“了解上海、走进长宁”的一份礼物，也是把优秀历史建筑保护理念融入城市可持续发展的生动体现。

2010年4月

华山路1220弄花园住宅　赖礼庠 绘

歷史文脉篇 Historical Context

# 在保护中协调发展，在发展中严格保护

## 瑞金医院普通病房综合大楼规划建设

新建是发展，保护与保留同样是发展，更是城市文化基因的传承与延续。瑞金医院普通病房大楼项目秉持“医疗功能升级”与“历史风貌保护”并重的理念，成为中心城区重大工程与历史风貌保护协调发展的成功案例。

瑞金医院地处衡复历史文化风貌区边缘，紧邻思南路风貌街区，医院创建于1907年，原名广慈医院，是一所集医疗、教学、科研为一体的三级甲等综合性医院，有着百年的深厚底蕴。

2004年，时任市规划局局长毛佳樑和瑞金医院院长李宏为都非常支持、重视医疗事业的发展，一起研究医院如何在保留历史建筑的基础上满足新时代的需求，打造亚洲一流的示范性医院，达到既严格执行思南路风貌保护的有关规定，又充分利用院区珍贵土地资源新建相当规模的医疗用房，服务于市民群众。据时任医院办公室主任胡伟国回忆，普通病房大楼在选址和规划过程中遇到了困难，毛局长当时就和他一起察看了新楼的选址地块。随后，市规划局会同瑞金医院、设计单位等多次踏勘，发现原规划方案可能会对思南路历史建筑及风貌区造成部分日照遮挡，同时对周边空间肌理和建筑景观带来消极影响。在毛佳樑局长的亲自关心下，市规划局相关处室和瑞金医院院办共同研究分析后，采取了四项针对性措施：一是降低新建大楼的高度，彻底消除对思南路历史风貌街区，特别是优秀历史建筑的日照影响；二是适度调整新建大楼南立面的角度，减少对医院内原有历史建筑的遮挡。三是对规划设计方案中减少的建筑面积进行异地置换，规划在新建大楼东侧，拆除原有的简易食堂，在此位置上新建6层辅助楼（保障中心楼），并通过连廊与新建大楼（10号楼）以及既有9号楼连接起来。现保障中心楼底层为大食堂，上部楼层为医疗用房，进一步完善了新建大楼的整体功能；四是充分利用地下空间，市规划局建议在原设计地下二层停车库的基础上，增加到地下三层，除满足停车和设备需求外，还与市民防办共建市级民防工程，实现了平战结合使用，既解决了功能使用问题，也适当增加了部分资金来源。这样，在满足日均数千人次的诊疗需求的同时，守护了百年医院与城市共生的历史印记与风貌。

经过瑞金医院和设计单位的充分沟通，在具体建筑设计和环境布局中注重空间退让与视线贯通。一方面，建筑主体退让红线5米，设置绿化缓冲带，形成“历史建筑、公共绿地、现代病房楼”的过渡界面，避免新建建筑对历史街区的生硬分隔。另一方面，底层采用6米挑高架空的设计，将门诊大厅与外部绿地连通，市民可通过架空层直达历史建筑前广场，实现医疗空间与城市记忆的视觉联系。同时，注重形态控制与风貌对话。在建筑体量上，通过分段退台形式，地上20层主楼与6层保障中心楼形成西北高东南低的错落布局，维持整体轮廓线的平缓。在建筑语言上，立面采用暖灰色石材与竖向线条，呼应历史建筑的基调与窗间墙比例。在高度管控上，严格执行风貌区周边建筑的高度限制，主楼经多方案比较分析后确定最终高度，保障中心则按照3层、4层和6层错位设计。

在市领导的重视关心和市发改委、市卫健委、市人防办等部门的共

从思南路历史街区看瑞金医院新建综合病房大楼(2025年6月) 薛长命 摄

同推进下,经时任副院长胡伟国的统筹协调,该项目于2009年开工,2014年建筑主体竣工,2015年12月投入使用。新建大楼地上20层(建筑高度93.7米),地下3层,新增床位800个。该项目的落地,反映了上海在城市更新进程中,对“保护中发展,发展中保护”理念的生动诠释。

瑞金医院赵忠涛口述,王剑整理

# 重點規劃篇

Key Planning

重點規劃篇

Key Planning

# “中国第一高楼”诞生记

在黄浦江畔小陆家嘴，有一座螺旋向上的地标建筑，犹如盘旋上升的巨龙，与简洁挺拔、立体造型的环球金融中心，经典稳重、宝塔造型的金茂大厦，形成三足鼎立之势，这就是有着“中国第一高楼”之称的上海中心大厦。

1993年底，在国际方案征集的基础上，由市规划院牵头编制的《陆家嘴中心区规划方案》获上海市政府批复。浦东开发开放的核心之一，就是构筑陆家嘴金融贸易区。在1.7平方公里的小陆家嘴区域，根据城市设计方案，规划建筑高度大致分为三个层面：自滨江的第一层面向内梯度提升，第二层面是200—300米的高层建筑带，第三层面是由金茂大厦、环球金融中心所在地以及南侧Z3地块构成的内层核心，形成“品”字形超高层建筑群布局。如今的“上海中心”就屹立在陆家嘴Z3地块，当时这里只有地块编号，却代表了对上海未来的憧憬和希望。

小陆家嘴地区实景（2018年）

伴随着浦东开发开放的浩荡东风，通过参与金茂大厦、环球金融中心的建造，上海在建筑设计及工程施工领域已掌握了世界最先进的超高层建筑建设的核心技术，有能力攻克技术层面的各类难题。浦东也迎来难得的发展契机。2005年，上海市委、市政府把“第一高楼”的规划建设项目提上议事日程，并明确该项目由上海国企投资。

“上海中心”独特的地理位置，决定了其建成后必将提升小陆家嘴地区的整体风貌，进而推进上海城市品质的升华。

“第一高楼”需要具备哪些功能？究竟该长成什么样？根据市政府领导的指示精神，市规划局展开了第一阶段的前期规划研究，并面向全球征集方案。国内外设计单位纷至沓来，经过两轮评选，共形成19个概念方案。通过专家组多次讨论和综合比选，市规划局明确了“第一高楼”的综合规划指标，并保留了3个推荐方案，同时建议由主要投资方——上海城投公司组织开展下一阶段建筑方案的国际征集和后续规划设计工作。

时间的指针转到2007年，习近平总书记在上海工作期间，多次到浦东新区实地调研，听取陆家嘴地区规划工作汇报，亲自审定上海中心大厦设计方案，推动相关工作的开展。

2007年4月9日，时任中共上海市委书记习近平在上海市副市长杨雄的陪同下，专程视察了上海城市规划展示馆。在中心城区的大模型前，市规划局局长毛佳樑重点介绍了浦东小陆家嘴地区，包括已建的金茂大厦、在建的环球金融中心，也汇报了正在规划中的“上海中心”示意模型。这幢高楼的建设由国资企业上海城投公司牵头，陆家嘴公司、上海建工集团共同参与，未来将成为上海最高的地标建筑。

8月8日，上海市委召开专题会议，听取市规划局关于城市规划工作的汇报。习近平书记指出，城市规划是城市发展龙头，上海正处于推进“四个率先”，建设“四个中心”的关键时期，要进一步发挥城市规划的调控、引导作用。

8月18日，星期六上午，习近平书记和时任上海市市长韩正专程来到浦东建设大厦，听取市规划局和上海城投公司的专题汇报。参加会议的还有时任上海市委常委、市委秘书长丁薛祥，副市长杨雄，浦东新区区委书记杜家毫，浦东新区区长张学兵，市政府秘书长李良园，市规划局副局长伍江等。习近平书记亲自主持了专题会议。毛佳樑汇报了两项内容，一是小陆家嘴地区总体规划和建设实施概况，二是“上海中心”第一阶段的概念方案征集情况以及形成的各项规划指标和参数。上海城投公司董事长孔庆伟汇报了第二阶段建筑方案的评选情况，并在模型前重点介绍了两个中标候选方案。

市规划局通过第一阶段概念方案征集，确定了项目的功能定位、建筑高度、开发容量等综合性指标，同时分析了境内外著名大都市的滨水天际轮廓线。为更好地体现建筑的主导性和标志性，根据小陆家嘴地区整体空间与景观风貌要求协调与金茂大厦（420米）、环球金融中心（492米）两幢超高层建筑的空间关系，并与东方明珠（468米）形成呼应，“上海中心”建筑规划高度明确为580米。

第二阶段建筑方案征集由上海城投公司组织。自2006年6月起，城投公司对地块项目进行了深入研究，邀请国内外9家设计单位参与方案征集。经专家组评审，通过9进4、4进2的两轮筛选，最终评定美国Gensler设计事务所设计的“龙型”方案和英国Forster设计事务所设计的“尖顶型”方案为中标候选方案。

习近平书记听了汇报，在模型前看得很仔细，饶有兴致地不时提问、交流，亲自审定了设计方案，并为这条“巨龙”点睛——要求把“上海中心”建设成为绿色、智慧、人文的国际一流精品工程。

习近平书记指出，小陆家嘴地区应该建设成为中国的“金融城”，“点睛之笔”在“上海中心”。上海的标志物，一是老外滩，二是小陆家嘴，建设小陆家嘴，要有国际眼光，建成国际一流建筑中的精品。“上海中心”作为标志性建筑，要体现科技含量，要有环保、生态、人文、节约的理念，有自身的特点和特色；要体现三足鼎立总体形象，构成建筑的群体美、和谐美；要处理好与小陆家嘴整体空间和景观风貌的协调。

上海中心大厦的规划建设从无到有，一步一个脚印，稳扎稳打一路走来。2008年4月，项目公司董事会确定Gensler公司的方案为最终中标方案。同年11月，大厦主楼桩基开工，经报审同意，建筑结构层为580米，总高度为632米。到2016年3月，大厦项目正式竣工。2017年，上海中心大厦全面投入试运营，以绿色、环保、人文的设计理念，螺旋式上升的建筑结构和科技创新的施工技术，成为中国最受瞩目的“超级工程”之一，被誉为“上海之巅”“腾飞的东方巨龙”。小陆家嘴的超高层建筑群，在“魔都”上空形成了一条平缓上升的优美曲线，不仅优化了城市天际线，也有着踏实向上、追求卓越的寓意。

2018年11月6日，习近平总书记由上海市委书记李强，市长应勇陪同，在中国第一高楼——由国企投资的上海中心大厦视察党建工作。站在新地标上，习近平总书记谈到，改革开放以来，中国发生了翻天覆地的变化，上海就是一个生动的例证。

原载于《城乡规划》2019年第5期，作者文洁

1991 年

2000 年

2009 年

2018 年

2025 年

浦东陆家嘴地区的变迁　薛长命 摄

# “上海市政府有大智慧!”

大江奔流天地宽，如果说上海位于长江龙头，那么小陆家嘴就是这条“龙”的眼睛。早在浦东开发开放伊始，日本森大厦株式会社社长森稔就发现了此处的商机，并于1994年通过土地批租获得开发项目。1997年，环球金融中心正式奠基。可是打下桩基后，受亚洲金融危机影响，项目因日本投资方出现资金问题而搁浅。此后，日方公司通过市场融资，筹措资金复工建设。随着全球摩天大楼高度不断被刷新，日方公司多次提出要增加建筑面积和建筑高度。为促进陆家嘴地区规划实施，2002年8月，市规划局根据调整后的土地出让条件，同意相应提高开发容量，建筑高度增至492米。

2003年初，日方公司重新报审设计方案时，提出在大楼顶部圆孔风洞处建设观光缆车。在公示过程中，建筑顶部的圆孔造型引起了社会的强烈反响。同时，受美国“9·11”事件影响，世界各国对超高层建筑的防灾及逃生预案极为重视。当时的市规划局局长夏丽卿态度慎重，从维护城市公共安全的角度出发，提出“观览车项目的可行性问题应洽消防部门进一步明确”。市消防局给出审核意见，不同意设置。向市领导汇报后，市规划局明确答复日方公司不同意设置观览车，并且要求在顶部圆孔中加一座桥进行造型调整。然而，日方公司迟迟未按此要求落实。

由此，上海市规划局与日方公司开始了长时间的多方协调和艰难谈判。新任市规划局局长毛佳樑认真贯彻市领导的批示精神，多次组织相关处室开展专题研究，并会同浦东新区政府、市建委、市消防局等商议，积极做好协调工作。

2004年7月，应日方公司请求，受市政府主要领导委托，市政府副秘书长沈骏会见了森稔社长，明确表示建筑顶部的造型要优化调整。从确保公共安全的角度出发，不同意设置观览车项目，如果坚持设置，必须由公安部组织专家论证，充分听取专家意见后再做决定。

为此，市规划局提出三点明确意见：一是观览车设计方案存在重大消防安全隐患，不宜建造，希望日方采纳上海管理部门的意见；二是顶部造型必须作局部变更，确保环球金融中心项目与毗邻的标志性建筑，特别是金茂大厦相协调；三是因日方未及时办理延期手续，法定时限已逾，原设计方案失效，请日方公司抓紧上报新方案。

8月末，市规划局主要领导与日方公司常务董事森浩生（森稔之婿）及KPF建筑设计事务所，就项目设计优化方案进行专题讨论。森浩生表示在保留“月洞门”设计理念的基础上，愿意把圆孔一分为二，上半圆通透，下半圆由桥廊、风力发电设备层和实体填充三部分组成。

9月1日，根据公安部要求，市规划局协同市建委、市消防局等部门，召开了为期两天的环球金融中心观览车项目消防安全专家论证会。日方公司邀请了美国、英国、澳大利亚等国家著名的规划、建筑和结构设计师，用一天时间进行方案说明。中方派出全国规划、消防、城市安全等领域13位专家组成的专家组，由著名建筑师郑时龄院士领衔，第二天经过认真审议，一致认为项目存在安全隐患，否决了观览车的设计方案。

小陆家嘴地区（2018年） 郑峰 摄

为不耽误工程进度，中方在坚持原则的同时，结合市建工集团给出的主楼钢结构八个楼面一组的整体施工规律。市规划局于9月23日核发了地下室建设工程规划许可证，并言明今后将分期核发地上建设许可证。同时，敦促日方公司抓紧修改建筑顶部设计方案，尽快报批。

2005年6月，日方公司终于补齐了设计方案相关图纸，却又在论证中发现顶部半圆结构存在风荷载超标等问题，方案推进工作再度陷入僵局。此时，毛佳樑局长敏感地察觉到日方公司的动摇，在经他提议举行的一次小范围会晤中，他与森浩生推心置腹：贵公司已投下大量资金，如果能在上海世博会举办前建成大楼，早日收获回报，何必执着于顶部的圆形设计？一语点醒梦中人！森浩生当即承诺，短期内会给出一个双方满意的答复。

7月8日，日方公司提交了设计图纸，在大楼顶部设置倒梯形风洞，以减轻结构顶部的风压。这份几易其稿、来之不易的建筑设计方案马上得到市规划局局长毛佳樑、副局长伍江、总工程师徐毅松、建管处处长刘锦屏等规划局负责人的赞同，并进入报审程序。事后，毛佳樑局长建议把梯形空间的上下两层设计成观光区域，让更多的中外游客能从大楼顶部观赏到浦江两岸改革开放的新景观。

10月，经市规划局审核批准的最终设计方案公布于世。这一方案综合考虑了小陆家嘴地区的社会文化背景和视觉效果，与金茂大厦相互协调，建筑造型更为简洁有力，同时降低了施工难度和工程造价，缩短了工期，可谓一举多得。

2008年8月，环球金融中心竣工，市人大常委会副主任周禹鹏会见了森稔社长和森浩生先生。讲到这段一波三折、最终得到妥善解决的旧事，森稔老先生频频点头，称赞："上海市政府有大智慧！"

原载于《城乡规划》2019年第5期，作者文洁

重點規劃篇

Key Planning

# “新鸿基”融入小陆家嘴地区统筹发展

1990年，党中央、国务院决定开发开放上海浦东，小陆家嘴地区将规划建设为全国首个国家级金融中心。1.7平方公里的小陆家嘴是浦东开发开放的核心区。21世纪初，这片区域已建起以468米高的东方明珠电视塔、420米高的金茂大厦为代表的多座超高层建筑，展现了浦东开发开放的新形象，受到国内外人士的交口称赞。

2005年，新鸿基地产集团拿下小陆家嘴核心区的黄金地块，占地面积6.4万平方米，毗邻金茂大厦和环球金融中心，提出了设计三幢高楼群的规划方案。市规划局局长毛佳樑与副局长伍江在听取汇报并看过规划方案和设计模型后，认为方案设计本身有特点，三幢高层商务楼和酒店布局紧凑、自成组团，但如果从浦西外滩地区看浦东，三幢高楼可能会完全遮挡金茂大厦。事后，规划局派专业人员从浦西不同角度观察，这个顾虑得到了验证。为了减少对小陆家嘴地区景观的影

从浦西看小陆家嘴地区建筑群

响，在市委常委、副市长周禹鹏的关心下，市规划局开始与新鸿基地产集团讨论项目方案的修改和完善。

市规划局提出三点建议。一是在建筑总面积不变的基础上，将三幢高楼改为两幢，建筑高度可相应增加。二是希望新方案根据尚未开工的轨道交通14号线规划，开发企业结合基地建设先行一步，与上海申通公司做好地铁车站的同步建设。三是在新方案中提升项目地块与周边楼宇的连通性，特别是结合地铁车站完善地下人行通道建设，以进一步优化整个区域的步行网络系统。对于第一点，新鸿基地产表示有一定难度，因为在陆家嘴金融区开发过程中，就是希望引进一些高端酒店和商务楼宇。因此，在编制基地规划方案时，就已约定两家五星级酒店入驻，如果只能建两幢楼，将无法满足酒店的功能需求。市规划局领导对新鸿基地产提出的问题表示理解，同时又提出新的方案，建议将两幢超高层建筑的高度提升到250—260米，局部裙房高度也提升到80米左右，充分利用好裙房和地下空间。这样，统筹安排五星级酒店、甲级写字楼和商业、娱乐等功能，使基地整体布局有了回旋余地，既不影响开发项目的使用功能，又能避免对现有标志性建筑群带来的视线遮挡。

新鸿基地产集团认真研究了市规划局对基地整体规划方案的调整建议，认为新方案可以为项目带来更多的人流和资金流，对此“双赢”的方案表示赞同。重新编制的以双子塔楼为标志、与东侧85米高层建筑共同组成的新方案，成为小陆家嘴建筑群中的一个亮点，并保护了浦西方向的视线通廊。同时，地下空间和周边楼宇及酒店连通，建筑与地铁车站的同步建设先行启动，妥善解决了此后14号线在小陆家嘴的站点建设问题，为小陆家嘴地区的轨道交通建设贡献了一分力量，可谓一举多得。2021年12月30日，14号线正式开通运行。此后，新鸿基地产集团建造的“国金中心”成为小陆家嘴地区重要的交通枢纽之一。

重點規劃篇

Key Planning

# 浦江两岸世博会园区规划

申办世博会一直是中国人的梦想。早在20世纪80年代，时任上海市市长汪道涵就曾提出过上海申办世博会的设想。1999年，中国决定申办2010年世博会。在党中央、国务院的关心和支持下，根据上海市委、市政府的总体部署，市规划局局长夏丽卿立即着手组织上海世博园区的选址和前期规划工作。上海对原定的选址进行了重新评估，决定将新的选址定在浦东新区黄楼镇。2000年暑假期间，法国赛吉-蓬图瓦兹欧洲大学、同济大学和市规划局在上海共同组织了“2010年中国上海世博会国际学生设计工作营”活动，并邀请国内外专家进行研讨和评审。其中一个设计小组首次提出在黄浦江两岸地区选址举办世博会的构想。市规划局副局长汤志平、市规划局规划处副处长俞斯佳全程参与了世博会的规划选址和此后的申办工作。

2001年，上海市委、市政府最终确定将世博会举办地定于南浦大桥至卢浦大桥的黄浦江两岸地区。同年,市规划局组织上海世博会整体规划的国际方案征集,法国AS建筑工作室的“花桥”规划方案获得第一名,该方案深化后成为申博方案,纳入申博陈述报告。2002年12月3日,中国成功申办2010年世博会,全国上下一片欢腾。

上海2010年世博会由国家主办、上海承办。要举办一届“精彩、成功、难忘”的世博会,千头万绪,涉及方方面面,规划是其中一项引导性、基础性工作。申博成功后,上海市政府、市世博局随即开始了紧张的办博准备工作。从2003年到2010年,主要是为举办世博会做好各项推进和服务工作。对规划管理部门来说,各类规划的编制、审批和实施是重头戏。

据毛佳樑回忆,市规划局首先是做好世博园区相关规划的推进和实施。2004年4月,在上海市副市长周禹鹏的直接关心下,市世博局、市规划局组织召开了由150多位国内外专家、学者参加的国际研讨会,开展了世博园区规划的多轮国际方案征集,推进办博方案的研讨和优化。比如,当时申博的“花桥”方案,通过步行花桥连接黄浦江两岸,构思巧妙,但是实施难度很大。经上海交通大学、同济大学桥梁专家反复论证,为满足黄浦江通航等方面要求,出于安全考虑,该方案作了调整和完善,市规划院、同济规划院开展了征集方案的优化工作。最终,由总规划师团队牵头,编制完成了园区规划方案。同年11月,国务院副总理吴仪在上海主持召开世博会组委会第二次会议,审议通过了《中国2010年上海世博会园区规划方案》。此后,在市领导的重视和市世博局局长洪浩的全力支持下,市规划局组织开展了园区各层面、各类型、各专项的规划编制工作。

2005年12月,市政府批准《中国2010上海世博会规划区总体规划》和《上海世博会规划区控制性详细规划》。整个园区规划控制范围为6.68平方公里,其中设置1.4平方公里左右的建设协调区;园区规划红线范围为5.28平方公里。当时,根据市政府主要领导的要求,按照科学办博、勤俭办博的指导思想,市规划局局长毛佳樑,副局长汤志平、伍江等多次实地调研,特别对动迁基地上的房屋质量和使用年限等现状进行了认真梳理。大

世博会园区原址旧貌

世博会园区在建

世博会开幕

世博会闭幕

世博，让城市更美好　薛长命 摄

上海市政府副秘书长、市世博局局长洪浩介绍世博会筹备情况（2009年）

家认为，既要保证园区规划的大格局，又要注重规划的可操作性。综合考虑红线内有一些20世纪90年代建成的多层公房，质量较好，规模也不小，若全部拆除，对各方面影响很大。因此，报经市政府同意后，及时对园区规划红线范围作了一次调整优化，减少了居民动迁量。

通过编制园区全覆盖的控详规划和图则，进一步明晰了园区各项刚性指标和建设条件，既充分考虑到办博的需求和参展国的要求，也有利于园区的后续利用。根据市政府的工作部署，市规划局专门抽调了以徐毅松总工程师为首的骨干力量，包括副总工程师沈人德、建管处处长刘锦屏、市规划院总工程师苏功洲等入驻世博园区，历时五年，现场办公，组织编制相关规划，现场审批各类永久性和临时性场馆、公共服务配套设施以及市政道路、地下垃圾输送管道等项目，随后报市规划局备案，工作效率大大提高，为世博会的成功举办打下坚实基础。

根据市政府要求，设立了世博园区总规划师制度。受市领导委托，市规划局局长毛佳樑到同济大学向校长万钢、党委书记周家伦征求意见，商议人选。最终，经市政府同意，由同济大学建筑与城市规划学院院长吴志强担任世博园区总规划师，另外设置两位副总规划师，分别为市规划局总工程师徐毅松、现代集团总建筑师沈迪，组成强有力的总规划师团队。

世博园区规划突出了重点和亮点。一是提出了一个创新概念“最佳城市实践区”，由同济大学唐子来教授担任实践区总规划师并全过程推进实施；二是规划了一批永久性、标志性设施，如“一轴四馆”；三是在编制世博会规划时，重点考虑了世博会区域如何成为城市后续发展的新引擎。

借助世博会的召开，在市领导的直接关心下，市规划局会同市发改委、建交委、房地局等有关部门和相关区政府，同步推进了多项规划的编制工作。如黄浦江两岸地区控详规划、道路交通规划等，有力地促进了两岸地区的布局优化和功能转型，使滨江面貌焕然一新。此外，及时组织市规划院编制了长兴岛总体规划，以利于江南造船厂、振华港机厂等大型企业搬迁至长兴岛，推动城市功能提升，促进海洋装备产业发展；编制浦江世博家园、三林世博家园规划，既加快了园区动拆迁进度，又改善了搬迁居民的生活品质和居住环境。与此同时，市规划局还组织编制了世博园区后续利用规划，为园区的可持续发展打下了基础。这些工作的开展，真正体现了“城市，让生活更美好”的世博会主题。

在市领导的高度重视和国家相关部委的关心支持下，为确保世博会顺利举行，市建交委、绿化局和申通公司加快了综合交通、重大基础设施等建设。在轨道交通方面，为抓紧世博园区在浦江两岸实现参观路线连通，13号线4车站3区间工程提前开工；相关的7号线、2号线、10号线也提前或加快了施工进程，为世博会的顺利召开创造了条件。这些举措，既为世博会的举办提供了有力的交通支撑，同时也保障了办会期间上海市民的正常交通出行。

重點規劃篇 Key Planning

# 虹桥综合交通枢纽

进入21世纪，在国家战略的指引下，虹桥综合交通枢纽的规划建设成为上海推进“四个中心”建设、加快推进长三角城镇群发展的重大工程，体现了市委、市政府领导的高瞻远瞩，展现了市相关部门的敬业精神，也是市、区合力推进的成果，可谓“天时、地利、人和”三者俱备。

2003年，根据上海市委、市政府领导的工作部署，为积极推进部、市合作，加快京沪高铁建设，副市长杨雄带队，市规划局局长毛佳樑、副局长汤志平、副总工程师沈人德等，会同市发改委副主任俞北华和建交委等单位有关负责人，与铁道部副部长陆东福，铁道部相关司、局，以及铁四院、上海铁路局等单位负责人，进行了多次深入研究和工作协商。

虹桥综合交通枢纽的规划建设，大致分为三个阶段。

## 第一阶段：高铁车站的初步选址

2001年，国家将京沪高速铁路建设列入“十五”计划。2003年下半年起，铁道部会同上海市政府积极推进京沪高速铁路建设，当时铁道部希望利用七宝货站原址，扩大范围规划建设京沪高铁的上海终点站。

上海市领导、市规划局负责人实地踏勘后，认为七宝货站周边已建成大型住宅社区，可用土地资源紧缺，周边道路交通条件受限，对今后发展有诸多制约，希望能有多方案比选。

2004年初，国务院批准了全国铁路中长期发展计划，京沪高铁建设以及上海站选址工作需进一步加快。同年2月，铁道部和上海市政府签署会议纪要，原则上同意京沪高铁的终点站设在七宝地区。

根据会议纪要，市规划局组织了“七宝站”规划设计国际方案征集。通过遴选，中国城市规划设计研究院设计的方案中标。此后，中规院又编制了相应的规划建设方案。在组织对规划方案的讨论中，不少领导和专家对车站的交通集散和今后的发展余地提出了担忧。

## 第二阶段：虹桥综合交通枢纽（26平方公里）

2003年，根据国家战略和民用航空总局部署，上海要加快亚太地区航空枢纽建设，以利于代表国家参与国际航空市场的合作与竞争。民航总局和上海市政府联合开展了“上海航空枢纽发展战略”研究，规划形成以浦东机场为主、虹桥机场为辅的“一市两场”格局，浦东机场主要承担国际航班，虹桥机场主要承担国内航班。

在此背景下，机遇来了。市规划局会同上海机场集团组织修编虹桥国际机场总体规划，其中有一项任务，就是虹桥机场即将新建第二条跑道。考虑到今后航班以国内为主，两条跑道的功能可从“两降两升”调整为“两降一升”，于是提出将原规划控制的两条跑道的间距由1700米缩短到365米。2005年初，虹桥机场总规得到民航总局的批准，这样在机场西侧可节省出大约七八平方公里的土地。时任上海市市长韩正、副市长杨雄要求市规划局做好相应的规划研究工作。

2005年3月，杨雄副市长带队赴铁道部开会，返沪前在北京机场候机，市规划局汤志平、沈人德与市磁浮交通公司董事长吴祥明等一起交谈时，说到了对上海高铁车站选址情况的一些思考，包括能否和虹桥机场西侧的土地利用结合起来。杨雄副市长听了很赞同，当场对汤志平说："你们是规划管理部门，有好的建议，应当提出来。"

回到上海后，汤志平立即向毛佳樑作了报告，两人都很兴奋，马上对下一步工作作了研究部署。第二天是周日，由沈人德、市规划局规划处副处长齐峰和市规划院副院长黄吉铭牵头，组织市规划院抓紧开展虹桥机场西侧土地的现场踏勘，初步划定了选址范围。韩正市长、杨雄副市长非常关心这项工作的进展，市规划局也多次召集专题会议，会同相关部门深入研究。市规划院院长叶贵勋负责，抓紧编制虹桥综合交通枢纽规划方案的初步框架，提出"以空港和高铁为主体"、把对外大交通统筹组合的新思路，以利于在虹桥地区形成一个综合性的交通枢纽。这一思路和上海机场集团的想法完全一致，同时，市规划局将这个设想与华东民航局、铁道部发展计划司作了初步沟通。

2005年4月，市政府主要领导听取了市规划局关于虹桥综合交通枢纽初步方案的汇报，原则同意将高铁上海站选址从七宝地区北移5公里至虹桥机场西侧。随后，市规划院马上根据市领导的意见，对规划方案作了进一步的完善。4月29日，在铁道部陆东福副部长和杨雄副市长共同参加的专题会议中，市规划局将虹桥综合交通枢纽的规划方案作了汇报，得到部、市双方与会人员的一致赞同。

2005年5月14日，铁道部和上海市政府签署会议纪要，确定了虹桥综合交通枢纽的规划框架，选址方案最终尘埃落定，明确京沪高铁车站北移至虹桥机场西侧，将航空港、高速铁、城际铁、市域轨道交通、城市道路交通网络统筹衔接起来，使虹桥成为上海城市的一个大型综合交通枢纽。在市领导的亲自参与和关心下，虹桥综合交通枢纽结构规划编制工作有序开

虹桥综合交通枢纽土地利用规划示意图(26平方公里)

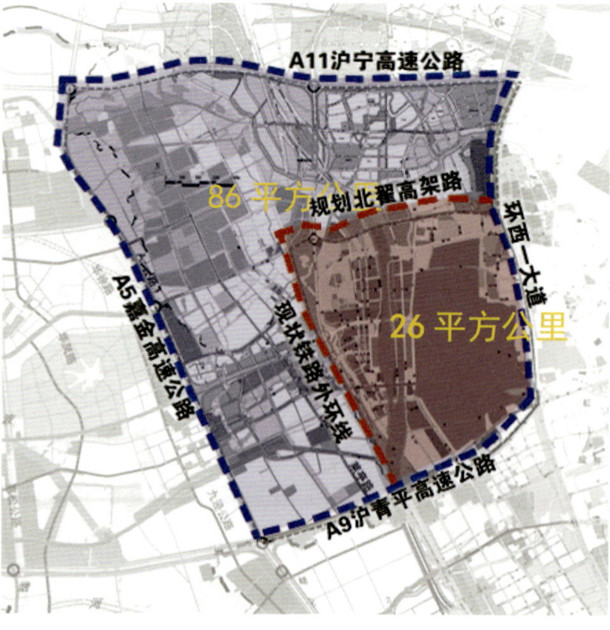


虹桥综合交通枢纽与虹桥商务区范围(86平方公里)

展。同年11月，市规划局由蒋宗健副总工牵头，组织开展了虹桥综合交通枢纽地区规划招投标工作。整个枢纽规划范围26平方公里，涉及综合交通枢纽占地超过一半，其中，规划高铁车站共16站台30股道，西部地块规划为虹桥现代服务业集聚区。

2006年2月，市政府批准《虹桥综合交通枢纽地区结构规划》，进一步深化明确了综合交通规划方案和各类交通设施的控制要素。2006年6月，市规划局会同上海机场集团，组织了枢纽地区结构规划优化的国际方案征集工作。中国城市规划设计研究院提出结合枢纽，建立上海向长三角辐射的新的经济增长极，成为虹桥枢纽地区推进发展的规划理念。在优胜规划方案的基础上，编制了《虹桥综合交通枢纽地区控制要素规划》，并建立了三维规划信息平台，该规划于2006年8月获市政府批准。2007年12月，《虹桥综合交通枢纽地区控制性详细规划》编制完成，并报市政府审批；根据虹桥商务区的建设实际，原控规方案修改完善后，改名为《虹桥商务区控制性详细规划》，并于2009年7月获市政府批复。在此期间，在市建交委主任熊建平、上海机场集团董事长吴念祖的大力支持下，虹桥枢纽指挥部和相关区政府积极推进了综合交通枢纽的规划建设工作。

## 第三阶段：虹桥商务区（86平方公里）

2007年上半年，市政府主要领导向毛佳樑布置工作，要求市规划局再看远一步，在更大的空间范围，以更高的发展视野，对虹桥现代服务业集聚区和综合交通枢纽进行功能研究，并对周边地区做好规划管控。市规划局随即在虹桥枢纽原有规划的基础上，对闵行、青浦、嘉定和长宁四区进行综合功能研究和规划调研，提出将周边约60平方公里作为拓展区，并启动了拓展区结构规划的编制。此后，由市规划院配合相关四个区，通过国际方案征集的方式，先期开展了功能拓展区的规划研究，后经市规划院汇总，形成了《虹桥商务区规划》。

2008年4月2日，市委、市政府主要领导前往虹桥综合交通枢纽工程现场视察规划建设情况。座谈会上，市委主要领导指出，虹桥综合交通枢纽工程建设是上海未来发展的重要战略机遇。它的重要性不仅在于交通换乘功能，更在于是否能以交通引导带动形成一个新的现代服务业集聚区。要开阔视野，进一步充分研究区域的发展规划和功能定位，打造上海城市未来发展的亮点，充分体现虹桥枢纽地区建设对上海经济社会发展和服务长三角、服务长江流域、服务全国大局的重要意义。市政府主要领导对下一步的推进工作提出了明确部署。

随后，市规划局会同市发改委、建交委等部门和四个区政府开展了对整个 86 平方公里虹桥商务区的规划研究，并由市规划院于 2008 年开始编制《虹桥商务区拓展区结构规划》。

2009 年 2 月，市政府主要领导听取虹桥综合交通枢纽规划工作汇报，要求结合枢纽建设，进一步优化提升商务区功能定位、开展大虹桥结构规划和重点地区城市设计等工作要求。同年7月，市委、市政府批准设立虹桥商务区管委会。在副市长、管委会主任沈骏的直接领导下，经过闵行、青浦、长宁、嘉定四个区和市各相关部门的共同努力，有力地推进了虹桥综合交通枢纽建设，初步形成了虹桥商务区的基本框架。

到2009年底，在市规划和国土资源管理局党组书记、局长冯经明的重视下，市规划院会同管委会和相关四个区完成了《虹桥商务区拓展区结构规划》《虹桥商务区规划》《虹桥商务区控制性详细规划》及《虹桥商务区核心区城市设计》，坚持规划先行，为虹桥商务区的定位和启动奠定了良好基础。

重點規劃篇 Key Planning

# 外滩地区综合改造

## 外滩地区综合改造规划

外滩地区曾进行过多次改造。在上海市政府批复《黄浦江两岸地区规划优化方案》和中国2010上海世博会场址确定后，为完善路网、重塑外滩、迎接世博会的召开，2007年4月，市政府决定再次对外滩地区实施综合改造工程。

为有效开展本轮综合改造工作，上海市城市规划设计研究院编制了《上海外滩滨水区城市设计暨修建性详细规划》（以下简称《外滩滨水区城市设计》），引领和推进外滩的综合改造。在市政府的高度重视下，市建交委、规划局、市政局、绿化局等部门合力推进，各条战线都抽调了精兵强将，经过三年时间的协同作战，外滩面貌焕然一新，综合改造取得明显成效。

这次外滩地区的大规模综合改造，首先需要解决

19世纪80年代的外滩

20世纪80年代的外滩

20世纪40年代的外滩

2017年的外滩

的是交通问题，尽管中山东一路现有双向11条机动车道，但仍经常发生拥堵。根据外滩地区交通分析，途径中山东一路的机动车近70%为过境车辆。因此，新方案结合地上、地下道路综合改造和新建地下隧道规划，把大量过境交通从地面引向地下。

在外滩综合改造中，要认真做好外滩优秀历史建筑的保护和整治工作。此外，外滩还存在其他诸多问题，如公共绿地、休闲广场、公共服务设施较少，亲水性不够等。

整治工作完成后，在全国规划评优报审的过程中，《外滩滨水区城市设计》起初并不起眼，但其统筹性、指导性和可操作性得到了上海和全国两个层面评审专家的一致好评，他们认为规划既兼顾了“以人为本”的规划理念和项目的可实施性，又综合了保护历史风貌、维护历史建筑、疏解道路交通、增加绿地广场、服务市民游客等多方面内容。因此，在2009年度全国优秀城乡规划设计评选中，该规划被评为一等奖，并位列其中的第一。

2009年度全国规划评优中，实地考察外滩综合改造工程(2010年10月)，左一为老局长夏丽卿，左二为中国城市规划协会会长赵宝江，右一为市规划设计研究院院长俞斯佳

## 落实规划，推进实施

按照已批准的规划实施各项工程，对外滩地区的综合改造、功能提升起到了积极的指导和推进作用。

### 外滩“镶牙”工程

处理好新、旧建筑的关系，必须严格根据历史文化风貌保护区的要求，精心规划、精心设计。整个外滩沿黄浦江的界面，中山东一路上的绝大多数大楼已被列入优秀历史建筑保护行列，但也有个别建筑需要拆除或整治。例如，汉口路和九江路之间有一小片20世纪50年代建造的商业用房和多层住宅，与周边的历史建筑不相协调。将这些旧住房拆除后，需要重新规划建造新楼以补齐空缺，虽然体量不大，但位置重要，当时业内称之为“镶牙”工程。2005年，市规划局面向国内外征集建筑方案，有6个入围候选方案。其中有的过于突出建筑自身的单体形象，与相邻大楼不够协调；有的方案采用玻璃幕墙作为立面主体，白天在阳光下十分显眼，晚上灯光设计金碧辉煌，容易产生一种喧宾夺主的感觉。这些方案都未能入选。

市规划局局长毛佳樑、副局长伍江和风貌管理处副处长王林等从中山东一路的工程现场走到外滩滨江空厢，面对“镶牙”工程，将6个候选方案逐一比对，进行分析和研究。大家一致认为，外滩建筑群就好像一曲抑扬顿挫的交响乐，有高潮，也有低谷，其最大的魅力在于整体的协调和流畅，而不是单幢建筑的独树一帜。所以，新楼的规划建设一定要尊重历史文脉，要和周边的历史建筑融为一体。

此后，经过专家评审，市规划局最终选择了同济大学郑时龄院士主持的建筑方案，即现已建成的“外滩公共服务中心”。该方案保留了外滩建筑群基因，即三段式立面结构，同时在建筑色彩、材料使用等方面都格外注重新建楼宇与周边历史建筑的整体协调。所谓的“镶牙”工程，镶嵌的不是一颗“大金牙”，而是与周边建筑相融合的“种植牙”。

## 外滩天际轮廓线保护

位于中山东一路32号外滩北端的原友谊商店，是20世纪50年代建造的商业建筑，根据规划，拆除后须进行整街坊改造。该基地南起北京东路，东至中山东一路，西到圆明园路，作为滨江第一界面的新建大楼，是老外滩地区“重现风貌、重塑功能”的一项重点工程。2004年，香港一家知名实

左起分别为上海市总工会、外滩公共服务中心、中国外汇交易中心大楼

“镶牙”基地原貌

业公司参与投资建设“半岛酒店”。

在规划建设过程中，投资方希望把酒店设计成南京东路以北、从中国银行大厦至苏州河的第一高楼，建筑高度为100米。而规划管理部门则要求继续保留苏州河北岸的优秀历史建筑——80米高的上海大厦，作为外滩北端的制高点，就像是外滩交响乐章的收尾。这样，老外滩与北外滩就有了呼应和衔接。

为推进项目早日开工建设，市规划局与投资方进行了深入沟通。当时，投资方委托了一家世界著名设计公司对项目进行建筑设计，项目设计师从建筑专业角度对酒店总体布局、建筑高度、外立面形态等内容提出了方案思路。毛佳樑局长向投资方和设计师指出，方案在满足酒店功能的基础上，核心要保护好外滩建筑群的天际轮廓线，合理控制中山东一路建筑的高度。伍江副局长、王林副处长从历史风貌保护的角度，与设计师多次深入交流，帮助推敲设计方案。根据外滩历史文化风貌区的保护规划，滨江地区第一层面的建筑高度应控制在40米。经多轮沟通和完善，大家逐步形成共识，最终由杨雄副市长拍定设计方案。半岛酒店的总体布局和建筑总量不变，酒店设计采取东楼低、西楼高的建筑形态，由中山东一路向圆明园路分为40米、50米、60米三级逐步提升，保护和延续了外滩建筑群的轮廓线和整体历史风貌。此后，设计师结合酒店功能布局，把分级退台形成的空间，分别设置为屋顶长廊酒吧、总统套房大阳台，这也成为半岛酒店的一大亮点。

外滩地区的综合改造，完善了地上、地下的交通布局，增加了公共服务设施和活动空间，有效保护了历史建筑群的整体风貌，进一步改善了滨江区域的可达性和亲水性，向市民和中外游客展示了一个由两岸江景、绿化广场和历史建筑共同组成的外滩新景观，充分展现了现代化国际大都市滨水空间的新形象。

2008年建成开业的外滩半岛酒店（左起第一幢建筑）

重點規劃篇 Key Planning

# 给北外滩拍张“集体照”

说起上海的老外滩，几乎无人不知，那宏伟的建筑群和天际轮廓线闻名遐迩。虹口区北外滩是黄浦江两岸综合开发中的一个重要区段，具有区位优势和后发潜力。进入21世纪，北外滩也迎来了开发建设的黄金时期。市领导多次提出，黄浦江滨水地区是上海最宝贵的空间资源，如何利用好岸线资源，保护好城市天际线，充分发挥社会经济效益，是城市规划要把握的重中之重。

2003年10月，上海召开了第五次规划工作会议，按照“两级政府、两级管理”的原则，市规划局负责黄浦江两岸总体规划的审批，滨江第一层面的建设项目由市局建管处会同相关区局审核，第二层面及腹地项目则由所在区规划局负责审批。

当时，北外滩地区已在开展国际客运中心等重点项目的规划建设，正在努力打造为黄浦江重要的功能区和景观带，沿岸街区的商业开发也已展开。虹口区政府希望滨江开发项目能尽早审批，开工建设。市规划局则认为，在全力支持落户虹口区的建设项目同时，要认真梳理滨江地区的各类资源，提升滨江整体的开发品质。

2004年12月中旬，市规划局局长毛佳樑会与副局长刘海生、伍江等一起赴虹口区规划局开展实地调研。他认为，北外滩地区既有新中国成立前的历史建筑，又有新中国成立后特别是改革开放时期的新建楼宇，还有目前在建和待建的项目，打个比方，这些建筑就好比“三代同堂”站在黄浦江畔。每一个新项目希望建成精品，但稍有不慎，最终整体效果未必理想。所以，市规划局提出要给北外滩沿线2.2公里的滨江区域拍张“集体照”。

北外滩地区位于黄浦江弯道以北、东大名路以南、虹口港以东、秦皇岛路以西，占地面积约57公顷，有待建和在建项目共17个。在虹口区政府领导的支持和帮助下，市规划局要求对北外滩的整体建筑风格、天际轮廓线再进行仔细研究，通盘考虑公共开放空间的布局优化，统筹协调地上地下和车行人行交通网络；明确由市规划局规划处处长俞斯佳负责该项目，以北外滩地区为试点，抓紧开展本区域的城市设计工作。2005年上半年，北外滩城市设计几易其稿，反复论证，最终形成了较为完整的评价体系和规划方案成果。

2005年5月13日，市政府主要领导在浦江游览船上召开了黄浦江两岸开发领导小组第四次会议，在黄浦江上边考察边讨论。毛佳樑局长和市浦江办主任余力分别就黄浦江两岸的规划和建设工作作了汇报，市发改委和黄浦区、虹口区政府领导也相继作了发言。市规划局在发言中也介绍了北外滩地区整体城市设计试点的推进情况。市领导在总结中强调，黄浦江两岸综合开发，要体现在功能上，反映在形态上，提出了“三个加强、三个加快”的总体要求，即加强规划管理、土地管理和岸线管理，加快世博园区等重点区域规划建设、加快开发面向广大市民的公共空间、加快道路和市政基础设施建设。市领导指出，黄浦江沿线通过整体规划，在城市设计方面迈出了重要的一步，滨江地区的规划一定要有一脉相承的思想，这样才能立足现实，面向未来。

同年6月中旬，市政府主要领导赴虹口区调研，副市长周禹鹏和市政府秘书长杨定华、副秘书长沈骏和相关委办局负责人参加。市领导指出，黄浦江两岸开发，北外滩是重中之重，市、区要合力推进，进一步深化区域功能定位，着力解决道路交通的瓶颈问题。同时强调，要按照城市设计的要求，严格管控沿江的建筑风貌和天际轮廓线；加强对地下公共空间的利用，完善沿江地下通道，把公共岸线和公共空间还给老百姓。

根据市领导的明确指示，市规划局会同虹口区政府进一步深化北外滩地区的城市设计，在三维"集体照"和评价体系的基础上，最终形成了合理控制区域建筑高度、天际轮廓线、建筑立面形态以及地下空间的整体规划与连通等八个方面的城市设计导则和具体管控要求。同时，伍江副局长、李俊豪副总工程师牵头，重点优化滨江地区综合交通规划，打通滨江公共空间，完善地下车行通道。沿江原规划有七幢小高层商务楼（俗称"七个小矮人"），在投资商中化集团的大力支持下，其中一幢楼调整为公共绿地，既提高了滨江绿化覆盖率，又扩大了面向滨江的公共开放空间。

此后，市规划局参照城市设计规划方案，结合各个项目推进的具体情况，积极推进协调市、区各类项目的审批和实施，特别关注对城市整体景观和公共空间的塑造。其中，市、区联手推进的三个案例值得一提。

## 银汇花园地块：把滨江通道让给市民

由鹏欣集团投资建造的白金湾花园（原"银汇花园"）是在建的17个项目之一，也是滨江第一界面的高层住宅小区。2002年，小区的规划设计方案获得批准，2005年上半年，小区地下桩基工程基本完成，但地上工程许可证尚未核发。

毛佳樑局长实地调研后发现，如果按已批方案建成全封闭住宅小区，滨江通道就会被阻断，而一旦高层住宅楼建成就难以逆转。吸取此前苏州河沿岸通道难以贯通的教训，他意识到一定要打通这个节点，不能再留下遗憾。因此，市规划局决定调整已批规划，一方面起草专报，上报市政府；

北外滩滨江建筑实景（东方明珠视点，2005年拍摄）

北外滩滨江“城市设计”效果图（东方明珠视点，2005年编制）

北外滩滨江建筑群实景（东方明珠视点，2025年6月） 程晨 摄

另一方面，市规划局会同虹口区政府与投资商鹏欣集团展开了协商。市规划局提出的解决方案是保留基地北部的居住功能，但滨江地块必须调整为公共建筑，可用作办公，也可建成酒店，这样就可以留出供市民到达滨江区域的通道。此外，考虑到北外滩地区建筑群的整体协调，市规划局对第一排和第二排建筑的立面设计与建筑材料使用也提出了优化要求。

通过沟通和协调，新方案得到了鹏欣集团董事长的理解和大力支持。最终优化方案把原住宅小区分为两部分，将滨江第一界面的高层住宅调整为宾馆，即现在的“悦榕庄”酒店；保留第二层面的两幢高层公寓，即现在的“白金湾花园”。市规划局会同市房管局按程序同步为项目办理了相关的报审手续。

在市政府领导的关心下，通过市、区积极协调与努力，新规划方案不仅为广大市民和游客创造了一处连续、可达的公共活动空间，实践了“还江于民”的规划理念，而且所留出的滨江通道也为后来黄浦江滨江公共空间的贯通打下了基础。

## 白玉兰地块：把握好天际轮廓线的制高点

白玉兰地块作为地区规划的制高点，是当仁不让的地标性建筑，也是“集体照”中的主要角色，在北外滩新的天际轮廓线中具有举足轻重的地位。当时，该地块虽然已核发了选址意见书和用地许可证，明确了规划控制参数，但项目的实施主体尚未最后明确，新设计方案还未正式上报。

考虑到该项目的重要性，市、区规划局提前介入，通过在浦江两岸从南到北6个视点的模拟分析，将中心塔楼的位置作了适当后退并向东移的调整，以体现北外滩滨江地区整体天际轮廓线的完整性和韵律感。

## 港务中心办公大楼：建筑群布局要注重协调有序

当时，处于滨江第一界面的港务中心办公大楼，项目设计方案已经通过初审。考虑到原方案新建筑体量高度可能对沿江第二界面的地标建筑白玉兰中心塔楼造成遮挡，应对设计方案作优化完善，市规划局根据城市设计管控要求及时暂缓了方案审批。

市规划局研究后对设计方案提出了调整建议：建筑总量不变，降低建筑高度，同时优化建筑形体，更加体现大楼自身特点。在城市设计导则的指引下，市、区规划部门与项目开发单位取得共识，对原方案进行了相应的调整和完善，以利于建筑群布局协调有序、错落有致。

此后，市规划局陆续在浦东、静安、杨浦等区的一些重点区域，通过城市设计，进一步发挥规划的统筹调控作用，加强对城区建筑与空间的管控和引导，优化城市空间形态。这不仅体现了规划引领的管理思路，也充分发挥了市、区联动的机制效能。

重點規劃篇

Key Planning

# 站在新起点，谋求新发展

## 黄浦江两岸综合开发建设的回顾与展望

黄浦江水滔滔不绝，在漫长的历史进程中，它见证了上海城市翻天覆地的沧桑巨变，也哺育了一代又一代浦江儿女。进入21世纪，黄浦江两岸地区综合开发拉开了序幕。上海市委、市政府在2002年1月宣布，要以“百年大计、世纪精品”为原则，高标准、高水平实施两岸地区的规划和开发。

黄浦江两岸规划，自徐浦大桥至吴淞口，全长41.2公里，两岸规划总面积为91平方公里，其中陆域面积69.5平方公里，涉及浦东新区和徐汇、黄浦、虹口、杨浦、宝山共6个行政区。在市、区各部门的共同努力下，黄浦江两岸的开发建设如火如荼，城市面貌日新月异，特别是世博会的召开，有力地加快了浦江两岸的开发建设进程，进一步推进了上海经济发展方式的转变和城市功能的提升。

## 一、十年坚持，黄浦江两岸综合开发取得了丰硕成果

多年来，黄浦江两岸的综合开发以举办世博会为重大契机，把调整产业结构、改善区域环境、延续历史文脉和提升城区活力放在更加突出的位置。

### （一）调整沿江产业结构，形成“退二进三”的示范效应

历史上，黄浦江承载了上海重要的产业和运输功能，沿岸有老外滩的金融、商务大楼，也有工厂、仓储和居民住房。在开发建设的过程中，随着上海产业结构的调整，浦江沿岸既拆除了大量危棚简屋，也搬迁了许多工厂、码头和仓库，如江南造船厂、上钢三厂和上海水泥厂等。

同时，商务办公、金融货易、航运服务和生态休闲等项目的建设，使得现代服务业比重大幅提升，在全市形成了“退二进三”的示范效应。特别是小陆家嘴地区，承载了金融贸易区的核心功能，吸引了境内外众多银行和非金融机构的抢滩入驻，作为一个窗口反映了社会主义中国的蓬勃生机。

### （二）发挥土地综合效益，塑造滨水区域的整体活力

滨江地区的土地和岸线，往往是一个城市的重要资源。历史上，黄浦江的岸线大多用于生产，生活岸线十分匮乏，市民感叹“沿江不见江”。20世纪七八十年代，在黄浦、南市区接合部有几段防汛墙，青年人多喜欢在此约会谈心，被老百姓戏称为“情人墙”，这给当时居住十分困难的上海市民留下了浪漫而又苦涩的记忆。

通过多年的改造，滨江各区充分发挥两岸土地的综合效益，逐步形成了以金融、航运、商务、文化、旅游、休闲为主体的城市功能区域，改善了绿化环境，彰显了滨江特色，使浦江两岸在新的世纪充满了新的活力。

### （三）改善市政、交通条件，营造丰富多样的公共活动空间

通过黄浦江两岸的规划和建设，相关各区进一步完善滨水区域的综合交通体系，合理进行交通组织，注重对各个交通节点的衔接、处理，重视滨江步行通道和人性化设施建设，大大增加了滨江的公共活动空间。

特别是外滩地区综合改造工程，结合道路改造、环境改善和配套完善，在地面留出更多的广场和绿地空间，增加了城市公共活动和文化展示的场所，改善了区域的可达性、亲水性，让市民和游客能更好地观赏浦江两岸风光和外滩的优秀历史建筑，全面提升了外滩滨水地区的整体品质，得到了广大市民和国内外游客的广泛好评。

### （四）延续城市历史文脉，展示浦江两岸综合开发的崭新形象

黄浦江两岸的发展，应该说是上海城市发展的一个缩影。通过产业调整、功能重组、空间形态塑造，黄浦江两岸正在努力打造一个世界级的滨水城区。通过充分挖掘沿岸地区深厚的历史文化底蕴，继承和延续城市文脉，把不同时代的建筑形态与现代文化内涵紧密结合，体现了上海的城市精神和文化魅力，也向世界展示了上海改革开放的崭新形象。现在，浦江两岸既有保留的经典建筑，又有新建的时尚楼宇，新老建筑交相辉映，这恰恰是前进中的上海城市发展的生动写照。

## 二、借鉴世博理念，打造世纪精品

中国2010年上海世博会以“城市，让生活更美好”为主题，汇集各种先进理念和智慧创意，多元文化在此交流、融合。2010年10月底，一届成功、精彩、难忘的世博会落下帷幕，而创新与科技将为上海城市的发展提供不竭的动力。

上海世博园区选址于黄浦江两岸，也是近年来两岸综合开发的重点地区。世博会的举办，使浦江面貌焕然一新，今后这里也将成为上海“创新驱动、转型发展”的先行示范区。新形势下的浦江两岸发展，要以

黄浦江两岸地区规划汇总图

世博会的成功举办为契机，充分发挥世博后续效应，推动两岸的新一轮发展。

## （一）诠释创新理念，推动城市科学发展

在建设国际大都市的过程中，上海要努力汲取世博会所展示的创新理念，并借鉴国际上成功的滨水地区开发与建设案例，既要提升原创能力，也要提高二次创新和集成创新能力，进一步推动理念创新、产业创新和技术创新，在实践中推进创新型城市的发展。

## （二）追求科技进步，引导城区经济、社会和环境协同发展

世博会被誉为经济、科技、文化领域的“奥林匹克盛会”，是各国展示科技、经济、文化等方面成就和实力的舞台。上海世博会后，城市最佳实践区拟整体保留，通过对新技术、新材料、新产品的展示、推广以及运用，进一步推动城市进步和经济发展。

浦江两岸的开发建设，要积极发挥科技、文化等优势资源，以科技进步为动力，以调整产业结构、优化公共服务设施为契机，积极实践绿色、环保

和低碳理念，促进城区经济、社会和环境的协同发展。特别要在上海现代服务业的发展中，起到发动机和助推器的作用。

### （三）坚持“以人为本”，弘扬和谐文化和城市精神

城市文化是社会文明在城市中的缩影，是社会和谐在城市中的集中表现。“以人为本”，更是城市文化的精髓所在，是实现社会和谐的基础保证。成功举办世博会之后，上海要继续坚持科学发展，弘扬城市精神，推进和谐城市建设，实现城市的可持续发展。

在黄浦江两岸的开发建设过程中，要在楼宇布局、设施配套、绿化建设和城市雕塑等方面，更加注重城市文化的引导和展现，树立海纳百川、大气谦和的城市品牌，充分发挥城市精神对社会发展的推动作用。

## 三、持续提升浦江两岸新一轮开发建设的整体水平

当前，在市委、市政府的正确领导下，上海各行各业正在积极推进实施“十二五”规划。伴随着经济发展方式的转变、社会事业的发展以及各类重大项目的有序建设，浦江两岸的开发建设迎来了新的机遇与挑战。

在浦江两岸的新发展中，要认准大目标，坚持高质量。在实施过程中，要紧紧围绕黄浦江两岸总体规划的目标和任务，远近结合，进一步提升城市功能，促进产业结构调整，改善城市生态环境，更加关注以下几个问题。

### （一）提倡公共性，彰显黄浦江两岸地区的公共价值

黄浦江的滨水地区是城市重要的组成部分，也是市民的公共资源。它不应该是某个居住区的“私家领地”，而应成为市民旅游休闲和文化观赏的公共活动区域。充分体现黄浦江作为上海“母亲河”的公共价值，彰显水岸空间的社会属性，应成为一种社会共识，真正做到“还江于民”，努力使水岸空间与城市公共空间相互融合，水陆联动发展。

同时，要更加注重滨水的岸线调整和地下空间的开发利用。以往黄

浦江两岸生产性功能的岸线太多，现在要多一些生活性功能岸线的建设，不断提升滨水区的环境品质。地下空间的开发利用要明确功能和定位，统筹规划，为社会发展和市民服务，尽量多些社会停车、交通连接的公共功能。

## （二）体现亲和性，建构市民生活和文化休闲的宜人环境

水是一座城市的重要元素，水文化是城市文化中别具浪漫色彩和人文特征的要素。在黄浦江新一轮开发建设中，要作好“水文章”，进一步突出水景、生态、文化、安全等方面的定位和要求，加强滨水地区的亲水性、生态性和文化性设计，打造有特色的滨水活动空间。滨江步行道要互相贯通，真正做到江水清、堤岸绿，人与自然和谐共处，成为市民的生活和休闲场地，提升市民的生活质量。

目前，浦江两岸的建设和改造大气磅礴，应考虑再增加点柔性和灵气，多一些人性化的服务设施，如座椅、遮阳伞、咖啡亭、公厕等，努力打造浦江两岸多姿多彩、舒适宜人的滨水休闲带。

## （三）注重文化内涵，展现城市海派特色和历史文化底蕴

黄浦江两岸的建筑体现了上海不同时期的发展特色。上海特有的海派文化、地域特色如何进一步融入城市建设，仍需要不断探索实践。

在滨水地区开发建设的推进过程中，新建筑大量涌现，要特别关注城市建筑文脉的延续，体现区域的风貌特征，不能使玻璃幕墙“一统天下”。新的建设发展应该在与历史建筑和谐共存的前提下发展，不能片面地认为拆了重建就是发展；历史建筑的有效保护，应该是更具文化内涵的发展。要关注城区的总体风貌和文化内涵，特别重视对现存的优秀建筑和工业历史遗存的保护和利用，如堪称工业遗存经典之作的杨树浦水厂建筑群。新形势下，对工厂、仓储、码头等各类历史遗存应认真编制专项规划，因地制宜，更好地为城市发展服务。

### （四）突出产业转型，进一步增强城市综合竞争力

党中央、国务院十分关心和重视长三角地区的发展，上海作为长三角地区的核心城市，要立足打造世界级城市群的战略定位。在黄浦江新一轮开发建设中，要更加注重城市的功能重塑和产业转型。特别是世博园区，要根据后续利用规划，有序开发建设。充分发挥“一轴四馆”和各片区的资源优势，积极吸纳国内外著名的大型企业入驻，大力发展会展博览、总部经济、商务办公、文化创意和旅游休闲等业态，努力与上海城市功能提升、国际金融中心、国际航运中心建设紧密结合，更好地为上海经济转型发展服务。

从城市的空间布局来看，黄浦江是上海的南北发展带，浦江两岸是重要的现代服务业发展轴。要充分发挥黄浦江两岸开发所承担的核心作用，进一步提升上海城市的集聚和辐射能级，增强城市的综合竞争力，使之成为上海持续发展的重要载体。

## 四、结语

黄浦江两岸开发是面向未来的“百年大计”，任重而道远。我们现在又站到了历史的新起点，要认真总结和评估十年来开发建设的经验与教训，扬长避短，不断提升规划、建设和管理水平，更加突出城市安全，充分发挥浦江两岸地区在新一轮发展中的示范和引领作用，为上海加快推进“四个中心”和现代化国际大都市建设做出新的贡献。

原载于《上海城市规划》2011年第4期，作者毛佳樑、王剑

重點規劃篇

Key Planning

# 浦江两岸怎样蝶变为“世纪精品”？

## 参与黄浦江两岸地区综合开发规划工作回顾

为纪念改革开放40周年，上海市政协《联合时报》推出了“忆当年、再出发”专栏。毛佳樑作为一名上海城市规划管理者，长期从事城市建设和规划管理工作，亲历了黄浦江两岸综合开发等一系列重大建设项目的规划和实施。

2018年8月，市政协《联合时报》记者对第十一届上海市政协常委、人资环建委常务副主任毛佳樑进行了专访。

上海以港兴市，浦江两岸地区是近代上海金融、贸易、航运和民族工业的发祥地，沿岸58%的区域主要以交通运输、仓储码头、工厂企业为主。随着浦东开发开放，黄浦江水道及两岸的功能已不能适应上海的需要，亟待蝶变为以金融贸易、旅游文化、生态居住为主的区域，实现由生产型向综合服务型的转变。

进入21世纪，中共上海市委、市政府以“百年大

徐汇滨江

计、世纪精品”的宏伟定位，作出推进黄浦江两岸地区综合开发的重大战略决策。2002年1月，上海市成立黄浦江两岸开发工作领导小组及其办公室，制定总体目标和工作方案，有力地推进了两岸地区的综合开发建设。2003年4月，我从市住宅发展局调到市规划局工作，亲历了这段波澜壮阔的历史，至今想来，依然心潮澎湃、感慨不已。

## 一、从“各自为战”到统一规划

从城市规划和建设的角度看，在全国改革开放的大背景下，两岸地区综合开发前后经历了几个重要时段。

一是在1990年，党中央、国务院作出浦东开发开放的重大战略决策，使上海浦东新区成为我国改革开放的前沿。在浦东开发开放初期，上海市委就提出了“开发浦东、振兴上海、服务全国、面向世界”的指导方针，这

前滩国际商务区

成为上海实现跨越发展的重大契机和历史新起点。经过近30年的努力，通过积极探索和奋力拼搏，上海为中国特色社会主义贡献了“浦东样本”。隔江面对外滩的小陆家嘴地区，已成为我国最具影响力的金融中心之一。截至2017年底，该地区持牌类金融机构增至825家，占上海金融机构总量的三分之二。

二是根据1992年中共上海市第六次代表大会的决议，全市启动了365万平方米危房、棚户、简屋的改造。按照市委、市政府提出的目标要求和政策支持，各区全力以赴推进了旧区改造，特别是浦东、黄浦、南市、杨浦、虹口等区开展了大规模的危棚简屋动拆迁工作，为滨江地区及其腹地改造腾出了空间，也为之后两岸地区的公共空间建设创造了条件。

三是本市在2000年全面启动黄浦江两岸地区的规划编制工作。此前，黄浦江两岸开发，编制规划、落实改造或建设项目基本上以各区为主，市、区规划管理部门协同推进。2000年后，黄浦江两岸开发实行统一规划，各区根据自身实际情况，进行错位开发建设。

按照市政府领导要求，市规划局在时任局长夏丽卿的带领下，于2000年8月至2001年1月，组织开展了从卢浦大桥至翔殷路五洲大道的两岸地区规划方案国际征集工作，并进行了两轮评审，充分汲取国内外滨水城市建设发展的先进理念。在此基础上，评选出优胜方案。随后上海市城市规划设计研究院对优胜方案进行深化和完善，形成了黄浦江两岸中心段优化方案，提出了要让黄浦江成为“人民之江”的总体定位。优化方案报经市政府批准后，市规划局会同各区组织编制了黄浦江中心段和南、北延伸段的结构规划，以及沿线各单元的控制性详细规划，推进了规划层层落地。

四是坚持“先规划、后建设”，各区积极推进两岸地区的综合开发。特别要提到的是2007年8月，在市政府的直接领导下，老外滩地区开始了新一轮综合改造。中山东路是浦江两岸地区“三横三纵”的主干道，根据市建交委等部门的实地调研，途经老外滩地区的机动车中70%为过境车辆，有必要规划构建地下通道以便于车辆快速通行，在地面留出更多的广场和绿化空间。当时，市建交委、市规划局和黄浦区政府等统筹协调推进优秀历史建筑保护，结合地上地下道路改造、环境美化、配套完善，增加了公共活动和服务设施。这些措施进一步改善了滨水区域的可达性和亲水性，使市民游客能更好地观赏浦江两岸风光。

五是抓住迎2010年世博会契机，努力提升两岸综合开发的整体水平。根据国家申博成功后的部署，上海市规划局、世博局组织开展了世博会园区规划的多轮国际竞赛和方案优化工作。市政府于2005年12月批准了《中国2010上海世博会规划区总体规划》和《中国2010年上海世博会规划区控制性详细规划》。世博园区规划选址于浦江两岸，从南浦大桥延伸至卢浦大桥两侧，这里也是黄浦江综合开发建设的核心区域，有利于两岸地区空间格局的优化和提升。

上海在迎世博会期间，全力推进市域轨道交通、重大市政基础设施和绿化环境建设。在办博时期，市规划局还编制了世博园区后续利用规划。最终，世博会的成功举办有力地促进了浦江两岸的布局优化、功能转型，园区内的场馆建设和滨江面貌随之焕然一新。同时，江南造船厂、振华港机厂等大型企业搬迁至长兴岛，推动了上海海洋装备产业的可持续发展。

六是积极落实黄浦江两岸地区“十二五”“十三五”时期发展规划，努力使两岸地区成为上海“创新驱动发展，经济转型提升”的先行区、“四个中心”和现代化国际大都市建设的集聚区、优秀文化的荟萃区和生态文明示范区。

## 二、浦江两岸“大变样”

在历届市委、市政府的领导下，近20年的黄浦江两岸综合开发对于推进上海经济社会发展、民生改善、历史风貌保护起到了重要作用。从总体上看，有以下几个方面的主要成效。

其一，浦江两岸综合开发，推动了城市综合功能提升、空间布局优化、产业转型发展，逐渐形成全市现代服务业高地。原先，黄浦江沿线多为生产性岸线，少有生活性岸线。现在各区滨江沿线的工厂和仓储用地，大多已转型为现代服务业、商业、办公以及居住和配套设施用地。特别是小陆家嘴地区、世博园区滨江地段的变化，更是体现了上海改革开放的蓬勃生机和崭新形象，上海可以与任何一个世界级的滨水大城市媲美。

上海船厂地区的开发，就是个实例。“上海船厂”原为英商开设的祥生船厂，始建于1862年，是中国近代造船工业的发源地之一。2005年，经过市发改委、规划局和相关部门的合力推动，上海船厂整体搬迁至长兴岛，原址开发建设陆家嘴滨江金融城。

其二，浦江两岸综合开发，有力地推进了旧区改造，改善了人居环境。多年来，各区对滨江地区居住条件差、环境脏乱的危棚简屋进行拆除，包括老南市董家渡，杨浦区平凉路，浦东杨家渡、张家滨等地区。之后结合新区开发，新建大批住宅社区，加强公共服务、市政道路、基础设施配套建设，广大市民的居住环境和生活质量大大改善。

其三，浦江两岸综合开发，注重历史文脉传承，提升了城区品质。浦江两岸拥有大量的优秀历史建筑如老外滩建筑群，民族工业遗存如江南造船厂、杨树浦水厂。通过规划设计，挖掘文化底蕴，为众多有着“中国第一”“上海第一”称誉的老厂房、码头和仓库赋予文化创意、展示演艺等新功能，实现城市更新与城区功能转换的有机结合。

其四，浦江两岸综合开发，推动了生态环境保护和修复，打造了滨水城市的特色风貌。从黄浦江水源整治，生产性企业、经营性码头搬迁，推进两岸绿化，规划建设后滩公园、世博公园等，到2017年底两岸公共空间全线贯通，市、区两级政府锲而不舍，加强生态水系和绿化建设，在有效治理污染源、推进生态修复的同时，努力为市民提供多种类型的滨水休闲活动场地。

这里有一个“还江于民”的例子。2005年时，北外滩有一处在建的商品房住宅小区，当时已完成了桩基工程，阻断了滨江通道。为此，市规划局在虹口区政府的支持下，通过多次协调，得到了投资方的理解和配合。根据两岸总体规划，滨江第一界面的高层住宅调整为公共建筑，即现在的“悦榕庄酒店”，实现了滨江步行通道的贯通，努力为广大市民和游客创造连续、可达的公共活动空间。

此外，浦江两岸综合开发，也推动了城市精细化管理，促进了相关规章制度建设。市浦江办会同市有关部门及时制定了相应的建设、管理导则，从不同方面明确了两岸开发建设的规章制度、技术规范和管理要求，同步推进工程建设、法规建设与人才队伍建设，提高了整体工作成效。

总之，“大变样”的黄浦江两岸深受广大市民和国内外游客的青睐。过去，上海许多市民家庭居住困难，很多年轻人跑到老外滩的一处长堤（其实就是防汛墙）前，人靠着人，边看风景，边谈恋爱，这段防汛墙被老百姓戏称为“情人墙”。后来出于外滩整体品质提升的需求，结合滨江广场和绿化建设，防汛墙进行了综合改造。如今，不复存在的“情人墙”已成为上海市民浪漫而又苦涩的回忆。随着浦江沿岸各种公共场所的纷纷涌现，处处有绿化广场，新的“情人墙”遍地都是，年轻人为约会而发愁的年代已一去不复返。

## 三、滨江开发重在功能品质

在多年的工作经历中，我深切感受到历届市委、市政府领导对黄浦江两岸开发工作的高度重视，每年多次听取市、区相关部门的工作汇报，并赴实地深入考察调研。在具体工作中，我的体会是，要重点处理好六个方面的关系，即政府引导、市场运作与市民参与的关系，社会效益、经济效益和环境效益的关系，公共空间贯通与周边腹地环境提升的关系，历史文化遗存保护与后续合理利用的关系，规划设计、工程建设和日常管理的关系，近期建设与长远目标的关系。

带着这些感悟和体会，我在担任十一届市政协人资环建委副主任期间，在各类履职活动中，围绕两岸开发建设积极建言献策。

比如2010年5月，市政协人资环建委考察徐汇滨江开发建设时，我在座谈会上谈到黄浦江两岸地区建设要坚持“以人为本、造福于民”的根本宗旨，切实服务于广大市民群众，努力构建能让大众亲近自然、休闲娱乐、享受生活的高品质空间。此外，滨水沿线开发建设要有张有弛，处理好“红花”与“绿叶”的关系，为今后城市的发展留有余地和潜力。

2012年4月，我参加了市政协“城市规划与国际文化大都市建设”调研座谈会，在会上提出要用心擦亮上海拥有的城市文化名片，其中之一就是“母亲河”的滨江地区，要倍加珍惜历史留给我们的宝贵资源，更好地服务于城市可持续发展。

近年来，两岸地区始终坚持高起点规划、高水平开发、高质量建设，全力打造世界级滨江发展带，成效显著。目前，滨江两岸地区45公里长的步行道已全线贯通，得到了各级领导的充分肯定和社会各方、市民游客的广泛赞誉。黄浦江两岸地区作为上海发展的重点和亮点，要进一步向浦江两岸腹地辐射和提升，努力使两岸地区成为建设卓越全球城市的重要载体。

进入新时代，黄浦江两岸地区的发展，要全面贯彻落实市委、市政府关于建设“五个中心”、打响“四个品牌”的新部署和新要求，以实施新三年行动计划为抓手，着力提升两岸地区整体能级，大力提高服务品质，让市民

2018年世界城市日——上海论坛开幕式后合影，左二为中国城市规划协会会长唐凯，左一为复旦规划院副院长施海涛，右一为上海规划行业协会副秘书长王剑（2018年10月31日）

群众有更多的获得感和幸福感。

我们相信，站在新起点，黄浦江两岸地区将牢牢把握发展的新机遇，应对新挑战，实现新跨越，把黄浦江两岸地区建设成为引领上海城市发展，实现生产、生活、生态空间高度融合的世界一流滨水区域，为上海加快推进“五个中心”和社会主义现代化国际大都市建设做出新的贡献。

原载于《联合时报》2018年8月31日“忆当年，再出发——我与改革开放四十年”专栏，毛佳樑口述，刘子烨整理

重塑规划篇

Key Planning

# 《重塑浦江：世界级滨水区开发规划实践》前言

黄浦江两岸地区的发展是21世纪初上海市委、市政府确定的重大战略。历经多年规划建设实践，市相关部门和单位组织开展了专项评估研究，并在此基础上编写了《重塑浦江：世界级滨水区开发规划实践》一书。时任上海市市长韩正应邀为《重塑浦江：世界级滨水区开发规划实践》一书作序，前言由市浦江办主任余力、市规土局局长冯经明、市城市规划协会会长毛佳樑分别撰文。

随着中国2010年上海世博会脚步的临近，本书将为我们开启历史进程中“重塑浦江”的壮丽画卷。

黄浦江是上海的“母亲河”。滔滔江水，演绎着上海社会的变迁，见证了上海城市的发展，黄浦江畔有着令人难以忘怀的历史情结。新中国成立后，黄浦江亦迎来了新生。特别是党中央宣布浦东开发开放，强劲的春风吹遍了浦江两岸。黄浦江畔的变迁史，其实就是一部浓缩的上海经济、社会、文化的发展史。

2001年5月，国务院在《上海市城市总体规划（1999—2020年）》的批复中明确提出："把上海市建设成为经济繁荣、社会文明、环境优美的国际大都市，国际经济、金融、贸易、航运中心之一。"作为上海进入21世纪的亮点，市委、市政府在2002年1月宣布了黄浦江两岸综合开发的发展战略，并要求遵循"百年大计、世纪精品"的原则，高标准开发，高质量建设。八年来，在市领导的高度重视和关心下，在市、区各部门的共同努力下，两岸开发有序推进，黄浦江畔的面貌日新月异。

黄浦江两岸地区的规划，对上海国际大都市的建设，对产业结构的调整、城市功能的提升、现代服务业的发展，以及对从徐浦大桥到吴淞口沿江地区的改造，都起到了积极的推进和引导作用。在开发过程中，既有危旧房拆除改造，造船、钢铁等工矿企业的搬迁，也有金融贸易、航运服务、旅游休闲、生态环境等众多项目的建设。同时，成功举办的亚太经合组织（APEC）第九次领导人非正式会议，特别是即将开幕的世博会等一系列重大活动在黄浦江畔举行，大大提升了上海城市的综合竞争力，成为反映社会主义中国勃勃生机的窗口。

如果说，有什么地方最能反映上海的历史变革，特别是展现改革开放的崭新形象，那首选的应该是黄浦江畔的老外滩和隔江相望的小陆家嘴。老外滩地区是上海最具魅力的历史文化风貌区，曾经承担着金融、商贸等重要的城市功能。改革开放以来，小陆家嘴地区也发生了翻天覆地的变化，银行大楼鳞次栉比，"金融中心"的建设风起云涌，建设中的国际大都市的形象令世人瞩目。

黄浦江两岸不少地方原来是简屋棚户区，市民居住环境恶劣。经过各区多年的艰苦奋战，拆除大量危棚简屋，环境改善、道路通畅，市民的生活质量明显提高。现在，两岸地区既有保留的传统建筑，又有新建的高楼大厦，新老建筑的交相辉映，成为上海城市发展的生动写照。

由上海市黄浦江两岸开发领导小组办公室、上海市规划和国土资源管理局牵头组织，上海市城市规划设计研究院和上海城市规划学会共同开展了“黄浦江两岸地区规划实施评估”的课题研究，并在此基础上编写了《重塑浦江：世界级滨水区开发规划实践》一书。出版本书的目的主要有两个：一是介绍黄浦江两岸综合开发的背景、目标和推进情况，希望为广大市民和中外游客提供两岸规划与建设的翔实资料和观光信息；二是对两岸综合开发进行一次回顾与展望。八年来，黄浦江两岸的规划和建设遵循上海城市发展的总体目标和功能定位，各行各业创造了许多宝贵的实践经验，但是我们也深切感受到规划编制和实施过程中留下了一些遗憾和欠缺，希望借助这次规划评估的契机，总结经验、扬长避短，更好地为世博后浦江两岸的综合开发服务。同时，通过对重大项目的中期评估，我们将广泛听取社会各界和广大市民的意见和建议，举一反三，在今后城市规划的工作实践和学术研究中加以借鉴并改进。

当前，上海正在加快转变经济发展方式和产业结构调整，努力发展低碳经济，促进城市可持续发展。我们要坚持科学发展观，不断提高上海规划设计队伍的综合素质和业务水平，努力为上海“四个中心”和现代化国际大都市建设做出应有的贡献。

2010年3月

重點規劃篇

Key Planning

# 积极发挥世博园区后续效应，不断提升上海城市综合功能

世博会被誉为经济、科技、文化的“奥林匹克”盛会。在党中央的支持和全国人民的关心下，中国2010年上海世博会以“城市，让生活更美好”为主题，深刻演绎了城市的发展与实践。半年展期中，已有7000多万中外游客进入世博园区，了解城市文明发展和先进规划理念，感受世界多元文化，共享城市科技创新，一届精彩、成功、难忘的世博会已载入史册。

世博会后，上海将步入“十二五”发展时期。“十二五”是我国深化改革开放、加快转变经济发展方式的攻坚阶段，是上海加快“四个中心”和社会主义现代化国际大都市建设的重要时期。如何发挥世博后续效应，促进城市发展与转型，继续推动科学发展，建设和谐社会，是上海面临的重大课题。特别是对世博园区的这方热土，如何整合资源高效利用，也是社会公众关注、议论的热点。

## 一、充分发挥世博园区后续效应，要和上海城市的战略发展目标相结合

一届成功的世博会，往往能成为城市发展的助推器。对于上海来讲，要立足于上海城市的战略发展目标，积极发挥世博园区后续效应。

### （一）要与经济发展方式转变相结合

上海要通过转变经济发展方式，进一步促进经济、社会的全面、协调和可持续发展。经济结构的调整，特别是产业结构的调整、产业布局的优化，是经济发展方式转变的重要内容。“十二五”时期，上海将进一步发展现代服务业和先进制造业，加快高新技术产业化和增强自主创新能力，积极培育战略性新兴产业，形成以服务经济为主体的产业结构。

到2009年底，上海的第三产业比重占同期GDP的59%，对经济增长的贡献率达到81%。现代服务业的比重逐年提升，对城市经济转型起到了十分重要的引领作用。

在城市转型的过程中，世博园区建设就是一个很好的案例。原先这里的土地、岸线大多是用于工厂企业的生产功能，现在世博园区已成为全球文化交流和智慧创新的大舞台。

当然，“世博效应”更多地体现在产业带动方面，特别是对高新技术产业、现代服务业等知识密集型产业具有明显的拉动作用，如信息产业，新材料、新能源产业，以及文化、休闲、旅游产业，有力地推动了城市经济的转型和升级。

### （二）要与城市功能提升相结合

自浦东开发开放以来，上海已形成“四个中心”建设的基本框架。世博会的举办，更是加快了大规模的基础设施建设和城市更新改造，促进了产业调整、优化，推动了城市功能的提升。

到世博会开幕前，上海基本形成城市快速交通和轨道交通体系，已建

成11条轨道交通线，通车总里程数达420公里，建成人民路、西藏南路、打浦桥复线等多处越江隧道，进一步完善了市域和世博地区的公共交通网络。

世博园区地处黄浦江两岸综合开发的核心区域，历史上大多是工厂、仓库、码头，还有不少危棚简屋。通过园区场馆、服务设施的建设以及绿化环境的营造，如今已形成以现代服务业功能为主的城市街区。

对历史遗存的保留、保护和改造利用，是世博会园区规划建设的一大特色。在世博园区保留了众多的优秀历史建筑，并对大量的工业厂房以及船坞码头进行保护性改造和置换。如城市最佳实践区保留了南市发电厂、上海电力修造总厂等老厂房、老仓库，将其改造为展示场馆，原上海第三钢铁厂特钢车间改建为宝钢大舞台。许多优秀保护建筑、历史工业遗存通过功能置换、形态改造被赋予了新的活力和使命，与新建的“一轴四馆”和庆典广场共同构成了上海城市地标性的文化集聚区。

## （三）要与城市空间布局优化相结合

“十二五”时期，随着城市功能的转型，上海将继续优化市域空间布局，努力打造城乡统筹发展的新格局。

世博园区的后续利用，要服务于国际大都市建设，进一步促进上海城市的空间布局更趋合理，努力建设资源节约型、环境友好型社会，这就更需要以国际视野、时代要求来研究和把握。同时，要在规划上有所“留白”，为未来发展留有余地，以利于上海城市的可持续发展。

## （四）要与城市创新实践相结合

一个城市的发展离不开创新。“十二五”时期，上海的经济发展，要进一步从要素驱动转向创新驱动，以科技进步和创新带动城市的转型与发展。

上海世博会突出了“创新”这一主题，特别是城市最佳实践区，汇集了世界上城市规划和建设的众多成功案例。对此，要通过梳理、整合，尽可能予以保留。同时，要把世博会中可推广、可复制的创新成果和科技手段，积极向社会公众展示和推广。

要留下一定的区域，作为今后各国城市发展过程中创新实践的展示场地，接受社会检验，进一步加大各类创新成果的转化力度，为城市发展注入新的活力，成为与时俱进的“城市最佳实践区”。

### （五）要与低碳城市发展理念相结合

上海世博会倡导低碳、生态、环保和节能等理念，展示和应用低碳成果，大力推进城市公共交通发展，广泛应用各种新技术、新材料。需要把先进理念渗透到日常的生产和生活中，充分发挥世博会的示范和带动效应，推进低碳城市的建设。

建设低碳城市所涉及的领域很广，既包括生产方式改变，也包括广大市民生活方式的转变。要不断提高市民素质，进一步转变思想观念，提升文明和开放程度，形成整个城市协调发展的新局面。

## 二、世博园区的后续利用，要有利于上海城市综合功能的完善与提升

在迎世博和办世博的过程中，世博品牌效应日益凸显，世博会地区已成为上海新的城市标识，上海中心城区今后发展的重要战略空间之一。对照世界上国际大都市的发展规律与趋势，上海的城市功能还有一些弱项，需要进一步完善与优化。我们要借助世博会成功举办的有利时机，充分发挥好世博园区的后续效应，不断提升上海城市的综合功能。

### （一）加快推进现代服务业的发展

要进一步增强上海服务全国、辐射世界的能力，提升中心城现代服务业的能级，特别是要加快金融、信息、航运等高端服务业的发展，建设高品质的国际商务、办公和生活区域，吸引国际组织地区总部和世界著名企业

地区总部落户。要围绕金融中心、航运中心建设，进一步做大现代服务业规模，提升服务业水平，努力形成与国际化大都市发展目标相适应的产业结构。

### （二）不断增强城市的文化软实力

在城市发展进程中，文化软实力的作用日趋明显。世博会的成功举办，为上海的文化发展注入了新的活力与生机，促进了国际性文化展示和交流。要把世博会带来的各种资源优势进一步转变为推进城市经济、社会、文化全面发展的现实动力，既要注重资源挖掘，又要精心塑造文化品牌，不断提升整个城市的文化软实力，加快建设社会主义文化大都市。

### （三）继续提升黄浦江两岸的综合开发水平

近年来，作为上海城市重要的南北发展轴，浦江两岸开发充分体现了“百年大计、世纪精品”的理念。世博会后，浦江两岸开发要进一步由中心城区向市域范围拓展，全面提升浦江两岸地区的综合服务功能，努力建设具有国际水准的大都市滨江风貌区，使黄浦江两岸综合开发跃上一个新的台阶。

### （四）努力推进宜业宜居宜游城市建设

要学习、借鉴各国城市发展、建设以及环境保护等方面的先进理念和成功经验，打造充满活力、配套齐全的创业城区、宜居社区，推进和谐社会建设。要以低碳社会为载体，推动政府、企业与市民的积极参与，形成低碳城市发展的良好社会氛围。

## 三、世博园区的后续利用，要带动园区周边及辐射区域的联动发展

世博会后，要进一步明晰世博园区及其周边地区的发展目标和要求，

中国2010年上海世博会规划区总平面图

通过专项规划的统筹研究，提出规划控制内容和要求，充分发挥规划的引导和调控作用，推动世博园区及辐射地区的联动发展。

## （一）世博园区及部分协调区

世博园区是黄浦江两岸综合开发的重点地区，其中包括世博园区规划红线范围以及部分协调区范围。在后续利用中，对5.28平方公里的世博园区要重点规划，有序推进。

## （二）世博园区周边地区

要积极发挥世博园区对周边地区的带动作用。连同浦东的耀华、三林地区，浦西的黄浦、卢湾、徐汇等地区，世博园区的整个周边带动范围在20

平方公里以上，既包括浦东的沿江地块、内环至外环之间区域，也包含了浦西三区的滨江地带。这20多平方公里范围大多已编制了相关规划，要统筹兼顾，进一步明确各片区的功能定位和空间布局，作为上海城市功能提升的重要发展空间，市、区协同，稳步推进。

### （三）黄浦江两岸开发区域

世博会的成功举办，对黄浦江两岸综合开发起到了示范和推进作用。从上海中心城空间发展来看，目前已形成东西和南北两条主要发展轴。其中，以延安路至世纪大道的现代服务业集聚带为主体的东西发展轴，产业发展基础较好；沿黄浦江两岸形成的城市南北发展轴，则有很大的后发优势。特别是世博会后，黄浦江两岸的开发地区要抓住机遇，结合本区域特点，大力推进现代服务业发展，努力打造成为“十二五”时期上海经济发展方式转型提升的动力轴。

要在规划上做好梳理，使世博园区的后续利用和黄浦江两岸规划更好地衔接和统筹，努力把黄浦江两岸地区建设成产业升级、功能完善、布局合理、环境优美的现代服务业集聚带。

## 四、对大文化产业发展布局的一些思考

在当前社会经济快速发展的过程中，提升城市的文化功能，是增强城市综合竞争力的必然要求。积极发展文化产业、推进城市文化建设也是现代服务业的重要内容。

世博园区的后续利用，一定是多功能、复合型的新格局，文化产业应该是其中一个重要的组成部分，并成为整个城市发展的一个亮点。

建设文化大都市有很多工作要做，既需要硬件建设，也需要软件提升。而最重要的就是进一步明晰文化大都市的发展目标和功能定位，并形成卓有成效的推进和运作机制。要借助世博会的成功举办，为上海文化发展营造更广阔的空间，不断提升文化原创力和影响力，努力建设上海文化产业

的新高地。

上海作为一座历史文化名城，有着深厚的历史文化底蕴。当前，时代又赋予了上海推进建设社会主义文化大都市的历史使命。面对新形势、新要求，我们要充分发挥文化与科技的双重推动作用。

### （一）建设大型国际贸易、会务会展的集聚中心和信息中心

世博会后，浦东园区的“一轴四馆”将被保留，世博轴将成为一个重要的交通结合带，中国馆、世博中心等这些享有盛誉、富有个性的永久性设施，将有条件成为上海举办大型会务、会展和演艺的主要场所。要积极做好这些大型设施的有效利用和长效管理，更好地发挥场馆内的先进设施和周边广场、绿化、环境的综合效益，为上海现代服务业的发展提供平台。要加强国际交流与合作，建设国际贸易与会务会展的集聚中心和信息中心。

### （二）形成以文化创意、博物博览、艺术展示为核心功能的国际文化交流中心

世博园区汇聚了世界各地的多元文化，促进了各国的文化交流，既有世界各地展馆建筑的精巧设计，也有各国历史传统与文化创意的完美展现。

世博会后，要抓住文化交流的发展契机，借鉴国内外文化大都市建设的成功案例，重点发展文化展示、博物博览和文化创意产业。例如，对于浦西的部分企业馆场地和城市最佳实践区地块，除保留一些成功的企业馆外，还要打造各类博物、博览馆，如世博会博物馆，中国近代工业、交通博物馆，世界非物质文化遗产博览馆等文化设施群落。建立各类文化艺术交易平台，也可作为各类演艺场所使用。在后续利用中，要突出文化展示功能，进一步增强国际交流与合作，提升上海城市国际文化展示和交流的能级。

### （三）构建以文化博览为特色、旅游休闲为特点的滨江公共活动空间

目前，世博园区内已建成四大公园，形成了近6公里的滨江绿带，水绿

交融、环境宜人。绿带中增设了大量公共服务配套设施，实现了原有工业用地和生态岸线的华丽转身。如后滩公园，原为钢铁厂和船舶修理厂所在地，如今已成为深受游客和市民欢迎的湿地公园和休闲活动场所。

在黄浦江两岸的开发过程中，各区十分注重高楼大厦的建设和环境绿化的配套。通过世博会，浦江两岸新增了更大规模的生态绿地和亲水岸线，犹如在一曲雄浑高昂的交响乐中增添了一分舒展与轻快，体现了我们城市建设中的刚柔相济。

世博会后，要以现有的滨江绿化和公共开放空间为基础，在黄浦江两岸更大的腹地范围进行梳理和整合。由于生产岸线和生活岸线所承担的功能有别，要科学规划、合理共存，把文化、体育、休闲和娱乐等功能融入滨江绿带，为市民创造更多的公共活动空间。通过市、区各级领导和广大人民群众的共同努力，留下世博会的宝贵财富，真正实现“城市，让生活更美好”。

原载于《上海城市规划》2010年第5期

重點規劃篇

Key Planning

# 新时代、新机遇、新作为

## 全力推进虹桥商务区规划建设跃上新台阶

近年来，虹桥商务区的开发建设和功能打造成效显著，大交通、大会展、大商务的战略功能不断夯实。进入新时代，虹桥商务区迎来了新的发展机遇。2019年7月18日，虹桥商务区管委会、解放日报社联合举办了“新时代、新机遇、新作为”主题座谈会。上海市副市长、虹桥商务区管委会主任许昆林，常务副主任闵师林等参加会议，市、区相关部门负责同志和首批特邀虹桥智库专家进行了深入探讨，积极建言献策。本文根据发言内容整理。

虹桥商务区地处上海西部，原为城乡接合区域，市政基础和公共服务设施相对薄弱。十多年来，虹桥商务区以虹桥机场和高铁站为基点，坚持落实国家战略和上海发展目标，从大交通发展到区域功能重塑，从量变到质变，走出了一条改革开放的大发展之路。

2003年下半年起，铁道部关于京沪高铁规划最初将上海终点车站选在七宝地区。2004年，结合虹桥机场改造，上海市政府会同铁道部决策在虹桥规划建设由机场、铁路、轨交和地面交通组成的综合交通枢纽，占地26平方公里。2007年上半年，市政府主要领导要求市规划局再看远一步，扩展规划控制范围。经过深入调研，在原有基础上，规划拓展到86平方公里，形成了虹桥商务区的雏形，该地区的结构规划开始编制。

2009年7月，市委、市政府批准设立虹桥商务区管委会，在闵行、青浦、长宁、嘉定四个区和市相关部门的共同努力下，合力推进虹桥商务区的规划建设。十年磨一剑，世界一流的虹桥综合交通枢纽和面向长三角的虹桥商务区目前已初步形成，成效举世瞩目，可谓“1.0版本”。在空间格局上，虹桥商务区与浦东陆家嘴—花木—张江地区形成了市域东西向城市功能主轴线，有力地推进了上海中心城区的功能提升与布局优化。

今天受聘为虹桥商务区首批智库专家，我感到十分荣幸，这也是难得的学习机会。下面，我从规划和管理的角度，提些建议，供参考。

## 一、进一步提升功能定位，推进虹桥商务区升级版规划编制

进入新时代，迎来新机遇。中央和上海明确了虹桥商务区发展的更高目标和定位，根据《长三角一体化发展规划纲要》和市主要领导的讲话精神，虹桥商务区积极行动，对标国际标准，体现中国特色，努力打造虹桥国际开放枢纽。不仅要建设世界一流的综合交通枢纽，更要立足长三角，进一步聚焦国际贸易、高端商务、国家会展和现代服务业，充分发挥“一核、三区、一高地”的作用，努力提升联通国际的枢纽功能。

与此同时，根据《上海市城市总体规划（2017—2035）》，虹桥商务区作为全市四个主城片区之一，与中心城区共同承载了上海“全球城市”的核心功能。当前，虹桥商务区要进一步紧密对接自贸区新片区、长三角一体化发展示范区，根据各自定位和优势，共同发挥引领和示范作用。

虹桥综合交通枢纽

## 二、进一步促进产城融合，加强增量创新与存量更新的联动

总部经济和创新产业在虹桥商务区快速集聚，目前已建成商务楼宇500万平方米，入驻企业3000余家，总部类企业已超过100家。要继续突出虹桥商务区特色，发挥商贸平台、会展中心等作用，打造总部经济、进口博览会品牌，合理安排各类功能业态。同时也要看到，目前商务区内功能较为单一，近5年来土地出让接近总量的60%，整体入住率为30%—40%，以商务办公为主，目前仅有15%的就业人群在当地居住。商务区培育发展有一个过程，要大力推进“商务区”向“主城区”转型，集聚城市功能，布局文化设施，促进职住平衡，提升配套水准。要着力推进公益性和公共服务类项目的落地实施，引进高等级的文化、体育、教育和国际交流机构。通过新建、置换等方式，大幅度提高公共租赁住房的比重，从功能较单一的商务区逐步转向“低碳、绿色、智慧”的新城区。

目前，区域内尚有大量城市建设保留地块，具备城市更新和二次转型的条件，国企储备用地、机构划拨土地、城镇居住用地、低效产业用地和村镇集体用地等均应纳入城市更新的统筹研究范围，对存量土地要分门别

国家会展中心

类，做好合理利用的文章。要在总体功能定位的引导下，鼓励自主更新、升级转型、改善环境，提高整体能级。

## 三、进一步夯实综合交通枢纽功能，体现国际化水准和高效管理

### （一）道路交通方面

目前，在虹桥综合交通枢纽区域内，交通总量逐渐趋于饱和，既有空港、铁路、轨交等到发旅客的交通需求，又有本地交通出行的需求。快速交通已经形成互联互通的骨干路网系统，但区域交通衔接尚显滞后。要合理安排建设时序，结合各片区功能的完善优化，同步加强次干路、支马路的路网密度和实施力度（目前各等级路网实施率不到50%）。要有序打通“断头路”，提升道路系统的连通性。应启动外环辅道和区域BRT（Bus Rapid Transit，快速公交系统）的专题研究。

进一步加强城区精细化管理。例如要聚焦3.7平方公里的核心区，先行做好对道路交通指引标识的分析研究，并从3.7平方公里逐步扩展到86

平方公里，硬件、软件同步提升。国际化水平的道路交通标识和高效管理，有利于加快国际化城区建设。

### （二）市政基础设施方面

全面提升市政基础设施的建设水平，全力保障城区交通安全运行。特别要注重地下空间的规划管控和合理利用，包括地下管廊、地下通道、停车库等，地上、地下联动开发，节约、集约利用土地，以利于商务区综合功能的提升。

## 四、进一步注重生态人文建设，提升宜业宜居整体水平

坚持以人民为中心，注重城区的特色风貌打造和整体环境品质的提升。从“15分钟生活圈”理念出发，进一步完善各类社区公共服务设施的合理配置。要注重形成社区居民交流互动、和谐温馨的公共活动空间。注重地方历史文脉传承与现代城市风貌的有机结合，充分体现海派文化、地区特色和时代特征。进一步聚焦展现虹桥商务区的活力、繁荣、生态和绿色特点，提升城市品质，改善人居环境，全面提升虹桥商务区的宜业宜居整体水平。

## 五、进一步完善规划体制、机制，形成“虹桥标准”，提供“虹桥经验”

进一步完善规划管理的体制、机制，充分发挥规划的战略引领和底线管控作用。规划编制的目的在于实施，要成为“管用”“高效”的规划成果。加紧完成虹桥商务区规划（“虹桥主城片区单元规划”）的编制，坚持“一个商务区、一张蓝图干到底”。管委会和相关区政府要条块结合、优势互补，全力推进商务区规划的实施。定期开展规划的实施评估，形成针对性、阶段性的对策建议，以利于推进虹桥商务区更高质量地发展，更好地服务于长三角。

严格控制建设时序，聚焦近期建设，以大项目带动功能完善。管委会牵头推进高等级文化、教育、体育等公共服务、市政基础设施以及道路交通设施等重大项目的规划建设，同时紧紧围绕中国国际进口博览会，做好相应的设施配套和服务保障。

抓紧制定和实施《虹桥商务区规划建设导则》，严格按照该导则要求，形成整个商务区在规划、建设、管理上的“虹桥标准”，继而加强规划编制、审批和监督的全过程管理，逐步提升为可借鉴、可推广的“虹桥经验”。

原载于《解放日报》2019年7月24日“虹桥商务区怎样践行‘三个勇当’”专版

# 住宅建设篇

Housing Construction

住宅建设篇 Housing Construction

# “住友名人花园”：上海首批智能住宅小区之一

20世纪90年代，在推进新建住宅的进程中，上海在中心城区东、南、西、北规划建设了四个大型居住示范区，同时也开展了创“四高”（高起点规划、高水平设计、高质量建设、高标准管理）小区和首批智能住宅小区的试点工作。

2001年5月初，时任上海市委常委、市委秘书长宋仪侨请市住宅发展局局长毛佳樑推荐优秀住宅社区。毛佳樑介绍了当时一些已建和在建的大型居住区，也介绍了不少创“四高”小区。宋仪侨秘书长对首批智能住宅小区——地处浦东新区的“住友名人花园”很感兴趣。随后，他带队先行到实地开展调研。

“住友名人花园”小区坐落在张杨路以北、居家桥路以西，由市住宅发展局所属的住友房产公司开发建设，属经济适用型的普通商品房，当时房屋均价为每平方米4000元左右。小区占地4.1公顷，以多层为主，局部为高层，布局合理，环境优美。小区最大的亮点在

"住友名人花园"小区

于将智能化理念、"四新"成果(新技术、新材料、新设备、新工艺)以及成熟的环保技术应用于住宅建设中,集成10项科技新成果,包括宽带数据入网、小区周边防范报警、重点部位监控、家庭安全防范报警、三表远程抄读、公共信息、噪声显示以及智能化信息管理中心等。此外,小区采用太阳能庭院灯和物业管理用房照明,采用箱式变压器技术、分质供水系统,推进生活垃圾生态化处理,做到垃圾减量化、无害化和资源化。"住友名人花园"对推进上海新建住宅智能化工作起到了重要的引领作用。居民入住后,反响良好。

2001年,"住友名人花园"小区被评为"四高"优秀小区。同年5月14日,时任中共上海市委书记黄菊视察"住友名人花园"。

2001年6月17日,中共中央总书记、国家主席江泽民视察"住友名人花园",详细了解"四新"成果和智能化应用、房价及物业管理等情况。

全国人大常委会副委员长邹家华,时任建设部部长俞正声,中共中央政治局委员、国务院副总理曾培炎等中央领导也先后视察过"住友名人花园"。

2004年7月26日,中共中央总书记、国家主席胡锦涛视察"住友名人花园",同时看望了小区居民。

# “平改坡”工程：2003年获“中国人居环境范例奖”

1999年仲夏，由市政府主要领导带队，市建委、房管、住宅、绿化、市容环卫等局负责同志组成考察团，赴山东威海学习考察城市建设和管理工作。

学习考察内容众多，其中包括多层旧住宅的“平改坡”（即平屋面改坡顶）工程。在威海考察期间，这座滨海城市的市容市貌，特别是蓝天白云映衬下的红色坡屋顶，给大家留下了深刻的印象。第二天晚上，市领导就召开会议，研究、部署相关工作。在讨论到上海准备开展“平改坡”项目时，市住宅发展局副局长毛佳樑汇报了下一步工作设想，并提交了副局长林应清绘制的“平改坡”方案草图。市建委副主任皋玉凤提议将“平改坡”任务交由住宅发展局承担，市领导和市建委主任张惠民都很赞同。

回到上海后，毛佳樑马上向市住宅发展局局长王文忠作了汇报，并研究了试点工作方案。随后市住宅局选择了5个点共13幢多层住宅作为工程试点，由上

上海市民点评"平改坡"工程座谈会(2001年),右二为上海住宅科技公司董事长钱国忠,右一为市住宅局科技处处长李娟娟

"平改坡"工程施工现场调研(2000年1月),左一为市住宅局副局长林应清

海市住宅科技公司启动实施。1999年8月,"平改坡"工程在静安、卢湾、长宁、徐汇和普陀五个区更大范围内推进"穿新衣、戴新帽"试点。一是改造工程以改善景观为主,同时起到防漏、隔热作用。加建的坡顶设计采用多种形式,以取得改善城市建筑第五立面的良好效果。试点项目的屋面还尝试了多种色彩,如红色、灰色、棕色等。二是结合住宅的拆除违章、外墙粉刷等整治工作,使建筑改造与周边市容环境相协调。三是在"平改坡"过程中,积极推广应用新技术、新材料,包括环保型的屋面材料。

9月10日,市政府领导带领市建委、市房地局和市住宅局等部门负责同志察看了多处试点工程成果,边看边问,了解得十分仔细。有一处工程尝试用了彩钢板作为坡顶屋面,远看效果不错,但居委会干部反映下大雨对顶层居民生活有影响。市领导对这一情况十分重视并提出解决方案。最后,市领导一行来到正在建设中的延安路高架道路上，对华东医院北侧职工住宅楼的“平改坡”工程表示十分赞赏，特别是红色坡屋顶给大家留下良好印象。市领导对工程质量、建筑立面、屋顶色彩等提出了具体要求，并指出要虚心听取街道里委和居民意见。

市主要领导十分关心“平改坡”工程，并提出了对改造工程的优化意见。此后，中心城区全面推开试点，从沿街前排住房延伸到整个小区，如闸北区蕃瓜弄小区、浦东新区东方路沿线多层住宅小区等。这项工程的改造资金由市、区两级政府共同承担，受到广大市民的由衷欢迎。

五年间，从中心城区“三横三纵”、高架道路两侧住宅，到城市主要景观道路两侧街区，在各相关区的共同努力下，上海累计完成“平改坡”7190幢，受益居民24万户，市、区住宅局也形成了“平改坡”工作的推进机制。

“平改坡”工程切实改善了居民的生活质量，解决了老公房隔热防漏的难题。自2000年起，该工程连续三年被列为市政府实事工程，并于2003年荣获建设部颁发的“中国人居环境范例奖”。

剑河路多层住宅小区“平改坡”

同济新村社区“平改坡”

住宅建设篇 Housing Construction

# “中国第一幢”：沪上老公房综合改造加装电梯试点

上海市区的老公房大多建于20世纪七八十年代，建设标准普遍不高，配套不足，特别是随着老龄化人口的增多，居民要求在老公房改造中加装电梯的呼声越来越高。对此，上海市住宅管理部门很早就开展了专项研究，曾先后在徐汇、长宁等区选点，但因种种原因难以落地。2001年初，在时任闸北区住宅局局长季铭的推荐下，市住宅局决定选择陆丰路2–4号1幢多层旧公房进行全市首个“平改坡”增设电梯综合改造试点工程，得到闸北区区长的关心和全力支持。这幢旧住宅的综合改造，从一个侧面反映了上海旧区改造和住宅建设的发展轨迹。

这幢住宅是1985年拆除危棚简屋后建成的，是一幢基础不打桩、抗震不设防的6层砖混结构住宅，其中大部分住户为拆迁回搬居民。市住宅局局长毛佳樑会同副局长林应清、局长助理黄永平、推进小组负责人李晨昊等同志，多次深入现场调研，结合该建筑地处

解放日报

热点追踪·要闻

2003年2月20日 星期四

第5版

热点追踪

# 中国第一幢

——上海老公房综合改造试点纪实

“惊艳”陆丰路

谁来“埋单”？

谁啃“骨头”？

大胆设想，小心求证

2003年2月20日《解放日报》报道

小区最北端的区位及自身特点，提出了“量身定制”的综合改造方案。一是加固结构，通过基础墙面加固等结构处理，提高抗震能力。二是加装设备，增设电梯、恒压变频供水、宽带入网、电控防盗门，提高旧住宅的技术水平。三是增加面积，通过顶部加层和“平改坡”，将底层居民置换到顶层复式房，将底层用作社区图书馆、活动室以及居委会办公等配套用房。此外，在对旧住宅内外改造修缮时进行局部拓展，每户增加了一定的使用面积。四是改善环境，对建筑外立面的空调外机、晾衣架、彩铝窗进行了统一设计，外墙重新粉刷，增加绿化及辅助设施，改善和提高小区的环境质量。与此同时，改造中还要“做减法”，拆除小区绿地中用于居委会办公等的临时建筑，把绿化还给小区居民。这样一来，旧住宅由内到外脱胎换骨，焕然一新。

市、区政府投入小区市政配套资金，经过综合改造，小区居住功能、公建配套和各项硬件设施趋于完善，广大居民都得到了实惠，为创建文明小区创造了条件。每户居民还不同程度地增加了居住面积，增加的面积根据上海公有住房出售等相关政策收取费用，以利于建设资金的平衡，增设电梯的工程费用也在建设资金中统筹安排。

小区综合改造完成后，时任市委常委、常务副市长冯国勤带领市建委、房管局、住宅局等部门领导到现场视察，里委干部和喜迁新居的居民对改造成果交口称赞，都说加装了电梯，改善了居住条件，多年的梦想成真，感谢党和政府为老百姓办了件大实事。听到群众的反映，冯国勤副市长对市住宅局和相关部门的积极探索给予了充分肯定。

这次试点工程费用由市、区住宅部门的市政配套资金和居民家庭出资共同组成。但是多层老公房增设电梯，涉及方方面面的手续和具体问题，试点工程只能是有所突破，既要兼顾社会效益、经济效益和环境效益，同时又要取得广大居民的理解和支持，有很长的路要走。

2003年2月20日，《解放日报》以《中国第一幢——上海老公房综合改造试点纪实》为题做了专门报道。

住宅建设篇 Housing Construction

# “杉林新月”：全市首个重大工程配套商品房基地

上海在1999年实施了两个“并轨”制度，即内销和外销商品住房并轨，内销商品房和经济适用房并轨，以利于推进房地产市场的发展。此后几年，也产生了一些新的问题。不少居民在旧区改造、“危简棚屋”基地动迁中拿到了动迁补偿资金，但在市场上一时找不到合适的房源。不少市级重大工程的推进，也因为缺少相配套的动迁房源而受到影响。

2002年6月18日，市领导电话联系时任市住宅发展局局长毛佳樑，要求为重大工程提供定向的配套商品房，希望市住宅局牵头研究，抓紧推进。

放下电话，毛佳樑立即与副局长林应清商议，当天就组建了推进配套商品房工作小组，由住宅局团委书记李晨昊担任组长，成员包括局团委副书记陈为、市政配套处青年骨干徐斌。同时，经过研究，决定将局属企业——市房地产实业公司即将开发的浦东三林商品房基地，全部调整为配套商品房项目，公司总经理柴之元

上海市重大工程配套商品房建设启动仪式(2002年10月7日)

积极响应。

6月20日,市领导听取了市住宅局关于配套商品房基地选址及相关工作的推进情况,并明确将其作为市"重大工程配套商品房"项目。毛佳樑提出,市住宅局力争用100天左右的时间,做好前期报批和开工准备,并希望市领导出席开工仪式。

在市领导的关心和市发展改革委、建委、房地局等相关部门的支持下,市住宅局工作推进小组和上海市房地产实业有限公司经过100天合力奋战,不负众望,顺利完成了各项报批手续和基地开工准备。

10月7日是"世界人居日",上海市重大工程配套商品房首批建设项目启动仪式在浦东三林基地举行,首期工程"杉林新月"小区同时开工奠基,市领导出席并作了重要讲话,要求配套商品房基地按照创"四高"(高起点规划、高水平设计、高质量建设、高标准管理)小区标准推进工程建设。随后,市城投公司的"黄山小区"、中房置业的"永泰花苑"等基地陆续开工,由此拉开了上海首批"100万平方米"重大工程配套商品房建设项目的序幕。

"杉林新月"作为创"四高"示范小区,占地26公顷,原先规划为低密度住宅,后调整为重大工程配套商品房,林应清及时向周禹鹏副市长汇报,经审批对原规划作了调整。作为高、多层相结合的动迁用房,可建住宅46万平方米,共分三期。首期建造了22万平方米,住宅售价低于市场价,每平方米均价为3500元,房型设计紧凑实用,面积不大功能齐全。小区建设

市建委副主任皋玉凤在“杉林新月”小区工地调研，向房产实业公司总经理柴之元了解工程建设情况（2003年）

与市房地局局长蔡育天合影（2003年）

到2003年第三季度竣工交付。

到了2003年底，全市重大工程配套商品房共竣工1.3万套，计101.9万平方米，主要用于全市轨道交通、浦江两岸开发、城市公共绿地、中环线建设等重大工程的居民动迁。

根据市委、市政府的总体部署，在市建委副主任皋玉凤的协调推进下，自2004年开始，市规划局会同相关区政府在市域范围内进行了规划选址，报市政府审批后，逐年落实了配套商品房基地。同时，在市房屋土地局局长蔡育天的重视和各区政府的支持下，由市房地局会同市发改委、绿化、市政等部门，在全市陆续开工建设重大工程配套商品房1000万平方米、中低价普通商品房1000万平方米，这就是由市、区协同推进的“两个1000万”。重大工程配套商品房的建设，是上海对建立廉租房、共有产权房、公共租赁房、动迁安置房“四位一体”保障性住房体系的积极探索，同时也是其中重要的组成部分。

随着上海保障性住房建设、供应和管理体系的逐年完善，面向中、低收

上海市重大工程配套商品房建设启动仪式，左起：顾林土、郑波、冯晓慧、顾弟根、刘国良、毛佳樑、柴之元、林应清、李晨昊、林宪成、朱涛峰（2002年10月7日）

揭牌合影，左起：时任市住宅局团委书记李晨昊，副局长林应清，柴之元，房产实业公司董事长刘国良（2003年10月）

入人群的保障性住房体系与面向市场的商品房体系相辅相成，两个体系同步推进，有力地推动了上海住房建设的健康、有序发展。

住宅建设篇

Housing Construction

# 从产品到商品，从商品到作品

## 对21世纪初上海住宅建设的若干思考

历史行将跨入21世纪，届时，我们希望上海住宅建设能以崭新的姿态跨入新世纪的大门。其一，上海的住房制度改革已全面实施，住宅的投资、建设、分配和管理体系也将相应地发生深刻的变化。其二，改革开放以来，上海的社会经济发展水平又跃上了一个新的台阶，人均GDP已接近5000美元，市民的生活水平有所提高，对住房商品化的观念有了进一步的增强。其三，市区骨干道路网络和立体交通框架已基本建成，位于内、外环线间的近20个大型居住区建设也初具规模，示范居住区每年都有一批完整的街坊面世，上海住宅规划布局的重心已逐步移向内、外环线之间。其四，房地产开发、住宅建设的各项法规渐次齐全，市场规则逐步完备，房地产开发趋向合理。客观地说，目前上海的住宅建设还存在着不少困难和薄弱环节，需要加以克服和改进。身临世纪之交，我们有必要对21世纪初叶的上海住宅建设进行理性思考，切实做到有所为，有所不为，使我们的工作能够扬长避短，更具有前瞻性和创造性。

## 一、上海住宅建设在国民经济中的地位和作用

如何看待21世纪初上海住宅建设在国民经济中的地位和作用？我们认为可概括为一个飞跃、两个热点、三个协调。

"一个飞跃"，即到2000年，上海人均居住面积会超过10平方米（使用面积约为15平方米），成套率达到70%以上。届时内环线两侧的365万平方米危棚简屋基本改造完毕，4平方米以下住房困难户悉数解困，现有居住区的公建配套同步完成，空置商品房压缩到较合理的限度内。此时，住宅建设应有一个新的飞跃，即从数量向质量、从粗放型向集约型转变。换言之，20世纪90年代的住宅面向市场，完成了从福利产品到社会商品的转变；21世纪初叶的住宅更应立足市场，完成从"制造商品"到"创作作品"的转变。

"两个热点"，即住宅建设成为新的经济增长点，住宅成为居民新的消费热点。可以说，目前"两点"还处在启动的初始阶段。由于产业链很长，同时产业的关联度较高，涉及建材、化工、电子、机械等众多部门，住宅建设可以带动第二产业如建筑业、冶金业的发展，也能带动第三产业如金融、保险、商业等产业的兴旺。应该说，大力推进住房消费，有利于拉动国民经济的健康发展。

1997年，世界权威调查机构盖洛普（中国）咨询有限公司对我国31个省、市、自治区的城市和乡村进行了抽样调查，并公布了对中国市场的调查结果。其中一项结果显示，在全国范围内已有不少人将购房作为自己的消费目标，上海的比重略低于北京而高于广州，约为59%。随着上海居民收入的不断增加，改善住房条件已成为其消费的主要目标。同时，上海住房公积金和商业银行对住房消费的贷款额度也在逐年增加，估计到2000年会冲向200亿元的大关。在未来的几年中，住宅逐步成为居民的消费热点是完全可以实现的。

从日本、新加坡及中国香港地区住房发展的轨迹来看，完成住房解困

任务的时间一般在25年左右。达到舒适水平，大致还需10—15年。自20世纪70年代末以来，在国家住房制度改革的指引下，我们用了20年左右的时间加快住宅建设，取得了令世人瞩目的成就。分析上海住宅发展的态势，预计再过三四年，上海也能基本完成解困任务。有鉴于此，上海住宅建设发展的中近期目标应分两步走：第一步的目标是基本解困，在21世纪初使大多数居民达到小康型居住水平；第二步的目标是估计再用八九年的时间，使大多数居民达到舒适型居住水平，即户均一套房，人均一间房。

当然，在社会发展的过程中，总会有一定数量的低收入家庭，这就需要以社会保障体系中的廉租屋来解决问题，有一定的标准和面积控制。待其家庭经济条件改善后，鼓励其再去买房或租赁商品房。就全社会而言，有人买房，有人租房，这是很正常的事，不能以为住房制度改革的出路都是去买房。同时，人的一生中换几次房也是很正常的事，在住房商品化的前提下，住房条件应该和自身的家庭经济承受能力相适应。

"三个协调"，即住宅建设一要与社会经济发展水平相协调，与国民生产总值保持适当的比例；二要与国家的社会保障体系，尤其是住房制度改革的进程相协调，保持一个适度的发展速度；三要与居民生活水平的提高相协调，居民的住房水准可适度超前引导，但不宜提倡过高标准。

根据国外住宅发展的经验，发展中国家的住宅投资规模与GDP的比例，大多在5%—6%，发达国家的比例还要低些。鉴于1992年以来上海GDP的增长率每年均在10%以上，结合21世纪住宅发展目标，上海住宅近几年的投资规模与GDP的比例保持在10%左右较为合适。若过高，可能造成居民动迁、市政配套等诸多方面的困难，也会形成大量的房屋空置；若过低，则不利于拉动GDP的增长。

到2010年，上海人均居住面积将达到15平方米（使用面积约为23平方米），因此，上海的住宅建设应保持持续、健康、有序的发展，建议近期每年住宅的竣工量在12万—13万套、共计1000万平方米左右为宜。同时，上海住宅建设的重点应面向普通老百姓，紧紧围绕市场，租售并举，建管并重，从而逐步提高广大市民的居住水准。可以说，当今世界，没有一个国家住房问题完全由政府包下来，即使我国在计划经济时期，乡镇、农村的住房也是由农民自己花钱盖的；反之，也很少有这样的情况，即国家把国民的住房消费完全推向市场。随着房改的逐步深入，上海将在若干年后构筑较为合理的社会化供房体系：有60%左右的中、高收入家庭购买商品房，由政府政策导向；20%—30%的中、低收入家庭轮候购买平价房（即经济适用房），由政府政策扶持；还有10%—20%低收入家庭租赁政府政策保障的廉租屋。

现在社会上举办的房型竞赛，入围的往往是120—150平方米的大房型。其实房改之后，因大多数是三口之家，广大老百姓自己掏钱要买的，可能还是70—80平方米或100平方米左右的几种房型。所以，如何在二房一厅、三房一厅上搞好设计，做足文章，是我们当前需要认真关注的。

当然，社会在不断发展，住房的需求也应该是多层次的。我们也希望有越来越多的家庭购买三房二厅、四房二厅的住宅。但是，作为一个发展中国家，对住房消费的标准，也只能是在发展经济的同时逐步提高。

## 二、面向21世纪的上海住宅建设应抓好两个重点

随着上海近几年住宅建设的快速发展，市场的有效需求已日益成为住宅发展的目标和动力。如何生产高质量、有市场的产品，是摆在每个开发建设者面前的现实课题。为此，抓好住宅建设的整体质量和可持续发展，是面向21世纪的两个工作重点。

### （一）努力提高住宅建设的整体质量水平

要提高规划设计质量、配套建设质量、单体功能质量和管理服务质量，其中规划设计是关键。

随着社会经济的发展，人们的生活观念也在不断更新。未来的规划设计应在住宅建设中真正起到“龙头”作用，充分体现“以人为本”的理念。居住区除满足人们居住的基本功能外，还应满足休闲娱乐、教育、就业等诸

多需求。居住社区不应是单纯的“卧城”，有条件的话，可以规划一些通用厂房用于无污染的工业生产，兼顾居民就近上班。未来社会的老龄化、家庭结构的小型化、家政服务的社会化及汽车、电脑普及等因素，均应在规划设计中予以考虑。新建住宅社区应有自己的品牌和个性，而不应“剃平头”或是“排排坐”。居住区的绿化布置应做到集中和分散相结合，既要有相对集中的中央绿地，也应有组团式房前屋后的小型绿化。建设者要做好与居住区公共交通的衔接以及小区内的道路设计，小区外追求便利快捷，小区内要求通而不畅。要注重当地文化的延续。要花大力气做好住宅的单体设计，客厅的设计不是越大越好，一般不宜超过建筑总面积的30%。每套房都应配有储藏室。

总而言之，建设者应致力于营造一种有利于人与人相交流、人与自然相和谐的居住环境。开发商向社会提供的，应该是具有特色和个性的优质商品；设计师向社会展示的，应该是自己呕心沥血创作的精彩作品。上海目前热销的楼盘，主要是那些环境优美、功能齐全、质量上乘、管理良好的居住社区。按老百姓的话来说，愿意花钱买环境、买房型、买管理。

## （二）走可持续发展之路

从经济增长方式来看，我国目前的房地产业仍未完全脱离粗放型的发展阶段，因而走可持续发展之路势在必行。根据目前上海住宅建设的状况，建议主要抓好如下环节。

合理利用资源。如何综合利用城市土地，确保“使用一块，建好一块，发挥土地的最大效益”，是各级政府管理部门必须认真研究的命题。土地一级市场必须由政府调控，每年限量供应。努力激活房地产二、三级市场，存量房产盘活了，增量房产的出路就多了。只有房尽其用，才能使现有土地的效益达到最大化。

大力保护环境。住宅建设是“百年大计”。要寻求一种既发展经济又注重生态环境的建设方式，以促进良好的物质环境和生态环境的有机组合，如保持合适的容积率和绿化率，不破坏水系等。建设一个居住区，要求经济效益、社会效益和环境效益三者统一。

依靠科技进步。上海是全国住宅产业现代化的试点城市之一，要大力推行住宅部件标准化、住宅生产社会化，加快新材料、新技术、新工艺和新设备的推广与应用，以求大幅度提高劳动生产率，降低建设成本。目前，要加大力度，做好对成熟的新材料、新产品的推广和应用工作。同时，也可以厨房和卫生间为重点，综合考虑设备、管网布局，形成整体设计方案，促进住宅零部件的标准化、系列化及通用化，将此作为住宅产业化的突破口。要稳步推进住宅小区建设和管理工作的智能化，首先要在安保系统、物业管理以及社区服务网络上应用先进的科技成果。上海的住宅建设要在21世纪初走在全国的前列，出路就在于增加住宅的科技含量。

21世纪的住宅建设是一个涉及面广、内容十分丰富的课题，本文只是从局部作些不成熟的分析。不当之处，请专家和同仁批评指正。

原载于《上海住宅》1998年第6期，作者毛佳樑、林江鸿

# 推行“基地身份证”制度，强化住宅建设全过程管理

进入世纪之交，上海的住宅建设面临新的机遇和挑战。快速发展的住宅产业，要求住宅管理部门工作高效、有序。

近几年，上海有几百家房地产开发企业参与了住宅建设，有力地推进了上海的旧城改造和新区建设，使数以百万计的市民喜迁新居。目前，全市已开工的住宅基地近1000个，在建的建筑面积约4000万平方米。如何在宏观上把握总量，调整结构，提高住宅建设对国民经济发展的贡献率？如何在规划设计上狠下功夫，提高住宅建设的整体质量水平？如何从各个环节努力降低成本，促使住宅从潜在的需求变为新的消费热点？这些工作都要求住宅建设管理部门充分运用现代化的管理手段，立足当前，放眼长远，面向市场，依法管理，寓服务于管理之中，全面提高工作水准。

实施《上海市住宅建设基地统一代码管理》即“基地身份证”制度，是强化全市住宅建设全过程、全覆盖

管理的重要抓手，是管理部门和开发企业进行交流和沟通的有效手段，也是运用计算机进行科学管理的必要前提。“基地身份证”制度的实施，将有助于上海的住宅建设和管理以崭新的姿态走向21世纪。

上海市住宅基地统一代码用9位基数表示。其中第一、第二位数为基地所在区（县）的标准编码；第三、第四位数为上海市测绘图表的平面坐标X轴（东西向）的代码；第五、第六位数为平面坐标Y轴（南北向）的代码；最后三位数为基地开发的先后顺序号。代码具有唯一性、永久性和指向性，与之相对应的是一份基地资料表。“身份证”内容的完善准备分两步走：第一步，只要具备基本条件，就可以发证，如基地地址、规划面积、市政配套条件以及土地、规划、立项的批文等；第二步，待基地开工后，再把建设过程中必需的资料分阶段予以完善。这样既加强了管理，又可简化手续。

领取“基地身份证”，由开发建设单位在正式开工前提出书面申请，经基地所在区（县）住宅管理部门按规定进行审核，一周内由市住宅局统一编码颁发。建设单位须将领取的“基地身份证”挂牌显示于住宅基地上。自1999年1月1日起，开发建设单位须凭领取的“身份证”办理有关手续，包括：申报年度住宅施工计划以及市政公用、公建项目的配套建设计划，申领新建住宅交付使用许可证等。简而言之，上海所有在建的住宅基地必须持“证”建设。就像旅客乘坐飞机，备有身份证的一路通行，没有身份证的就不能登上飞机。

全市实施住宅“基地身份证”制度，为强化管理提供了有力的手段，有利于住宅建设宏观与微观管理的结合，有利于开发建设的各个阶段规范、有序进行，也有利于住宅建设管理的相关部门及时掌握和预见开发建设中的问题与趋势，进一步提高管理水准。

随着住宅建设基地统一编码的实行，市住宅局希望通过不断完善制度，扎实工作，以期在以下几方面产生积极影响。

一是住宅建设管理可以从头抓起。对于有的基地不符合规划设计要求，简单套用淘汰的陈旧房型，或者近期缺少市政、公用设施配套条件，或者周边地区空置房大量集中的住宅建设项目，“身份证”的发放从严控制或暂缓，防止不合格的住宅在21世纪“出生”。

二是为全过程、全覆盖管理创造条件。一张“身份证”，从开工到竣工，方便了开发企业，又使住宅建设各个阶段的管理手段形成合力，充分发挥综合管理和服务的优势。

三是对住宅建设的基础管理可以不断完善和加强。任何在基地开发建设过程中形成的资料、数据等，都可以通过计算机按基地代码自动集中、保存，可随时根据需要进行分类、汇总和分析，为逐步建立住宅项目的综合评估体系、质量保障体系乃至加快住宅产业化步伐提供有力的手段，对不断提高上海住宅建设长远的社会效益和经济效益具有积极意义。

四是将推动计算机技术在全市住宅建设管理中的应用。促进先进的管理理念和方法的形成，推进管理部门队伍素质的提高。

由于“基地身份证”制度是新的探索，市、区（县）住宅管理部门还缺乏经验，而且上海数以千计的基地情况又各有不同，要想通过建立统一的“身份证”来加强管理，必然会碰到不少的困难和问题。这就要求管理部门政务公开，不断听取广大开发企业的意见，从市场经济的土壤中汲取养分，切忌“繁文缛节”，力争以简洁的手续、高效的调控，达到全过程管理的目的，使上海住宅建设的投资环境更趋完善，更为健康、有序和可持续发展，真正成为新的国民经济增长点。

原载于《上海住宅》1998年第11期

住宅建设篇

Housing Construction

# 走可持续发展道路，提高住宅建设整体水平

自1990年初以来，在上海市委、市政府领导的高度重视下，全市住宅建设呈快速发展的态势。截至2000年底，上海城镇已有各类住宅2.08亿平方米，其中二级旧里以下2000万平方米。城镇人均居住面积已达到11.8平方米，住房成套率为79%。

上海的住宅建设作为城市建设和管理的重要组成部分，为解决住房需求、改善居住条件、改变城市面貌、拉动市场消费、带动相关产业发展发挥了积极的作用。

## 一、住宅建设进入健康快速发展时期

“九五”时期，上海的住宅建设步入健康、有序的发展阶段，每年平均竣工住宅1500万—1600万平方米。1999年、2000年连续两年住宅的销售量超过当年的竣工量。2000年房地产投资额为566亿元，房地产业的增加值占GDP的比重为5.5%，对GDP增长的贡献率达到7.4%。

2001年，上海的住宅建设继续保持稳步增长的势头。1月—9月，全市住宅施工面积为4100万平方米，比去年同期增长8.1%；新开工1261万平方米，比去年同期增长66.9%；住宅投资完成337亿元，占全市固定资产投资额的30%，比去年同期增长26.5%。商品住宅销售面积为822万平方米，同比增长39.5%。存量房交易达900多万平方米，同比增长98%。

上海住宅建设不仅表现为数量的增长。更重要的是，通过提高住宅施工质量，全面实行“新建住宅质量保证书”和“新建住宅交付使用许可证”等制度，涌现出一大批受市场欢迎、反映时代风貌的住宅小区。目前，新建小区平均绿化率超过35%，其中创“四高”优秀小区平均绿化率达到42%。越来越多的新建住宅小区坚持“以人为本”，注重环境优美、房型合理、配套齐全，标志着住宅建设从“产品”转向“商品”，继而从“商品”走向“精品”。

目前，全市正以《住宅产业现代化“十五”发展纲要》和《上海住宅产业现代化试点工作计划》为指引，以创建“四高”优秀小区为载体，积极开展住宅产业现代化试点，加大科技含量，以点带面，推广应用各种新材料、新技术、新工艺和新设备。对不符合节能和环保等要求的部分材料进行强制性淘汰。现有15个小区正在积极开展“菜单式”全装修试点，135个小区开展智能化等新技术、新产品的推广应用试点。

国家政策法规不断健全，投资环境日趋完善，这是上海推进住宅建设健康、迅速发展的一个重要因素。

## 二、形势喜人又逼人，任重而道远

跨入新世纪，我国继续实行积极的财政政策，人民生活水平不断提高，广大市民希望改善住房的愿望将促进市场需求越发旺盛。为此，在建设部的指导下，上海房地产业发展的运作方式逐步与国际接轨。从2001年7月和8月起，上海先后实行了内、外销商品房并轨运作，建设用地通过公开招标拍卖方式取得。与此同时，随着上海“365危棚简屋改造”任务的基本完成，各级政府积极行动，上海新一轮旧区改造又拉开了序幕。上海城市化战略全面实施，“一城九镇”的建设加快推进，一批郊区城镇的住宅建设大有后来居上之势。

当然，我们也清醒地看到，发展道路上还存在许多困难和问题。产业的发展、管理的深化，特别是中国加入世界贸易组织，对上海的房地产业既是机遇又是挑战。我们的管理理念、体制机制的转换还跟不上形势的发展，应对的措施和办法还需要进一步完善。

面对未来的发展，上海住宅建设的任务还十分艰巨，必须有科学的对策和良好的措施方能完成。根据市委、市政府的要求，上海将逐步建成适宜国内外人士发展创业和生活居住的城市，以住宅为主体的房地产业已逐步成为上海国民经济的六大支柱产业之一。到“十五”期末，上海城镇人均住房使用面积将超过20平方米，住房成套率将到85%以上，基本实现户均一套房，部分家庭实现人均一间房，达到更加富裕的小康水平。

据对本市城镇住宅综合需求预测，在今后的三四年内，上海城镇住宅建设规模总体上将处于增长的趋势。到2005年左右，建设数量可能出现向下的拐点。而由于新建楼盘科技含量的增加，环境水平的提高，加上逐步实行“菜单式”全装修房，房地产的投资量将继续保持稳中有升的趋势。

## 三、主要对策和措施

要实现上述目标，必须贯彻可持续发展的战略，从整体上提高住宅建设水平。

住宅建设的可持续发展，要遵循五个原则。

一是“以人为本”的原则。既要合理、经济、高效地利用各类资源，又要积极营造有益健康的生态居住环境，选用环保、节能的建筑材料。同时，为子孙后代留有充分的发展空间和调整余地。建成的住宅小区要做到有利于促进人与自然和谐相处，有利于加强人与社会交流，有利于增进社区居民的身心健康。

二是要坚持与社会、经济发展相协调的原则。住宅建设必须与社会、经济发展水平相适应，与城市建筑风貌、区域建筑风格相协调，注重文化内涵，成为先进文化和精神文明的载体。

三是以市场需求为导向的原则。住宅开发建设必须以市场需求为主导，实行住宅多档次、多品种的商品化供应，满足社会不同消费群体的需求。

四是以提高住宅整体质量为重点的原则。要加强政策法规的建设，明确开发企业是住宅质量的第一责任人，使住宅建设注重优化环境、完善功能、提高质量。要强化全过程管理，“要想卖得好，首先要造得好”，像创作作品一样，建造住宅精品。

五是坚持科技进步的原则。要加大科技投入，加快科技成果的转化，解决开发、生产、应用中的政策、技术等方面的问题。同时，要充分发挥开发企业、科研院所和设计人员的积极性和聪明才智。到2005年，力争使科技进步对住宅建设的贡献率再提高10%—15%。

## 四、努力优化规划设计

管理部门和开发企业要形成共识：工程质量是住宅建设的“重点”，环境绿化是引导市场的“卖点”，科技含量是产业发展的“亮点”。

要搞好规划设计，努力提升居住区环境质量水平。在上海城市总体发展战略的指导下，统一规划，合理布局，有序推进住宅的开发、建设。坚持整体规划，适度超前，重视历史文脉，体现地方特色。做到近期建设服从长远规划，局部改造服从整体布局，力争做到少留或不留遗憾。

要优化住宅建筑设计，不断完善居住功能，开展住宅建设的理论研究及其成果的推广应用。在上海地区，春夏秋冬四季分明，建筑设计要充分考虑市民的居住习惯，注重房型、朝向、采光、通风的设计，并解决好防噪、排污、防尘等问题。要保护好居住环境，提升居住水平，形成有时代特征和地方特点的上海住宅建筑风貌。

要精心营造优美的居住环境。提倡“政府优化大环境，开发企业美化小环境”。住宅小区的绿化建设，要充分利用自然地势地貌，尽量保持原有水系，以生态、保健、美观为导向，多种树，提高绿地率，并保持乔木、灌木、花、草的合理搭配。避免把城市公共设施设计的手法简单移植到小区环境建设上来，减少“高大空”的门头和小区内硬地，避免大型喷泉和雕塑过多堆砌。

要加强住宅小区景观设计管理。上海规定5万平方米以上小区必须要做景观设计，同时制定了“三个全面”和“四个必须”的有关规定。近两年，要重点抓好建筑的外立面管理，做到空调外机设置的统一、安全、美观，各类管线入地，小区围墙透绿。

## 五、大力推进住宅产业现代化

以点带面，大力推进住宅产业现代化工作。按照环保、节能、节材的要求，积极推广供水、供电、环卫等新技术和新产品的应用。

上海的住宅产业现代化试点——“住友名人花园”小区，住宅均价为每平方米4000元，环境优美，同时推广应用了智能化安保技术、远程抄表一卡收费、电脑联网物业管理、光缆进户宽带上网、太阳能利用、分质供水、箱式变压器、有机垃圾生化处理、中水回用、菜单式全装修10项新技术，形成了小区的亮点。今年6月份，江泽民总书记视察了该小区，详细了解小区“四新”成果和智能化应用、房价及物业管理运作等情况。

找准突破口，积极开展“菜单式”全装修、IC卡推广等试点工作。以推进“菜单式”全装修的试点作为促进住宅产业现代化的切入口，推广环保、节能材料的应用，注重厨卫整体设计、管线综合布置。

在2001年做好3000套“菜单式”全装修试点工作的基础上，2002年扩大到3万套，2003年达到10万套。争取用三到五年的时间，使新建住宅基本实现“菜单式”全装修。

## 六、高度重视新一轮旧区改造

要高度重视解决中、低收入家庭的住房问题。按照“三个代表”重要思想的要求，把提高人民生活水平与保障人民群众利益作为根本出发点，既要在新建住宅中提高整体水平，又要大力推进新一轮旧区改造，改善目前生活在二级旧里以下市民的居住条件。

上海的旧区大多位于人口密度较高的中心城区，开发难度大，动迁成本高，要注重开发建设的机制体制创新，鼓励改造资金多元化：采取政府扶持、企业参与、市场运作、有偿回搬的方法，使更多的中、低收入家庭改善居住条件的愿望能够早日实现。

在旧区改造中，要注重建设面向市场、面向中低收入家庭的住宅，在规划、设计上多下功夫。对工薪阶层买得起的住房，同样应该做到规划领先、环境优美、配套齐全、经济实用。

对一部分多层旧住宅实施“平改坡”工程，使一部分中、低收入家庭的住房条件得到了改善。上海从1999年底开始实施“平改坡”工程，目前已经完成2600多幢，共计530万平方米，改造水箱1081只，既改善了居住功能，防漏隔热，又美化了城市景观，受到群众的热烈欢迎。今年上海又开展了“平改坡”综合改造试点，为多层旧住宅增加电梯，进行公建设施等项目的改造。

## 七、建立健全住宅建设规章制度

要依法管理，有序推进住宅建设健康发展。根据住宅建设现有状况，要按国家和地方的有关法规，进一步建立和健全住宅建设的规章和制度。要建立以市场为导向、以法规为依据、以行业管理为抓手的住宅建设管理模式，全面推行住宅基地代码管理，使每块基地有一张内容齐全的“身份证”，以适应信息化管理的需要。逐步建立市、区两级住宅建设信息系统网络，定期发布住宅建设综合信息，促进房地产开发企业理性投资，明明白白开发建设。

根据上海住宅建设新的形势，管理的重点要从过去的抓数量转变为抓质量、抓科技含量，使住宅建设的管理不断跃上新的台阶。要制定有利于推进住宅产业现代化发展的产业政策，促进住宅产业现代化工作稳步推进。要坚持正面引导，通过创建“四高”优秀小区、开展新建住宅创“无渗漏”工程、优秀住宅评选等工作，大力促进住宅建设整体水平的提高。

原载于《解放日报》2001年11月8日

住宅建设篇 Housing Construction

# 注重住宅的第二功能

## 浅谈居住建筑的文化观赏功能

人类自有历史以来，就与住宅相伴。随着社会的演变、经济的兴衰，建筑文化也跟随着人类文明的发展节拍，延续至今。

居住建筑，既具有使用功能，同时也具备一定的观赏价值。笔者尝试从居住建筑风貌与历史文化艺术的关系上，浅谈住宅的文化观赏功能。

### 一、从社会发展的视角，全面认识住宅的第二功能

改革开放以来，上海社会稳定，经济繁荣，城市面貌日新月异，人们的生活不断改善，住宅建设也得到了健康、快速发展。

住宅的第一功能，是生活居住，所以必须具备安全性、适用性、经济性和私密性，达到居住功能的全部要求。这就要求做到居住区规划合理，环境优美，工程质

量优良，配套设施齐全，使广大市民安居乐业。

同时住宅还有第二功能，即文化观赏功能。所以，一个住宅小区的居住环境和建筑外貌，应强调美观、多样、富有个性，体现时代的文化品位。一座规划领先的城市，一个风景如画的集镇，一幢造型优美的建筑，往往会给人一种美的享受，令人赏心悦目，流连忘返。

如果你走进一些中外历史名城，站在制高点上俯瞰城市风貌，只见道路纵横，绿树成荫，住房错落，各具特色，自然风光和人类建筑浑然一体，你一定会感叹自然之美，人类创造之美。这里面可能有大自然的造化，有历史文脉的展现，也可能有能工巧匠的创作。但无一例外，一定是凝聚了众多城市规划师、建筑设计师、开发商、营造商和政府管理人员的智慧和汗水（如果当时就有开发商的话）。

能给人一种美的震撼力，应该就是文化观赏功能的一种成功释放。而这个城市有意无意之中所追求的树立形象、吸引投资、适宜居住和观光旅游的价值，就有可能实现了。可以说，住宅建设是时代进步、城市发展的社会缩影，也是一种体现民俗民风、地方特色的文化创作。

## 二、在改革开放进程中，住宅建设应成为生活画卷中的精彩一笔

我们生活在大千世界，置身于不同的居住环境之中，既感悟到人类建筑的理性之美，也经常会看到一些粗制滥造之作。当然，这里有错综复杂的原因。我想，建设一个成功的城市，其中必然有一个因素，就是决策者、设计者和建设者是把城市规划、住宅建设作为一件宏伟而又精巧的艺术品来构思和创作的。一件具有观赏价值的文化作品，一定是源于生活，又高于生活的，同时能满足人们精神上的需求。

回顾新中国成立以来上海住宅建设发展的轨迹，在计划经济体制下，土地上建造的大多是福利产品，不是生产社会商品。虽然50年中也建设了许多优秀住宅，但在经济困难和福利分房的大背景下，有时为了满足居

住功能，往往忽略了观赏价值。直到改革开放以后，通过住房制度改革，住宅建设才走上商品化的道路。特别是进入20世纪90年代，在市委、市政府领导的重视和市建委的推进下，上海的住宅建设逐步引入市场机制，“天时、地利、人和”三者具备，才使住房的全部功能得到真正显现。

理性地反思一下，住宅不应该仅仅具有居住的单一功能，上海的住宅应该是建设国际大都市进程中最富灵气、最具活力、最有特色的建筑。

“十五”期间，上海每年将竣工住宅1500万—1600万平方米，在上千个基地上，有数百家开发企业从事建筑艺术活动。黄浦江两岸的沿线开发，将按照“百年大计，世纪精品”的宏伟目标，建设一流的办公、商业、文化和教育设施；同时，也需要建设一流的住宅精品。我们希望通过规划师、建筑师、开发商的共同努力，再现建筑艺术之美，使新世纪的住宅成为上海城市中一道美丽的风景线。在人类艺术家的殿堂里，城市规划师、建筑设计师也应该成为其中重要的一员。

## 三、传统的文化艺术和现代的住宅建设，有许多相通和相融的文化要素

各国优秀的文化艺术，都具备观赏功能。例如书法的气势、绘画的意境、音乐的韵律、舞蹈的灵感等。有的作品大气磅礴，铿锵有力；有的作品似行云流水，飘逸流畅。优秀的艺术家虽然表现的内容不同，但都把握了艺术的最佳表达形式。

其实，住宅建设和文化艺术有许多相通的地方，我冒昧例举一二，请专家批评指正。

### （一）从临摹到创新，从形似到神似

传说我国晋代大书法家王羲之之子王献之，幼年随父学习书艺。但其未拘泥于亦师亦父的固有章法，而是积极探索创新之路，在书法史上被誉为“小圣”。

我想，初学书法者大都有个临摹的过程。认真临摹，目的是为了掌握用脑、用心和运腕、运笔的技巧。没有艰难的临摹过程，就很难把握一横一竖的流畅和一点一捺的含蓄。但临摹不可能是艺术家的最终追求。真正的艺术家是在潜心临摹的基础上，从形似走向神似，从而进入体现个性特色的创作状态。这样才能从“量变”到“质变”，达到一定的艺术境界，从而创作出时代的艺术精品。

上海住宅的规划设计，也像书法艺术一样。历史上出现过许多大家、名家。特别是改革开放以来，随着社会经济的发展和市民生活水平的提高，中外设计师“逐鹿”申城，市场竞争日趋激烈，住宅的规划设计水平有了明显提高。但就总体而言，有的设计者还在临摹，尚在“形似”阶段；有的临摹水平接近“神似”；也有的不断创新，已进入自由发挥的理性创作阶段。

上海是个文化底蕴深厚的城市，又是近代中西方文化交融的地方。同样，中西方建筑文化也在黄浦江畔碰撞出灿烂的火花。上海近代建筑特色的形成，有其特定的政治经济和社会文化背景。上海自松江建城以来，在政治上地位不高，处于儒家文化的边缘，受中国官方正统文化的制约相对较少。反映在建筑上，则体现为对不同文化的兼容性。到了开埠以后，商业贸易发展很快，商业在城市中的重要地位，又决定了城市格局上的商业特点。建筑当然也会与之相呼应，即精打细算，讲究实效，体现了功利性。从老式石库门到新式石库门里弄，其中既有东方的理念和骨架，又有西方的手法和符号，体现了上海近代居住建筑的地方特征，即注重实际、追求时尚、中西交融、兼容并蓄，堪称海派建筑的典范。现在建造的一些联体低层住宅，也吸纳了历史上石库门里弄的一些精华。

学习优秀的中外建筑风貌，不能只求形似，照搬照抄，而要在悉心“临摹”的基础上，悟出文化之道，取其精华，求其神韵，弃其糟粕。只有这样，才能真正做到学习古今中外之长，创造出当代住宅建设之新。

### （二）讲究韵律是音乐的基础，凝固的音乐更需要优美的韵律

人们往往把建筑比喻为凝固的音乐。其实，音乐也最能表达建筑的

流畅韵律。

聆听一曲气势恢宏的交响乐，或者享受一首委婉动听的独奏曲，虽然两者风格不同，但都有一个共同的特点：抑扬顿挫，富有韵律。

住宅建设也是如此。居住区规划要做到总揽全局、疏密有致。一片住宅群应该高低错落、舒张有度。就像音乐的节奏，有一种美的韵律感。

同样的土地，同样的钢筋水泥，有的是盖成一排排、剃成“平顶头”模样的居住用房，有的是建成一幢幢富有特色、色彩明快的商品住宅。前者只能说是栖身的居点，后者才可能成为欣赏的景点。两者所体现的观赏功能，真有天壤之别。它们为什么有区别？从体制上看，假如造的是福利型住宅，一张图纸可用上好几年。如果建的是商品住宅，那就必须接受市场的检验。从深层次看，还是缺少文化内涵。类似的例子不胜枚举，如上海开展的“平改坡”工程，原有的多层平屋面缺少观赏价值，但注重了住宅第五立面的设计，改成了多姿多彩的坡屋顶后，既解决了防漏隔热的问题，又美化了城市的景观。

可以说，工程质量是住宅建设的命根子，而要提升品位，文化内涵和科技含量就是住宅建设的魂与魄。

一首乐曲能否成功，主要看作曲、演奏和指挥者的水平能否和谐地发挥；一个小区能否成功，规划设计是关键，这就要看开发商、规划设计师和政府管理人员的综合水平了。

我们希望多一些优美的乐曲流传人间，也希望能建造出更多的优秀住宅造福人民。

## 四、努力提升住宅的文化观赏功能，为增强上海城市的综合竞争力服务

住宅建设的可持续发展，是体现“三个代表”思想的重要载体，无论是规划设计、开发建设，还是居住区的管理，都应该体现先进生产力、先进文化的内涵，为最广大的人民群众服务。我们要把住宅的生产过程，看成

是技术和艺术相融合的创作过程。不仅是建造一个个居住小区，同时也是在创作一件件城市艺术品。开发商要考虑个体美，政府管理部门领导更要注重整体美。居住区的建设是一个系统过程，居住区内建筑群是整体，建筑物和自然环境也是整体。人类的创造力，不应该以损伤或破坏自然为代价。住宅小区应促进人与自然相和谐，促进人与社会相亲近，坚持走可持续发展的道路，这才是整体美。

进入新世纪，市委、市政府领导高度重视城市化战略，相关区、县正在大力推进"一城九镇"的建设。现有的城镇根据自身产业结构的调整和地域风貌的特点，学习国内外优秀城镇的成功经验，引进先进的规划设计理念，体现一镇一貌，为后人留下传世之作，实为开明之举。

学习是为了提高，借鉴是为了超越。相信在若干年后，上海近郊会涌现出一批体现时代风貌的特色城镇，既有生活居住功能，又能拉动相关产业发展，同时还能充分发挥各个城镇的文化观赏功能，推进文化、休闲和旅游事业的发展。

住宅是城市格局中的一个重要组成部分。关注居住建筑的文化观赏功能，有利于美化城市景观，提升整个城市的文化品位，归根到底，有利于提高城市的综合竞争力。以住宅为重点的房地产业，已列入上海六大支柱产业之一，让我们抓住上海新一轮城市发展的大好时机，用智慧和心血，创建更多的"四高"优秀小区，努力把上海建设成为适宜国内外人士发展创业和生活居住的美好城市。

原载于《上海住宅》2002年第2期

住宅建设篇

Housing Construction

# 抓住机遇，开拓创新，积极推进上海住宅产业现代化

## 一、上海住宅产业现代化工作的回顾

上海推进住宅产业现代化工作主要分为两个阶段：第一阶段是从1996年至1999年，以1996年上海被列为全国住宅产业现代化试点城市为标志；第二阶段是从1999年至今，以国务院颁布《关于推进住宅产业现代化，提高住宅质量若干意见》为标志，上海步入全面实施住宅产业现代化阶段。回顾近几年，上海为推进住宅产业现代化主要做了以下工作。

### （一）领导重视，积极推进住宅产业现代化工作

1999年，上海市政府成立了由韩正副市长任组长，市建委、市经委、市科委等相关部门参加的住宅产业现代化领导小组。领导小组办公室设在市住宅发展局，负责协调推进住宅产业现代化工作，先后制定了《上海住宅产业现代化试点工作计划》和《上海加快推进住宅产业现代化工作的若干意见》等文件，提出了总体规

划、分步实施、突出重点、有序推进的工作步骤。

市住宅系统确立了由决策层、推进层和实施层“三个层面”构成的住宅产业现代化推进体系，充分发挥市、区两级住宅局的作用。市住宅局负责制定工作规划，提出操作办法，进行政策协调；区住宅局负责联系开发商，组织实施。此外，建立专管员制度，将责任落实到人，把工作落实到每一块基地。

在上海市建委的重视下，市住宅局还先后与市房地局、水务局等部门联合制定了《关于本市多层住宅平屋面改坡屋顶扩大试点实施意见的通知》《上海市新建住宅管道分质供水建设管理若干规定》《关于加强本市新建住宅小区智能化建设和管理的通知》等16个规范性文件。

### （二）示范先行，稳步开展住宅产业现代化试点

上海市住宅产业现代化工作采取试点先行、稳步推进的方法。2000年，市住宅局划定了首批12个智能化住宅试点小区，2001年扩大到50个，今年将在创“四高”优秀小区中全面推广智能化。此外，箱式变压器、分质供水等多项新技术也进行了试点。

市住宅局把“菜单式”全装修作为推进住宅产业现代化的一个切入口。为了解消费需求，进行了市场调查，调查发现约有80%的消费者愿意接受全装修房，其中，85%以上的消费者接受800—1000元/平方米的装修价格；通过装修、装饰设计的评比，引导“装修简洁化、装饰个性化”的理念。2001年，各区组织了15个项目共计3000套住宅进行试点，成效明显。

“四高”优秀小区、示范居住区、国家康居小区是推进住宅产业现代化的载体。目前，上海市已有6个国家康居工程创建项目，形成了以“万里城”“中远两湾城”“住友名人花园”为代表的一批上海市示范居住区和“四高”优秀小区。

### （三）依托科技，努力促进“四新”成果集成应用

依托上海大专院校和有关科研机构的力量，构筑技术平台，市住宅局

已组建了多个专家委员会，使推进“四新”成果集成应用有了技术支撑。通过试点和专家评估，上海已经形成了建筑节能技术、智能化技术、中水回用技术、水煤IC卡表自动计量计费等10项技术集成，面向全市推广。

几年来，围绕创建新建住宅“无渗漏”工程、住宅小区智能化技术和“菜单式”全装修等，上海陆续公布了一批部品件推荐目录，受到了房产开发企业和消费者的欢迎。

为了加大“四新”成果的推广应用力度，全市逐步培育了一批承担住宅科技转化和技术集成的企业，负责住宅小区产业化技术的集成和实施，以提高专业化水平，确保质量。同时选择重点项目，组织技术攻关，逐步形成政府引导、市场运作、企业实施的住宅技术开发应用新机制。

## 二、“十五”期间上海住宅产业现代化的主要目标

“十五”期间，我们将以“三个代表”重要思想为指导，认真贯彻国家建设部和上海市政府有关文件的精神，依托科技进步，加快住宅产业改造升级，优化住宅产业和产品结构，加强生态建设和环境保护，不断提高住宅建设整体质量和人民居住生活水平，推动以住宅为重点的房地产业成为上海国民经济的支柱产业，为提高上海城市综合竞争力做出努力。

上海住宅产业现代化发展的主要目标和工作重点包括以下几点。

### （一）新建住宅全面达到“无渗漏”标准

创“无渗漏”工程是切实提高住宅质量的重要抓手。要重点落实“五个一”：健全完善一个覆盖全市的质量管理网络；做好一本《住宅工程防渗漏管理手册》的发行培训工作；提供一张《住宅工程防渗漏施工技术》碟片，告知操作程序；建立一支督导队，检查质量监理，杜绝违规、违章现象的发生；健全完善一套长效管理制度，切实做到“全覆盖、全过程、全方位”管理。争取用两年时间，攻克渗漏通病，基本解决住宅功能性质量问题。

## （二）新建住宅基本实现“菜单式”全装修

在总结去年试点的基础上，按照“三个一体化”，即设计一体化（建筑设计和装修设计）、施工一体化（土建和装修一家总包）、监督管理一体化（开发商是责任主体，监理贯穿全过程）的原则组织实施。2002年扩大试点为3万套，2003年完成10万套，“十五”期末，基本实现新建住宅的“菜单式”全装修。

## （三）新建住宅小区基本实现智能化

在小区安保、设备监控、物业管理、信息通信等智能化基本配置方面，2002年在全市40%的新建住宅创建智能化小区。今年将重点做好已建成智能化小区的系统开通和验收工作，同时在住宅建设的各个环节、各产业部门做到信息化技术基本普及应用。到2005年，全市新建住宅基本实现智能化。

## （四）努力降低新建住宅的使用能耗

贯彻建设部《夏热冬冷地区居住建筑节能设计标准》，结合上海实际，试点引路，分步实施，积极推进。2002年，在100万平方米左右的新建住宅中推广使用墙体保温技术，通过试点形成《上海市建筑节能管理办法》等规范性文件，加大管理力度。通过几年的努力，将形成符合上海特点，集新型墙体、防水技术和节能技术于一体的复合墙体的技术体系。

## （五）建立健全住宅建材、部品推荐制度

通过建立住宅建材、部品的淘汰、认证、推荐机制以及住宅性能的认定制度，2002年形成以住宅节能、“菜单式”全装修、“无渗漏”和智能化技术为主的约500种环保建材、部品的推荐目录，以后每年补充完善。部品材料的推荐要处理好“三个注重”：一是注重企业信誉，所申报的部品生产企业必须通过质量贯标认证；二是注重产品质量，抽检的部品经测试必须达到优等品标准，并通过专家评审和媒体公示；三是注重用户满意度，为进入推荐目录的全部部品投保。对商品住宅性能的认定工作要抓好试点，

积累经验，逐步形成符合市场规律的运作模式。

### （六）大力推进技术集成、生态化小区建设

加大技术成熟、成本合理、符合产业导向的“四新”成果的推广应用力度。2002年，上海将建成技术集成小区25个，重点推广分质供水、有机垃圾生化处理、雨水收集与中水回用、箱式变压器供配电和分时计价用电、太阳能清洁能源等应用技术。同时，推广生态技术和环保材料的应用，争取到2005年，初步建成80个左右生态、环保、节能成套技术应用的住宅小区。

### （七）完善住宅标准、建立住宅成套技术体系

我们将加快完善包括住宅规划、设计、施工、物业管理和材料部品在内的标准体系建设，重点加强住宅安全、健康、卫生、环保等方面标准的研究和编制，推广应用先进适用的技术，与国际通行技术规则接轨。加强对新型住宅建筑结构的开发研究，建立技术先进、符合上海特点的住宅建筑结构体系；加强对住宅厨卫性能、管网、设备的研究，提高厨卫功能，满足现代化家居生活需求；推进智能化住宅小区建设，加大智能化技术在住宅小区安全防范系统、信息服务系统和物业管理系统中的应用等。

## 三、推进上海住宅产业现代化工作的主要措施

### （一）加强领导，积极推进住宅产业现代化

在市领导小组的统筹部署下，各相关部门根据各自的职责，明确目标，密切配合，积极有序地推进住宅产业现代化工作。同时，应充分发挥住宅产业促进会等社团组织在住宅产业现代化推进工作中的作用。

### （二）制定措施，有序促进住宅产业结构调整

加快制定有利于住宅产业现代化的经济、技术和人力资源等方面的政策措施。利用税收、价格、信贷等经济杠杆，鼓励新技术、新材料、新设备、

新工艺的开发应用，促进产业结构调整；逐步淘汰落后技术、产品，鼓励技术创新，确保先进适用技术的推广应用；不断加强对住宅产业从业人员的培训，完善职业教育，继续搞好住宅建设项目经理培训，计划在2003年全面实行持证上岗制度。

## （三）以点带面，稳步推进住宅产业现代化的实施

以“四高”优秀小区为载体，加快技术创新和科技成果转化，加大成套技术和优质材料、部品的应用，提高住宅建设科技含量和信息化、集约化程度。通过创建“四高”优秀小区，以点带面，完善机制，全面推进住宅产业现代化的实施。积极引导开发商，建设一批住宅产业化技术集成度较高的住宅小区。

## （四）重视科研，构筑住宅产业现代化的技术支撑体系

加大科研投入力度，重视住宅产业现代化基础研究和应用研究，为住宅产业现代化发展构筑技术平台。充分发挥大专院校和有关研究机构的作用，加强产、学、研结合，进一步促进科技与经济结合。发展社会化的科技中介服务业，培育住宅研究机构，建立住宅科技发展基金，通过市场化运作，推动各项研究和试点工作的开展。

扶持一批主业突出、核心能力强的大企业，提高集约化和一体化生产程度。继续支持一批承担住宅科技转化和技术集成的企业，加快科学技术转化为现实生产力的速度，提高“四新”成果应用、推广的能力。

## （五）宣传培训，普及住宅产业现代化知识

加强对住宅产业现代化的学习宣传，提高全社会对住宅产业现代化的认识，增强推进住宅产业现代化的自觉性。加强对住宅产业管理人员的培训，提高管理部门、生产企业、房地产开发单位等住宅产业相关人员的技术素质、业务技能。还要通过新闻媒体的特色栏目，让广大市民知情、了解并参与监督，今后每年要举办一次住宅产业现代化论坛，普及推广相关知识。

## 四、结语

随着我国加入世界贸易组织和城市现代化建设步伐的加快，上海住宅产业面临新一轮发展机遇，我们要在建设部和市政府的领导下，在市建委的指导下，学习全国各地的经验，发扬与时俱进的精神，奋发有为、开拓创新，加速推进上海住宅产业现代化，为把上海建设成为适宜国内外人士发展创业和生活居住的国际化大都市而努力。

原载于《住宅科技》2002年第4期

住宅建设篇

Housing Construction

# 让上海市民居更佳

## 在上海“东方大讲坛”栏目的演讲

2002年7月起，东方电视台新闻娱乐频道推出了“东方大讲坛”栏目，敏锐捕捉社会、经济和文化热点问题，邀请相关行业的专家举办讲座，受到社会各界的欢迎。后在80多期的节目中，精选24篇演讲，汇编成书。2003年3月，上海市住宅发展局局长毛佳樑应邀在上海图书馆讲座中心演讲。本文根据演讲内容整理，有删减。

各位市民朋友，大家好！今天来到“东方大讲坛”向大家介绍上海住宅建设情况，我感到非常高兴。自改革开放特别是浦东开发开放以来，在市委、市政府领导的高度重视下，上海的住宅建设进入了当前发展速度最快、建设规模最大、市民居住水平提高最为明显的时期。

普陀区万里城，上海市示范居住区之一，荣获新中国50周年上海最佳住宅小区奖

## 一、20年来上海住宅建设的回顾

截至2001年底，上海市城镇各类住宅共有2.45亿平方米。“九五”时期，共新建住宅7800万平方米，大致是过去15年住宅建设的总和。1980年，上海人均居住面积是4.4平方米，1985年是5.4平方米，1990年为6.6平方米，此后开始快速上升，到2000年达到11.8平方米。

到“九五”期末，还有一个数据可作对比——住房成套率。1990年，上海住房成套率是31.6%，1995年达到50%，2000年为79%。“九五”期间，上海拆除旧房1620多万平方米，其中包括大批列入365万平方米的危棚简屋。7.3万多户人均居住面积在4平方米以下的住房困难户的居住问题得到解决，这项工作获得了联合国人居奖。

2001年，上海的住宅投资是452亿元，比2000年增加了6.5%，以住宅为重点的房地产业，第一次被列为上海的支柱产业。2002年，房地产业的增加值占GDP的6.2%，住宅新开工1917万平方米，竣工1589万平方米。现阶段的住宅建设增长速度可能会快一点，因为要解决广大市民的住房困难，而要提高居住水平，今后逐步控制在每年1800万平方米左右可能更合适。商品住宅的销售，2002年是1648万平方米，比上年增长了13%。上海住宅建设的整体水平明显提高，特别是上海住宅产业现代化的工作正在稳步推进。

2001年6月，江泽民总书记在浦东视察了“住友名人花园”小区，详细了解小区“四新”成果和智能化应用、房价及物业管理运作等情况。别看小区被称为“名人花园”，其实每平方米的房价只有3600—4000元，取这个名字是因为小区的对面有一个社区公园“名人苑”，陈列了十多座国内外文化和科技名人的雕塑。小区里有智能化的安保系统。供水、供电、供气不用到家里抄表，数据远程传送，小区居民用浦发银行的“东方卡”付费就可以了。同时小区还有电脑联网的物业管理、动态监控（如电梯运行监控）等设施。再就是光纤进楼、宽带上网。太阳能主要用于走道的楼梯灯、庭院灯。还有分质供水，净水到户，就是每户有两个龙头，一个龙头的水可直接饮用，以前似乎只有高档住宅才有这样的设施，现在逐步进入寻常百姓家。厨房垃圾的生化处理能够使垃圾无害化、减量化，小区里中水回用的效果也比较好。

回顾这20年，上海的住宅建设基本分为三个阶段：第一个阶段可以称为“产品阶段”，住房是福利产品，由单位、企业进行分配。这个阶段大致是在20世纪80年代，特点是追求数量，主要解决单位干部、职工的住房困难。第二个阶段可以称为“商品阶段”，住房不再靠分配了，需要市民花钱买了。这就要求提高住宅质量。首先是提高配套质量，房子造好了，附近不能没有学校、医院，配套设施要齐全。后来是提高工程质量，不能渗水、漏水。再就是提高环境质量。这个阶段以提高质量为重点，主要是在20世纪90年代。第三个阶段也许可以称为“作品阶段”，这个阶段的特点是注重规划设计，提高科技含量，推进住宅产业现代化。以前分配的住房，一种房型可以几年不变，一张图纸可以走遍全上海。现在不行了，往往今年设计的，如果没开工，明年就不敢用了，要重新根据市场需求推出最新、最好的设计。这三个阶段，就是从福利产品到社会商品，再到时代作品，从追求数量到讲究质量，再到注重科技含量，这就从一个侧面反映了上海住宅建设发展的轨迹。

20年来，上海的住宅建设对于加快上海的城市建设、提高城市的综合竞争力和改善市民的居住水平发挥了重要作用，是一项实实在在的民心工程。老百姓的住房困难，是历届市委、市政府领导最关心的问题。上海走过了“三个三年”：第一个三年，主要是修路、架桥；第二个三年，主要是旧区改造、新建住房；第三个三年就是环境保护。

## 二、“十五”时期住宅建设的总体思路和发展目标

“十五”时期住宅建设的总体思路可以归纳为“一、二、三、四”。

一个出发点。以进一步提高广大市民的居住水平为根本出发点，这也是我们工作的落脚点。当然，上海作为一个国际大都市，住宅建设应该是面向全社会的，也应该有一部分高档次的住房，以满足国内外的消费需求。但是住宅发展局的主要关注点，还是在努力提高广大市民的居住水平。

两个目标。第一个目标是逐年提高以住宅为重点的房地产业对上海国民经济的贡献率，即对国内生产总值（GDP）的贡献率；第二个目标是上海市第八次党代会和市政府工作报告都提到的，即把上海建设成为适宜国内外人士发展创业和生活居住的现代化大城市。

三个全面。第一个“全面”是以创“无渗漏”工程为抓手，全面提高新建住宅的质量水平。第二个“全面”是通过推进环境建设、完善住房的功能，全面提升“四高”优秀小区的创建水平。其中高起点的规划主要体现在小区的总体布局、环境质量方面。高水平的设计主要体现在房型设计上。有位开发商说，他造的这个房子房型不错，三房二厅，有130多个平方米。我在现场看了后就告诉他：你这个房子面积很大，但功能不全，还不能算一“套”房。我要为“套”打个引号，因为房屋内没有储藏室。一套房，应该像一套西装一样，口袋、纽扣都是齐全的。尽管130平方米的面积很大，但是它的功能还不齐全。设计得好的110平方米的三室二厅，可能会比130平方米更好，因为它作为一“套”房的功能是完备的。所以住房面积不是越大越好，也不是造价越高水平就一定高。要做高水平的设计，实际上就是要“以人为本”，适宜市民居住。所以，我们提出口号，要像设计飞机的机舱、汽车的车厢一样来设计老百姓的住房，使每一平方米都物

住宅小区一景

有所值。现在商品房一平方米要四五千元，贵的甚至上万。你看汽车、飞机的空间有没有浪费？老百姓的住房空间也不应该有浪费。

第三个“全面”是全面推广“四新”成果，即新技术、新材料、新工艺和新设备。特别是国内外一些新技术，我们把它学过来，通过消化、借鉴，有利于提高环保、节能的水平。上海的住宅建设水平靠什么提升？就是靠住宅产业现代化。市政府高度重视，在建设部的支持和帮助下，上海的住宅产业现代化工作已走在全国的前列。今年2月，建设部在上海召开了一个工作会议，内容之一是加强房地产业的管理，另一个是推广住宅产业现代化。因为上海的住宅建设不能只有数量的扩大，关键还要有质量的提升。

四个必须。第一个“必须”是新建住宅必须达到无渗漏的标准，即所有的住宅竣工后不能再有渗漏。市住宅局在2000年抓了试点，上半年是50家，到下半年一共有150家开发企业参与，涉及新建住宅700多万平方米。在此基础上，2001年将无渗漏标准向全市推开，所有的新建住宅都必须达到无渗漏的标准，连续抓了几年，现在渗漏问题明显减少了。

第二个“必须”是新建住宅小区必须加强环境的建设和管理。比如室外线缆包括电视线、电话线、电力线全部要入地。几年前到新建住宅小区时，大家看到架空线还习以为常，但这两年新开工的住宅小区，架空线基本都入地了，换句话讲，视觉污染基本被消除了。比如围墙透绿，即新建的小区要让绿化透出来。小区并不是围墙越高越安全，主要还是靠安保，靠物业管理一丝不苟的态度，这里安保的智能化技术也非常重要。再比如空调外机的统一设置。现在许多小区的空调外机就像膏药一样贴在外墙上，既有安全隐患，也影响美观。前几年抓了统一设置，现在看来还不够，还要在安全、隐蔽、美观上再下功夫。

第三个“必须”是市政基础和公建配套设施必须与住宅同步建成，即小区建成了，公交、学校、医院等要同步配套。大家知道，一个小区有时候是分期建的，第一期建完后入住的人不多，配置一所小学以后，中学就不配置了。但老百姓有意见。市委、市政府领导很关心，市住宅局从1995年开始抓中小学配套，每年建成60所，连续抓了三年。从1998年开始，上海中小学紧张的状况缓解了，个别地区甚至过剩了，我们最近在调整。还有增加老年活动中心，因为随着城市人口老龄化，老年活动场所的配置还不够。

第四个“必须”是“一城九镇”的试点工作必须高起点规划、高水平设计，即松江新城和另外九个新镇的规划建设必须体现21世纪的水平。

我们可以分析一下，上海现在每年新建住宅的竣工量已达到1700万—1900万平方米，没必要再大量增长。为什么？现在重点是新建住宅要在质量上提高。环境水平怎样提高？科技含量怎样增加？住宅产业化怎样提升？新材料、新技术怎么应用？全装修怎样用于新建住宅？为此，上海正在逐步倡导新建住宅“菜单式”全装修，市领导非常支持这项工作。2002年，上海“菜单式”全装修住宅3000套，今年是3万套，占竣工量的20%。明年准备实现10万套，占新建总量的60%。希望2004年到2005年，上海新建住宅基本实现“菜单式”全装修，达到80%左右。我们认为“两头”不一定要管，如每平方米1万—2万元的小别墅，业主愿意怎么装修就怎么装，但不能破坏承重结构。还有一部分生活很困难的老百姓，现在住的是每平方米2000多元的住房，不能硬性要求全装修。鉴于这样的情况，上海采取了逐步推广的方式。预测到2005年，上海市区的人均居住面积大约是14平方米，使用面积在19平方米左右，基本实现户均一套房，相当部分的家庭实现人均一间房，达到较为富裕的小康居住水平。

根据本市“十五”时期的社会经济发展和城市总体规划要求，住宅的布局一定要与城市发展的方向，特别是大容量的轨道交通和基础设施建设相一致。大家知道，最近几年市财政作了大量投入，并采取了多种形式吸纳社会资金以加快交通建设。比如黄浦江的越江设施，城区的高架、轻轨、地铁等。在一座城市里，同时有那么多的轨道交通、高速公路在开工建设，这在全世界也是罕见的。现在上海争取用二三十年时间，赶上发达国家几十年甚至上百年才能取得的建设成果。记得十年前，我们到韩国汉城（首尔）考察，看到有三条地铁在运行，三条地铁在施工，还有三条地铁规划待建，羡慕得不得了。上海当时建一条地铁已经用了好多年，现在我们也是许多条地铁在同时施工，真感到十分自豪。

今后全市住宅布局要关注六大要素。

第一要围绕交通规划布局。住宅建设要和交通规划结合起来。统计数据表明，现在公交的营运量大致在70%以上，小车、出租车的营运量是20%多一点。今后老百姓的出行还是要靠公共交通，特别是轨道交通。

第二要依托黄浦江开发。今后上海一些高档次的住宅可能会在浦江两岸开发中建设起来，同时把一些好的开发理念逐步向中、低价位的住房推广。其实，高价位的住宅社区和低价位的住宅小区，可能只在区位上、用材上有所区别，但是“以人为本”的规划设计理念应该是一致的。

第三要营造环境景观。现在不少开发公司都在苏州河旁边对着水景或者大片绿地规划建房。说实话，上海消费者的鉴赏水平是比较高的，从另外的角度来说，也是很挑剔的。但正是因为有了精明的消费者，上海的房地产业有了新的提升，投资商也能理智地进行开发建设。

第四要借助全市产业调整，特别是中心城区“退二进三”。现在好多工厂搬走了，原址有的建成了公共绿地，有的建成了住宅和配套设施，这在各区都有不少好的案例。

第五要依托文教设施。现在不少开发商把住宅项目选址在学校和医院旁边。松江有了大学城后，新建住宅就兴旺起来了。我们认为这也是一种导向，即如何使住房建设和周边的配套设施建设同步推进。

第六要结合“一城九镇”建设。比如安亭新镇，依托汽车产业发展，把德国的规划设计理念和当地实际相结合，推进环保、节能的新材料、新技术应用。同时，市住宅局在镇区1平方公里的范围内，推进了地下共同沟的建设，提升了住宅社区的整体质量水平。

“十五”期间，市住宅局对新建住宅做了一些调查和分析。根据各个区、县汇总的数据，新建住宅在内环线之内占了总量的26%，数据还在逐步上升，因为新一轮旧区改造的项目也在增加。内外环线之间占了43%左右，目前是上海主要的居住区域。上海整个陆域面积为6340平方公里，外环线之内称为中心城区，约占全市总面积的1/10，上海主要的居住区近70%在外环线之内，人口密度很高。

## 三、下一步工作目标和重点

根据市政府总体部署，2004年将建成“四高”优秀小区80个，占全市竣工总量的40%左右；实施“菜单式”全装修10万套；建成“四新”成果集成应用的小区50个以上。

近几年来，随着大规模的城市建设和旧区改造，市政府领导了解到用于重大工程的动迁房源少了。最近住宅局做了一些分析，上海的房源每平方米在3000元以下的约占了26%，但这样的房源在外环线之内只占8%左右。也就是说，3000元以下的房源大多数在外环线以外，市中心居民动迁，这些房源一下子很难用得上。根据市领导的要求，市住宅局在市建交委和相关委、办、局的支持下，积极推进重大工程配套商品房建设，规划价格在每平方米3000—3500元的房源，同时要根据创“四高”小区要求，做到环境优美、配套齐全。2003年率先开工的重大工程配套商品房主要在浦东和闵行，2004年准备在上海的东、南、西、北再建一部分。市里这么一建，各个区也积极推进，这样基本保障了全市重大工程建设的动迁房源。

同时，市、区住宅局还将建设一批为老服务设施，主要是针对已建成的小区。2003年为老服务设施列入配套工程计划，推进了7个试点，其中2个已经竣工，4个在建，1个最近开工。2004年准备再建80个，多增加一些老年活动场所。现在老年人口越来越多，希望小区里多一些活动的场所。上海准备花两三年的时间，加快使老年活动设施的覆盖面再扩大一些。

另外，还要全面提高新建住宅整体水平。大约在1999年，市建设党委书记李春涛就向市住宅局提出，要解决好新建住宅的渗水、漏水问题，消除老百姓的后顾之忧。市住宅局由此提出了“创无渗漏工程”，从试点逐步向全市推开。当时上海有近千个住宅基地，怎么抓？住宅局搞了“五个一”工程。

一个管理网络。市局、19个区县住宅局设立专管员。创无渗漏、管线落地、围墙透绿等工作都各配一名专管员，开发企业也安排一名联络员，施工企业要有专人负责，这样就形成了一个管理网络。

一本书。新建住宅什么地方最容易渗漏？怎么解决屋面渗漏的问题？怎么解决窗户渗漏的问题？怎么解决管道、卫生间渗漏的问题？这本书对技术问题作了系统说明。

一张碟片。每个到工地的施工人员，一定要看看这张碟片。怎样做才能不渗漏？说实在话，有一些施工企业牌子很响，但具体施工人员如砌墙体或盖屋面的，有不少是新手。发生渗漏了给他们指出，他们还不能理解，一问才知道，不少工人没经过业务培训就上岗了。前两天还在种卷心菜，现在来参与房地产了。看了这张碟片以后，再经过专业培训，他们就会知道怎么做了。同时，市住宅局会同市劳动和社会保障局举办了多期“项目经理培训班”，编制了讲课教材，凡从事住宅建设的项目经理，必须经过培训，把基础知识告诉他。什么叫创“四高”，什么叫“ISO标准认定”，“创无渗漏”有哪几个环节，如果考试不合格，就不能上岗。

一支监理督导队。即从各区选派一些富有监理经验的老师傅组成督导队，督导队不是去监理哪一个具体工程项目，而是专门去抽查住宅项目的监理工作是不是到位，是不是按照规范做了，而且不固定检查时间。因为有些领导检查工作，被检查对象老早就准备好了，等你到了工地，欢迎的横幅也拉出来了，还检查什么？总之，监理工作一天也不能停，一刻也不能放松，经常进行抽查，效果还是不错的。

一套长效的管理机制。对住宅质量的管理，光靠监理督导队远远不够，还要有长效管理机制。上海新建住宅每年竣工18万套，哪怕只有18套出了问题，万分之一，对这18户居民来说，就是百分之百出了问题，因此对每一个基地、每一幢楼都必须认真抓好质量。同时我们还要认真解决好历史遗留的质量问题，历史遗留问题很复杂，其中有个重要因素就是建设标准问题。所以，只有建立了长效的质量管理机制，才能解决老百姓的后顾之忧。通过什么把关呢？2005年，市政府专门发文，明确了新建住宅交付使用许可规定。没有发许可证之前，这个责任由开发商来承担；发了许可证以后，责任由市、区住宅局来承担。这是管理部门应尽的职责，要为老百姓把好工程质量关。

关于"菜单式"全装修和新技术集成，我们认为，开发企业是全装修的第一责任人。装修出了问题，老百姓不是去找厨房、地板和卫生间的材料供应商，而是找开发商，因为开发商已经与地板、洁具、厨房的供应商签好合同。所以开发商是第一责任人，可以做到设计、施工和监理一体化。"菜单式"全装修主要抓好五个重点：厨房、卫生间、地坪、管弄和空调。至于个性化，完全可以体现在业主选择的窗帘、灯光、家具等布置上。所以"菜单式"的全装修又可称之为"套餐"。开发商给你一个套餐，客厅里地坪可以用地砖，也可以用地板。地砖可以分几种颜色，但是推荐给你的一定是环保型的；地板也给你推荐几种，有经济型的，也有高档的。据我们了解，单位采购可降低成本15%—20%，市住宅局要求开发商把单位采购的价格公布于众，个人去买买不到这个价格。为什么？开发企业是500套、1000套地买，价格降下来了，而且承诺质量担保。我们做了4万户的居民调查，结论是每平方米800—1000元的装修价格最受居民欢迎。换言之，100平方米的房子装修费用在8万—10万元，居民最能够接受。

市政府最近在提倡一部分新建住宅“工厂化”生产。浦东上南路有个叫“现代印象”的楼盘，房屋的结构部件就是在工厂里生产好了，再运到现场安装。一套150平方米左右的住房，20多天就可以完工了。比如说厨房，两个工人只要一天时间就能安装好。用环保、节能材料，同时又是工业化的生产、现场安装，现在上海已经有四五个小区在这样做了。在市政府领导的支持下，市住宅局希望明年住宅“工厂化”生产数量再扩大一些。这样做的好处是缩短建设周期，提高工作效率。同时，减少污染，减少现场湿作业。建设部对这种生产形式非常肯定，认为要实现住宅产业现代化，工厂化生产是个切入口。

## 四、对上海住宅建设的展望

我们认为，今后住宅建设的发展总体上是积极向上的。可能2004年、2005年增长的幅度会小一点。我们不希望房价上涨太快，出现大起大落。市政府要求各部门不断完善体制机制和规章制度，市房地局有一整套土地管理办法，市住宅局也在加强住宅建设全过程管理。当然我们也做了一些测算，认为在近几年，新建住宅数量可能会降下来，业内专家把它称为“拐点”。根据国际经验，当人均住房建筑面积达到30—35平方米以后，住房的需求就不再是单纯地追求面积，消费者可能更加希望改善居住环境、住房功能等，在新加坡、日本如此，在中国香港地区也是如此。我们估计上海人均居住面积达到14—15平方米，即建筑面积达到30平方米以上时，数量上也会出现拐点。但我们认为住宅的投资量可能还会逐年上升，因为市民对社区环境、住宅品质以及新技术，包括对全装修等各方面的需求也在提升。

对此，市住宅局做过一些研究分析。首先，坚持走改革开放之路，社会稳定，经济持续发展，特别是“四个中心”建设、国际化大都市的定位，都为上海房地产业的发展提供了良好的大环境。这是上海房地产业发展的强大动力，也是一个根本性的动力。如果没有上海这十多年来经济的高速增长，房地产业的快速发展是不可能实现的。

其次，国务院在2001年5月批准了《上海市城市总体规划（1999—2020年）》，上海新一轮城市建设拉开了序幕，这也有利于促进住宅建设发展。同时，上海房地产市场进一步规范，增量、存量交易十分活跃，二、三级市场也更趋于成熟。对上海2002年以来的房地产市场，我们做了一些分析，发现购房需求主要来自四大部分。一部分是动迁用房。近两年，上海每年动迁居民为8万户左右。2003年大约为10万户，房屋需求是800万平方米左右，新房源的需求可能在四五百万平方米，因为不少动迁户去买二手房了。动迁户购房占总需求的25%—30%。第二部分是改善型购房。如以前住一室一厅的家庭，现在要换二室一厅了。这种类型约占总需求的40%—45%，占了大头。第三部分是境外和外省市的人群来买房，现在达到25%左右。去年是18.9%，前年是11%，逐年上升。对此我们不要太乐观，估计不会超过30%。其中买高档房的占了一半左右。他们有一个特点，就是买涨不买跌，上海房价越涨，外来居民越会来买，如果房价跌了，他们就未必买。这个动向，我们认为要关注。但是我们更希望用于动迁购房和改善性购房的房源要供应好。第四部分是上海本地的一些投资性购房，占了5%左右。我们认为，上海房地产市场确有实际需求支撑，但市场需求是有变化的，我们还是要多做调研和分析，推进住宅建设的健康发展。

目前有几个问题要引起重视。一是高价位住宅和独立式别墅建设量偏大。我们分析了上海新建住宅的价格分布，大致是一个椭圆形：每平方米3000元以下的占了26%—27%，3000—5000元约占50%，5000—7000元的占了20%左右，7000元以上的占比不大。但是广大市民的需求基本上呈梯形，对中、低价位的房源需求量比较大。把两个图形重叠以后就可以看出，高价位的房子多了，中、低价位的房子缺口很大，这是需要我们重点关注的。独立式别墅占用的土地较多，对借用风景区建造别墅的情况更要慎重，因为风景名胜区是公共资源，不能把它变成私家享有。

二是中心城区的土地资源有限，现在大面积的房型偏多了。中心城区新建住宅大多容积率较高，因为动迁成本高，这样高层也就多了。所以现

居住小区一景

在市领导很重视，希望降低住宅容积率，增加公共绿地，使广大市民的居住环境更好。

面对新的机遇和挑战，市住宅发展局要认真落实市委、市政府的总体部署和工作目标，既要为上海老百姓着想，进一步提高住宅建设的整体水平，也要不断增强上海城市的综合竞争力，努力把上海建设成为宜业宜居的现代化国际大都市。

今天讲的内容如有不当之处，请在座各位批评指正。谢谢大家！

收录于《东方大讲坛》（文汇出版社，2004年）

住宅建设篇

Housing Construction

# 住宅建设的发展之路

2010年初，中共上海市建设交通工作党委、上海市建设交通委、上海文艺出版集团编辑出版了一套大型口述史丛书《巨变——上海城市重大工程建设实录》。正如时任中共上海市委书记俞正声在丛书序言中写到的：“丛书通过记录上海腾飞，反映了上海这座年轻的城市在改革开放中拼搏向上的精神。”丛书包含了新外滩、长江隧桥、交通管理、新城建设等20个专篇。其中，住宅建设专篇主编顾泳对上海市城市规划行业协会会长毛佳樑进行了访谈。

## 30年新建了3.8亿平方米

**顾泳**　毛会长，今天非常荣幸能邀请您来接受访谈。首先，请您对改革开放以来上海住宅建设的发展情况做一个总体介绍。

**毛佳樑** 改革开放特别是浦东开发开放以来，是上海住宅建设发展最快、市民居住条件改善最为明显的一个时期。这个时期有以下几个特点。

一是在改革开放的进程中，上海积极推进"四个中心"和国际大都市建设，社会经济得到了快速发展。同时，旧区改造和新区开发加快推进，促进了住宅建设的大发展。

二是历届市委、市政府高度重视市民的住房困难问题，采取了一系列重大改革措施，逐步推进住房制度和土地使用制度改革，不断完善住宅建设的体制和机制，市、区形成合力，大大加快了住房建设的步伐。

江泽民同志在上海担任市长时特别强调抓好住宅建设，并列入1987年的市政府实事。朱镕基同志在上海担任市长后，对住房制度改革抓得非常紧。1990年3月，市政府成立了住房问题研究小组，对市民的住房困难现状和上海住房制度作了深入研究。当时，我作为区县住宅系统的代表成为小组成员，朱镕基市长多次听取研究小组的工作汇报并参与深入讨论，提出了上海住房制度改革的总体方案。

三是住房制度的改革。这是推动住宅发展的强劲东风，特别是供给和分配制度的改革，使住房体系发生了根本性变化，也为上海解决住房问题开辟了一条新路，推进了上海住宅建设的健康发展。

四是广大市民的理解支持。上海住房制度在改革过程中，得到了全市广大市民的大力支持和积极参与，市民逐步改变了原有"等、靠、要"的福利分房观念。特别是上海公有住房的出售和公积金制度的全面推广，大大提高了居民的购房能力。

在旧区改造中，加快拆除365万平方米的危棚简屋是老百姓最为强烈的呼声。在这个过程中，全市百万户居民大动迁，各区搬迁的场面非常壮观。通过市、区联手，大力推进，旧区改造取得了显著成效，上海的城市面貌日新月异，几十年来一直困扰上海的住房困难问题得到了明显缓解。住宅建设为提高广大市民的居住水平，改善城市面貌，推进社会、经济发展，做出了巨大贡献。

我们统计了一下，截至2010年底，全市已建住宅总量在5.26亿平方

20世纪80年代老棚户区的“握手楼”和“一线天”场景

米左右。其中30年间新建的住宅达到了3.81亿平方米，也就是说，大约有72%的住宅都是在改革开放之后新建的。上海已有300多万户居民搬进了新居，其余的市民也在不同程度上改善了居住条件。

## 住宅发展与配套建设同步推进

**顾泳**　改革开放以来上海住宅建设的快速发展具体体现在哪些方面？

**毛佳樑**　住宅建设的快速发展，主要体现在五个方面。

第一个方面是投资规模持续扩大。这里有两层含义：一是投资主体的转变，二是投资资金的扩大。

上海的住宅建设，原先是以政府组织为主，在大基地上按计划统筹建房。后来逐步转向投资主体市场化、投资资金多元化，形成了政府、单位和社会资金相结合的筹资建设机制。进入21世纪，又逐步形成了以社会资金为主的商品房市场体系和政府资金为引导的保障性住房建设体系。

关于投资规模，1980年住宅建设的投资资金约为4.3亿元，1990年为26亿元，2000年达到了425.2亿元，2010年全市投资在1233亿元左右。即使扣除物价、建安成本上升等因素，住宅的投资规模也呈现出高速、持续增长的态势。

2009年度上海市住宅建设实事立功竞赛总结表彰大会（2009年9月22日）

第二个方面是在历届市委、市政府的大力推进下，住宅建设总量快速增加。自1979年起，住宅建设征地力度加大。“六五”“七五”时期，征地4万多亩。“八五”时期，一期征地1.5万亩，二期计划征地2万亩，实际完成1.2万亩左右。同时，规划管理部门在全市及时编制了相应的居住区规划，合理布局，为住宅建设的发展做了充分准备。

1981年至1990年，10年间住宅竣工总面积达到了4272万平方米，每年的竣工量大约在300万—400万平方米，最多的几年接近500万平方米。这对上海解决住房困难，起到了很大的推进作用。

1991年至2000年，10年住宅竣工面积达1.16亿平方米，从初期每年不到1000万平方米，到1995年以后每年超过1200万平方米，此后年度竣工面积一直有所攀升。

跨入新世纪以来，2001年到2010年，这10年间住宅竣工面积达2.2亿平方米，平均每年超过2000万平方米。最多的一年是2004年，达到了3270万平方米，住宅投资总额为922亿元。

由于2004年、2005年房价不断上涨，房型也不断增大，其中高档房、大房型比较多，老百姓的意见很大。所以中央和市政府加大了宏观调控力度，要求控制上涨过快的房价，多建设普通商品房以及中小型房型。此后，住宅在建和竣工的数量都有所回落。

**顾泳** 除了这些数字上的变化，上海住宅的内涵变化也比较明显吧？

**毛佳樑** 对，第三个方面就是配套设施的建设不断完善。比如市政基础设施配套，包括供水、供电、供气、通信、电信网络等；公共服务设施配套，如教育、文化、卫生、体育、商业服务等；再如交通设施，从地面公交到轨道交通，特别是中心城区的住宅建设在不断向外拓展，道路交通网络也从内环拓展到外环，并向郊区新城、新市镇发展。

又如20世纪80年代，小区配套关注较多的是解决老百姓“开门七件事”。后来，全面重视教育、医疗、商业等社区服务设施的完善，并按照居住社区的千人指标进行配置。到了新世纪，更加注重“以人为本”的理念，推进了教育、文化、卫生等各项公共服务优质资源的进一步均衡化发展。

第四个方面体现在住宅整体质量水平的逐年提高。对老百姓来说，不管是单位分房，还是购买商品房，质量都是最重要的。住宅建设，质量是生命线。

一是不断提高社区规划和房型设计水平。比如在20世纪80年代，典型的条状房型有“沪住Ⅱ型”，点状的有“宝钢型”等，往往一套图纸能够用上几年。推进住宅商品化以后，房型的设计方案就多样化了，在使用功能和建筑形态上都有所提升。二是提高工程质量。20世纪90年代中期，不少新建住宅有漏水、渗水等问题，包括一些大企业开发建设的楼盘。当时上海住宅局就提出了狠抓单体质量的要求，创建“无渗漏工程”活动，进一步提高了建筑工程质量水平。三是改善居住环境，包括绿化、道路、河道水系等，让老百姓有一个优美、宜人的居住环境。四是推进住宅产业现代化，大力推广智能化和环保、节能材料，不断增加住宅建设的科技含量。

第五个方面是住宅建设的法规和管理体制机制逐步完善。20世纪80年代，市政府设立了市住宅建设指挥部，主要是协调推进全市统征基地的住宅建设，各委、办和各区政府也相应地成立了住宅建设办公室，市、区结合，大力推进了市政建设动迁用房和全市各系统的职工建房。

1995年2月27日，在市委、市政府主要领导的重视下，上海成立了市住宅发展局。我印象很深，成立当天上午，时任中共上海市委书记黄菊、市委秘书长宋仪侨和市建设党委书记李春涛、市建委副主任皋玉凤来到住宅局。黄菊书记提出住宅局的干部都要有一个“假如我就住在这里”的理念，要把住宅建设和市政、公建配套设施的建设作为一项“爱民工程”。下午新任市长徐匡迪到会并讲话，市人大副主任孙贵璋、副市长夏克强为市住宅局成立揭牌。

到了2003年7月，根据市委、市政府总体部署，市房地局和市住宅局两局整合，由新组建的房地资源局继续承担对住宅建设的组织和管理工作，特别是保障性住房建设工作。所以，上海住宅建设的体制机制随着形势的发展不断完善，法规和规范也在不断健全。

## 从“福利产品”走向“时代精品”

**顾泳**　那么上海的住宅发展经过了哪几个阶段？各个阶段又有哪些主要特征呢？

**毛佳樑**　经过30年的建设和改造，上海的城市面貌发生了翻天覆地的变化，市民的居住条件和生活环境也在不断改善。

中华人民共和国成立后，1950年上海市区人均居住面积是3.9平方米。由于诸多原因，特别是受计划经济的体制和政府投资财力的制约，每年住宅建设规模有限。1966年后，住宅建设投资和竣工面积更是大幅下降。到了1979年，市区人均居住面积是4.3平方米。当然，其中也有市区面积扩大、人口增加等因素。

我们回顾一下，从20世纪80年代到90年代，住房总体还是带有“福利产品”的性质，由各单位、各企业进行福利分房，虽然解决了大量的职工住房困难问题，但数量毕竟有限。进入20世纪90年代以后，住宅逐渐成为“社会商品”，因为受到市场供求关系的影响，住宅的类型、房型和环境都有了很大的变化，总体质量也在不断提高。到了21世纪，它应该成为“时代精品”。城市的土地资源毕竟是有限的，建造的住宅必须精心设计、精心施工和精心管理，不断提高住宅建设的整体水平。归纳下来，住宅建设走

万里小区配套
公共服务设施

了一条从福利产品到社会商品再到时代精品的道路，现在还在不断实践，努力推进。

**顾泳** 您刚才说了中华人民共和国成立初期到改革开放前的情况，那么改革开放之后呢？

**毛佳樑** 改革开放以后，如果要划分一下的话，大致可以分为三个阶段。第一个阶段从1980年至1990年，是恢复到初步发展时期。它的特点是“三个为主”，即以政府投资为主、以单位联建为主和以职工解困为主。

当时我在黄浦区房管部门、住宅建设部门都工作过。我到过许多居民家中，看到他们住房困难的情况。说实话，现在的年轻人是难以想象的。一家几代人住在一间房间里是很普遍的事，两三张床在中间用帘子拉一拉就住人了。我印象中，有一次去人民路的一处旧式里弄，回访来报修的一户居民家。他们家的居住环境在黄浦区还算比较好的，三代人住在二楼一间10平方米的房间，里面搭了一个小阁楼。房门口放着煤球炉，走楼梯一不小心就可能有危险。锅子放不下，就在墙里挖个洞，挖了洞以后，下面放煤球炉，上面才能放铁锅。当时，我们作为房管部门的基层干部，看了以后心里非常难受。

特别是在20世纪70年代末，大批上山下乡的知青返沪（我就是其中的一员），上海原本紧张的住房矛盾就更加突出了。当时居住困难已被认为是上海“天字第一号”的社会问题，是让老百姓最揪心的一件事。所以，有人开玩笑：“谁能把住房问题解决，就应该在外滩给他塑个雕像。”

改革开放初，邓小平提出发展建筑业和改革住房制度，推动了中国住宅建设的发展。当时市委、市政府出台了一系列政策，逐步推进住房建设投资体制和分配机制改革。各区解困工作是从特困户开始的，先是人均居住面积2平方米的特困户，然后是人均2.5平方米的，最终到人均4平方米的。

通过10年锲而不舍的努力，上海人均居住面积从1980年的4.4平方米增加到1990年的6.6平方米，市民的居住矛盾得到了一定缓解。看上去这10年只增加了2.2平方米，但是当时困难户面广、量大，解决的难度可想而知，真的很不容易。我举个例子，那时由黄浦区地方财政投资的延安东路、云南路“瑞福里”改造基地，原先居住了808户居民，但是建了两幢大体量高楼后，除了商业裙房外，能用的房源只有660套，一部分居民还要被安排到其他地方去。仅靠政府的投资难以为继，这就是20世纪80年代前期遇到的最大瓶颈。

到20世纪80年代中后期，各区都在探索，能不能把旧区改造和新区建设结合起来，通过建造一些商品房来弥补财政资金的不足。我举一个案例，当时黄浦区住宅办在北京东路、山东路的“松柏里”基地，积极探索异地安置模式来解决居民的动迁问题。居民动迁就是要从浦西的北京东路搬到浦东张杨路的“竹园新村”，当时居民们听说要从市中心搬到浦东竹园，认为是不可能的事，个别人还说“竹园、竹园，要么把我捉得去”。但当居民去看了动迁房源以后，看到每家都有明亮的客厅和卧室，独用的厨房和卫生间，看到小区的绿化、环境感觉非常好。为了方便“竹园新村”居民的出行，由区住宅办投资，在市公交公司的支持下，开设了全市第一条由社会资金投入的公交119路。随着浦东开发建设如火如荼地展开，在广大市民的理解和支持下，黄浦区逐步打开了异地动迁的局面。

第二个阶段从1991年至2000年，是从振兴到加快发展时期。旧区改造以后，就有大量动迁安置的需求，当时上海城市建设的重点是进一步加大危棚简屋和旧区的改造力度。在这10年间，上海动迁的居民约有68万户，近200万人从旧区搬到了新建小区，有力地推动了新区开发建设，逐步完善了各类配套设施。所以，20世纪90年代是上海住宅建设快速发展的时期，这10年住宅建设投资总额达到了2883亿元，平均每年近300亿元。住宅竣工总面积达到了1.16亿平方米，平均每年超过1000万平方米。到了2000年，上海人均居住面积上升到11.8平方米。

这个时期，党和国家有许多重大决策，1990年党中央、国务院宣布浦东开发开放，1992年邓小平发表南方谈话，上海也出台了一系列改革开放的政策和举措。比如1991年《上海市住房制度改革实施方案》的颁布，开启了住房制度改革的步伐；在旧区改造中，上海积极探索土地使用权有偿出让等。这些影响全国的重大事件，都有力地推动了住宅建设发展。到1998年，上海"福利分房时代"基本结束。

第三个阶段从2001年至2010年，是高速发展到宏观调控时期。因为上海整个住宅需求量很大，既有社会上的刚性需求，如居家改善、子女结婚等，也有旧区改造的动迁安置要求，所以房地产业高速发展。最高峰在2004年，那一年住房投资达到了922亿元左右。竣工量创纪录地达到了3270万平方米，出现了一种超常规增长的状态。房地产业也出现了一些投资、投机性倾向，建设了比较多的高档房、大面积商品房。由于普通商品房供应不足，房价上涨过快，社会反响强烈。在这种情况下，从中央到地方，各级政府加强了对房地产市场的宏观调控，如"国八条""国六条"的出台颁布，加大了对市场的调控力度。上海房地产业占国民生产总值的比重，从2001年的6.4%上升到2002年的6.5%，2003年是7.4%，最高的是2004年，占到了8.3%。2005年有所下降，是7.3%。到了2010年，房地产占GDP的比重逐步下降到了6.2%左右。

这一时期，上海进一步加大了对房地产市场的宏观调控力度，重点是遏制房价过快上涨，调控住房供给结构，增加保障性住房的供应和建设，逐步健全房地产市场体系和"四位一体"的保障性住房体系。

当时在我们印象中，每个年代大家见面时都有几句熟悉的问候语。20世纪80年代，见面就问：你单位有没有分房啊？90年代，见面问得比较多的是：你家动迁了吗？到了21世纪，问的是：你家买房了吗？这从一个侧面反映了在上海城市建设、社会经济发展的过程中，广大市民的居住条件正在逐步改善和提升。

**顾泳** 经过三十多年的发展，居民的居住条件确实有了很大改善，居住水平也得到了提高。请问这种提高主要体现在哪些方面？

**毛佳樑** 我们现在回顾一下，在上海市、区各级党委和政府的共同努力下，在市民的支持下，如今的住房条件和改革开放初期的20世纪80年代相比，真是不可同日而语。广大市民享受到了改革开放的丰硕成果，主要体现在以下四个方面。

第一是住房面积的增加。上海市区人均居住面积在1980年是4.4平方米，1990年是6.6平方米，2000年是11.8平方米。2010年达到了16.7平方米，如果换算成建筑面积，那就应该超过了32平方米。从住房面积可以看出，老百姓的居住条件大为改善。

成套率也在不断上升。1990年全市住房成套率是31.6%。那时，家里有个独用的厨房、卫生间都叫人羡慕得很。到了2010年，成套率达到了95.8%。同时，上海市区居民的住房自有率也超过了80%。

第二是居住质量的提高。比如说房型设计，我们说住宅首先要满足居住功能，要注重“以人为本”，优化布局，动、静功能分开，合理设计客厅和卧室，还要有一定的储藏空间，这样功能设计就更加合理，也更加人性化。

其次就是工程和配套的质量。最早叫“完整街坊”验收，后来逐步创建“四高”小区，就是“高起点规划、高水平设计、高质量施工、高标准管理”。在示范居住区和创“四高”小区的发展过程中，每个时期都出现了深受老百姓欢迎的居住社区，如20世纪80年代的曲阳、田林、彭浦、仙霞等新村。一个社区的建设过程，短的要五六年，长的可能要十多年，有一个不断完善的过程。在90年代，有中原、竹园、康健、名人花园等。进入21世纪以

崇明县城桥镇达安御廷花园(2012年)

来,有万里城、新江湾、金桥等大型社区。每个时期居住社区的整体质量水平都在不断提升。

居住质量的提高还体现在新区建设和旧区改造的协同推进上。为什么这么说呢?住宅发展要与中心城区以及新城、新市镇建设结合起来。旧区改造是“拆、改、留”相结合,既有新建的,也有保留和改造的,比如“平改坡”工程以及后来的旧住房综合改造工程。所谓“平改坡”,就是在原来多层建筑的平屋面上加一个坡顶,起到隔热、防漏和美观的作用,很受市民的欢迎。

第三是科技含量的提升。比如刚才提到的位于浦东新区的“住友名人花园”,江泽民总书记和胡锦涛总书记先后视察过,当时还是每平方米均价在4000元左右的普通商品房,除了绿化环境、房型新颖等特色外,小区还推行了管理智能化以及各项先进技术的集成使用。我们说,普通老百姓的住宅也能体现这种环保、节能的科技发展导向。

第四是配套设施的改善。比如水电、煤气等市政基础配套设施,以及教育、医疗等公共服务设施,从最早的菜场、商场这些居民的日常基本需求,到后来各项配套设施的进一步齐全。此外,环境绿化质量也得到大大改善。比如万里示范区既有大面积的中心绿地和广场，又有各个街坊的组团绿化，为社区居民创造了一个舒适宜人的生活环境。

**顾泳** 在发展的过程中，是否也遇到一些问题和矛盾？

**毛佳樑** 是的，原有的矛盾在逐步解决，许多新的问题也在不断产生。随着城市常住人口的持续增加，城市建设用地不断向外拓展。20世纪80年代曾流传着一句话："宁要浦西一张床，不要浦东一间房。"此后这种观念逐步得到了转变，浦东开发开放后，环境质量和居住水平都有了提升。到后来，动迁居民也愿意去莘庄、嘉定、浦东的新建社区了。

不过，在发展的过程中，也经常会出现一些新的问题和矛盾。比如一些新建的大型社区，毕竟离市中心比较远，就业有困难，公共交通也不方便；有的公建配套还比较滞后，学校、医院等设施往往要等到人口达到一定规模以后，才能逐步正常运转。同时，地区服务设施管理还跟不上。所以，现在市、区各级政府和管理部门都非常重视这些问题，正在努力协调解决。

## 规划在先，质量为重

**顾泳** 为了实现住宅建设的快速发展和整体住宅水平的提高，上海在管理上主要采取了哪些措施？

**毛佳樑** 市委、市政府非常关心住宅建设，市领导高度重视住宅建设全过程的管理。简要回顾一下，主要有五个方面。

一是注重居住区的规划设计，坚持土地节约和集约使用。从社区总体布局到单体建筑设计，注重环境品质的提升、房型功能的合理，以及节能、环保型材料的广泛使用。

二是强化质量管理，不断提高住宅建设的整体质量水平。其中，工程质量是住宅建设的底线，不能住进去就漏水、渗水。因此，要在每个环节把好质量关。

三是不断完善市政基础和公共服务设施配套建设。随着生活水平的

保障房项目——
上海地产"馨宁公寓"

不断提高，广大居民对配套建设提出了更高的期望，这就要求住宅与配套设施同步建设，同步交付使用。这是时代的进步，也是住宅建设水平提升的不竭动力。

四是推进住宅产业现代化。大力推进住宅建筑标准化、工业化，推广应用新材料、新技术，进一步增加科技含量。

五是依法行政，加强住宅建设的全过程管理。每个新建小区都要实行竣工验收许可证制度。

## 不断完善"两个体系"和"两种渠道"

**顾泳**　未来在住宅建设方面，上海又有哪些新举措？

**毛佳樑**　我想就几个相关联的内容，谈一些个人看法，仅供参考。

第一，关于住宅的属性。住宅具有双重属性，既有商品属性，又有社会属性，特别是住宅关系到广大人民群众的安居乐业，事关国计民生。因为有商品属性，所以住宅投资和分配不可能全部由政府包下来，我们在计划经济时代就碰到过这个难题。当然，市民住房困难也不可能完全通过市场

与原上海房地集团董事长徐林宝（左）参观上海规划展示馆后合影（2025年6月）

来解决。从世界各国的经验来看，新加坡公民住房拥有率最高，目前公共组屋数量将近80%。美国的住房自有率约在65%，其他公民也是通过租赁房屋来解决居住问题的。西欧的一些国家租赁市场也占到50%左右。所以，面对我国快速城市化的发展进程，上海要进一步健全具有中国特色、地方特点的住房建设和供应的体制机制。

第二，从长远发展来讲，上海要不断完善“两个体系、两种渠道”。“两个体系”，一是房地产市场体系，要按照法律、法规，健康、有序发展，逐步与社会经济发展相适应。二是“四位一体”的保障性住房体系。市委、市政府对保障性住房建设非常重视，通过多年的努力推进，上海已逐年完善了保障性住房的建设、供应和管理体系。这两个体系相辅相成，同步推进。

“两种渠道”，一是产权房的购买，二是房屋的租赁使用。这样，不同收入的家庭就可以有多种选择。比如大学生刚毕业不一定有能力买房，就可以租房。我们认为，“居者有其屋”，不是说人人都要有产权房，这是一种误解。只有租售并举，才能多渠道地解决城市居民的住房问题。

第三，我对保障性住房的看法是，保障性住房不是低档房、简易房。刚才说的“四位一体”的保障性住房，是因为有一定标准的供应对象，在供地、建造和配套上就需要有一定的政策支持。所以，保障性住房与商品房应该有一定区别，区别是什么呢？我举些例子。

如房型上有区别，保障性住房的房型设计应以节地型、紧凑型的中小房型为主。就是我们常说的共有产权房、动迁安置房，要“1、2、3”“5、7、9”，即“一室、二室、三室”（有厅）的房型，面积大约是50、70和90平方米，而不是像房地产市场追求的大房型、高档次。又比如，我们要求保障性住房，一定要满足生活、居住的基本要求，房型设计要功能齐全、经济实用，尽量利用自然采光和通风。优秀的房型设计，首先应该是注重环保、节能的优秀产品。

又比如绿化环境，不要追求高档名贵的树木，主要用适合本土生长的各类树种，合理搭配。建筑材料也不是说越贵越好，我们认为外墙环保涂料也很好。所以，在这种情况下，保障性住房和商品房的造价会有不同，但在市政基础设施、公共服务设施和环境建设等方面应该是相同的。保障性住房也应该成为城市中的精品力作，尤其是在近几年上海优秀住宅的评选中，不少保障性住房通过精心设计、精心建设，名列前茅。同时，保障性住房也需要物业的精心管理。这对上海市民，特别是中低收入家庭居住水平的提高，能起到引导作用。

第四，我还想提一提，要处理好社会住房需求和城市资源承载力的关系，我觉得这是很重要的。上海面临城市人口的持续增长和土地、环境、能源等资源约束的双重压力。土地对上海来说是稀缺资源，目前上海建设用地已超过全市陆域面积的40%。世界上一些同类型国际大都市，比较合适的建设用地大多是在20%—30%。

目前，上海常住人口已超过2300万，我们也碰到了如何处理好人口规模、资源承载和住宅发展三者之间关系的问题。实现上海的可持续发展，我有几个不成熟的想法。第一，上海既要建设“四个中心”和现代化国际大都市，也要在建设适宜创业发展和生产生活的宜居城市上多下功夫。第二，我们要合理确定城市建设用地和住宅建设总量，构建与城市土地资源和各类设施承载力相适应、与可持续发展目标相协调的城市总体格局。一个城市的人口规模不可能无限扩大，要统筹考虑市政基础设施、公共服务设施、综合交通，特别是轨道交通的支撑能力。第三，要关注城市安全和生态环境建设，进一步控制中心城区的住宅用地和人口规模。外环线以内660平方公里的土地上，已居住了1100万人口，要解决产业发展、人口疏解问题，就需要重点推进新城和新市镇建设，形成产城融合发展。全市优质公共资源要城乡统筹、均衡发展，这也有利于提升新城的集聚和辐射能力。

从长三角地区发展来看，其实上海也是一个城市群。外环以内的中心城区，就像一个特大型城市，以发展高端服务经济为主。新城呢，比如松江、嘉定和南汇新城，规划人口是80万—100万，就是几座大城市。南桥、城桥新城规划建设的目标是大、中型城市。所以，新城就是要按照大、中型城市的功能定位来推进产业发展，特别是先进制造业和战略性新兴产业，推进住宅和各类公共服务设施的规划和建设。

展望城市的长远发展，在市委、市政府的正确领导下，在全市人民的共同努力下，住宅建设一定能为上海“四个中心”建设和城市功能的提升，为实现“天更蓝、水更清、地更绿、居更佳”的建设目标做出应有的贡献。

收录于《巨变——上海城市重大工程建设实录·住宅建设》(上海文艺出版集团，2012年)

# 區域统筹篇

Regional Coordination

区域统筹篇

Regional Coordination

# “松柏里”基地改造：浦西居民也愿意搬到浦东了

20世纪80年代，住房困难是上海的“天字第一号”难题。按照国家建设部制定的标准，1985年上海人均居住面积低于4平方米的住房困难户、无房户将近47万户，占总户数的四分之一。早期的旧区建设主要是依靠地方财政资金进行“危棚简屋”基地改造，居民大多就地安置。由于政府的财力有限，这样的旧改模式难以为继，而且动迁居民在外过渡性安置的时间往往很长，少则三四年，多则七八年，有些年迈的老人在动迁时甚至担心自己等不到搬回新家的那一天。

“松柏里”基地位于北京东路以南、山东中路西侧，是1988年前后黄浦区探索市场化运作的第一个商品房开发项目。在副区长胡炜的支持下，区住宅办决定通过商品房开发、异地安置的模式，动员居民从北京东路搬迁到浦东张杨路、源深路的“竹园新村”。但一开始居民抵触情绪很大，当时社会上流传着一句话，“宁要浦西一张床，不要浦东一间房”，大家都不愿意搬到浦东去。有的居民还说:“竹园、竹园,要么把我捉得去。”甚至有户居民把年迈的老母亲留在家里,自己到处告状,成了“钉子户”。了解到居民的疑虑后,在市综合开发办公室领导的支持下,黄浦区住宅办主任毛佳樑会同副主任陈海生及动迁科同志,专门研究制定了异地搬迁的面积奖励以及早搬迁的优惠办法,并在动拆迁大会上作动员报告。区住宅办和街道、里委同志反复做了大量耐心、细致的思想工作,并带领居民到浦东实地参观动迁房源和样板房。居民对于竹园新村的房型设计、小区绿化环境以及正在建设中的公共服务配套设施等各方面都感觉不错,原先的抵触情绪就逐渐有了转变。

为解决竹园小区居民工作和生活上的后顾之忧,区住宅办在居民进户之初,办了几件实事,即“五个一”:在小区内安装了第一台公共电话亭,开办了一家日用品小商店、一个临时卫生站,第一批接通动迁居民家庭煤气;特别是在市公交总公司副总经理洪浩的支持下,区住宅办融资开通了全市第一条由社会资金投入的公交119路,从竹园新村开到陆家嘴其昌栈。公交线路开通时,黄浦区委书记胡瑞邦出席通车典礼,表明区委、区政府对旧区改造、新区建设的高度重视,也给搬迁居民带来极大的信心。

“松柏里”基地改造打开了黄浦区居民从浦西到浦东异地动迁的大

浦东竹园新村
(2025年7月)

门，也开辟了一条通过市场化推进旧区改造的新路子。这样的案例在上海不胜枚举。在市、区各级党委、政府和相关部门的共同努力下，各区、县通过多种形式筹措资金，多种类型地开展危棚简屋改造，有效疏解了老城区人口，同时推进新区建设，不断改善市民的居住条件和生活环境，使上海的城市面貌发生了翻天覆地的变化。

浦东竹园新村一景（2025年7月）

区域统筹篇 Regional Coordination

# 中环线“边角料”变身“P+R”停车场

在上海，越来越多的上班族住在中心城外围，早晨先开车到中环、外环附近，再换乘地铁等公共交通进入市中心，既节省了通勤时间，又节约了交通成本，一举两得。规划建设“P+R”（Park and Ride，停车+换乘）停车场，是实现这种交通换乘方式的重要配套设施。

2004年初，市规划局局长毛佳樑在市政府刚开完会，拎起包急匆匆地准备离开。韩正市长见状，问他在忙什么，毛佳樑回答，在忙着“抢土地”。韩市长一听就笑了：“你一个规划局长抢什么土地呀？”

原来，位于内环和外环之间的中环线，是一条高架、地面、地下混合型的快速交通干线。在推进中环线规划建设时，市规划局发现在闵行、长宁、普陀、杨浦等区沿中环线道路周边留下了一些“边角料”地块，小的几百平方米，大的上千平方米，不少区想利用这些地块建设一些“短、平、快”项目。毛佳樑局长敏锐地察觉到，这里边有文章可做。

当时，国外一些城市推行“P+R”停车场，如果把这些边角料地块用于“P+R”停车场建设，是否更加合适？毛佳樑请局副总工程师沈人德牵头开展论证工作。沈人德和局综合处处长陈薇萍商议后，准备马上立个课题做研究，并请来了市交通局、申通公司的同志们一起探讨，大家觉得这个课题非常有必要。由于当时市规划局课题研究年度计划已安排完毕，遂商议由市交通局委托市规划院联合市政院等单位，开展上海“P+R”停车场课题的研究。考虑到“P+R”换乘停车场主要是以服务通勤出行为主，最好设置在轨道交通站点附近，中环线周边的“边角料”地块十分符合这个定位。

有了课题研究成果，市规划局毛佳樑、汤志平向时任上海市市长韩正和副市长杨雄作了汇报，建议利用中环线周边的零星土地，规划建设一批“P+R”换乘停车场工程。建议方案获得了市领导的赞同，同时也得到了市交通局局长卞百平、综合处副处长董明峰的大力支持和相关区政府的理解和配合。

在此基础上，结合2010年世博会综合交通规划，市规划局和市交通局扩大研究范围，联合编制了《上海市综合客运交通枢纽布局规划》，于2006年11月获市政府批准。该规划在市域范围内规划了145个综合交通枢纽站点，并根据承担的交通功能和规模大小，将全市综合交通枢纽分为四类。其中，规划建设5处大型对外交通枢纽（A类），如虹桥综合交通枢纽、浦东国际机场等；88处大中型综合客运交通枢纽（B类），如人民广场、世纪大道等轨道交通枢纽站；37处“P+R”交通枢纽（C类），如轨道交通11号线安亭站枢纽、金山支线金山卫站等；15处小型交通枢纽（D类），如卢浦大桥枢纽、南外滩十六铺枢纽等。其中，“P+R”交通枢纽主要选址在中环线与外环线附近，靠近主要道路和轨道交通站点。

2010年7月起，上海交通管理部门试点建设首批“P+R”停车场，其中结合轨道交通9号线宜山路站和松江大学城站，就是第一批按规划实施的“P+R”停车场项目。2015年，上海市城市规划行业协会联合上海城市交通设计院完成了全市“P+R”停车场规划实施评估的调研课题，并对下一步工作提出了对策建议。到2019年底，全市各区建成并投入使用的

“P+R”换乘停车场已达到19个。

在上海公共交通体系中，轨道交通逐渐成为运行的主体。“P+R”停车场服务于轨道交通，就相当于“绿叶”配“红花”，有利于引导一部分私人小汽车和其他个体出行者转换出行方式，通过停车换乘轨道交通，充分发挥轨道交通系统更大的运行效能。

区域统筹篇 Regional Coordination

# 徐家汇三线换乘枢纽规划

在轨道交通规划实施过程中，换乘枢纽建设是锚固轨道交通网络的重要节点，体现了网络体系的品质、效率，也决定了市民出行的便捷程度。

徐家汇地区是《上海市城市总体规划(1999—2020)》确定的中心城区四个城市副中心之一，当时也在全市率先建设了一个三条市域轨道交通汇集的重要交通枢纽。2004年，规划徐家汇轨道交通换乘枢纽时，1号线已于1993年建成并运行，来自松江的9号线和来自嘉定的11号线规划在徐家汇车站交汇。但是，在已建成的1号线站台周围高楼林立，难以安排换乘枢纽建设。

时任上海市市长韩正、副市长杨雄非常重视推进徐家汇三线换乘枢纽的规划实施工作。时任市政府副秘书长沈骏多次召集市建委、市规划局、徐汇区政府和申通公司进行调研与商议。当时有三个方案。方案一是“环港汇”换乘的综合方案。新建9号线、11号线直接换乘，并与已建1号线经通道连接，9号线车站通过

徐家汇枢纽中央大厅换乘方案剖透视效果图

改造港汇广场设置，为局部开挖。方案实施过程对1号线运营基本没有影响。方案二即“S”形方案。11号线通过9号线车站与1号线换乘，9号线与已建1号线车站较近，但采用地下四层车站方案将穿越已有的1号线连续墙及车站，属大开挖，施工难度较大。方案三即“Y”形方案。1号线、9号线、11号线共用中央换乘大厅，换乘便捷。9号线与1号线的车站较近，但施工难度较大，也属大开挖；11号线在1号线西侧，施工也有难度。经过市、区各部门的集思广益，为确保1号线运行安全，减少施工对地区现有交通、商业、地下工程的影响，缩短建设周期，市政府经决策选择了方案一。

根据市政府部署，市规划局会同徐汇区政府和有关部门多次踏勘、调研，提议把已建成使用的港汇广场地下停车库、商场超市的部分面积，置换出来改建为换乘空间。同时，规划管理部门建议今后在西侧新建的大宇基地建筑内拿出相应面积补偿给港汇广场。这个方案获得区政府、申通公司等各方的赞同，商户也积极配合。这样确保了1号线的安全运行。同时9号线、11号线同站对接后，再经过通道与1号线连接换乘，从实际出发，推进了徐家汇三线换乘枢纽的规划落地。车站建成后，在徐汇区政府的协调下，港汇广场以股权方式获得了相应补偿。

一个三线换乘枢纽的规划落地需要进行很多的协调工作，在市领导的关心下，得到市、区各方的支持，规划才得以实施。此后，全市这样的案例还有很多。

区域统筹篇 Regional Coordination

# 好的规划，贵在坚持

## 关于临港新城的思考

2009年6月，在临港新城建设五周年之际，为展示规划建设的工作成效，并为未来发展献计献策，上海市城市规划设计研究院、《上海城市规划》编辑部联合举办了“临港新城可持续发展”规划沙龙。与会专家回顾了临港新城规划的编制和实施历程，就产业发展、生态环境、综合交通和功能建设等内容提出了真知灼见。本文根据发言内容整理。

在上海市委、市政府领导的高度重视下，市、区携手，通过广大干部、职工的艰苦奋斗，从一张蓝图到如今初步形成的一座现代化的滨海新城，临港新城的建设成果来之不易。面临新形势、新任务，要坚持科学发展观，积极发挥城乡规划的引导和调控作用，注重产业导向、生态环境建设，促进临港新城可持续发展。参加今天的规划沙龙，我主要想多听听各方面最新的信息，这对我来说是很好的学习机会。蒋宗健副总工对临港新城的规划编制到落地实施，全过程参与，最具发言权。下面我谈几点体会。

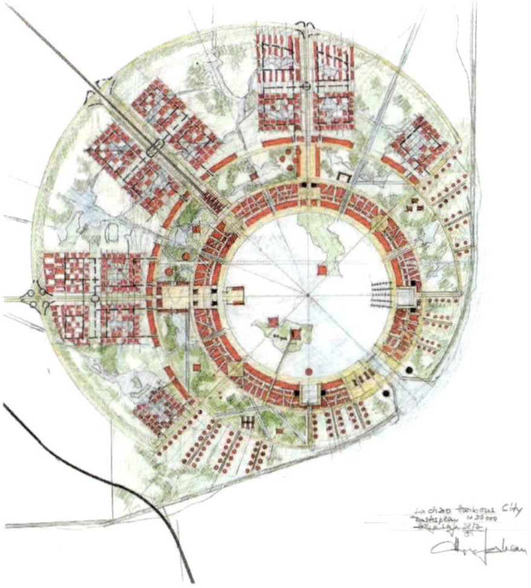

概念方案手稿

## 一、临港新城的发展可以说是三个“有利于”

一是有利于国家战略的落实。上海建设“四个中心”，这是国务院在2001年5月批复《上海市城市总体规划（1999—2020年）》时就提出的定位和目标。临港新城的发展对上海航运中心建设至关重要。从产业导向来说，新城以大力发展先进制造业为重点，包括核电风电、大型船用柴油机、自主品牌汽车和海洋工程等。

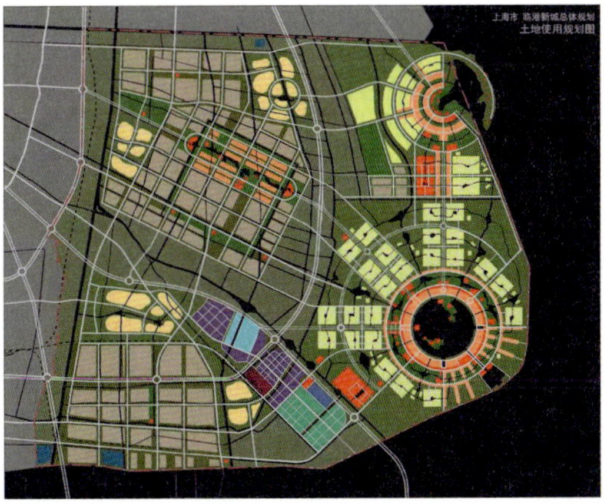


临港新城规划总体规划图

二是有利于上海产业结构的调整。为迎接世界制造产业的转移，临港新城搭建了非常好的平台。国内外的大型企业落户临港产业园区，既推动了上海产业结构调整，同时也拉动了地区GDP增长，促进经济发展。

三是有利于上海城乡统筹发展。临港新城规划占地面积297平方公里，可以说既有第三产业和第二产业的融合，也有现代农业的发展。既有新城、新市镇，也有中心村和基本农田。临港新城应该是上海进行城乡一体化探索中的首选之地。

## 二、积极发挥规划的引导和调控作用

一是从市域范围来讲，上海就像一个城市群。中心城660平方公里，是个“特大型城市”，人口将近1000万。同时9个新城的总体规划都已经上海市政府批准，其实就是9个“大中型城市”。到2020年，松江、嘉定、临港新城规划人口是80万—100万人，其他新城也有30万—50万人的人口规模。

新城的发展主要有三大要素。第一要有产业依托。没有产业的发展就没有经济的支撑。如崇明岛要建设成为生态岛，现在有了长兴岛作为产业岛，这样，财政、税收、经济发展、就业岗位就有了一定的基础，崇明岛的生态建设才能更好地推进。同样，临港新城的产业发展，也奠定了临港地区社会、经济、文化协调发展的基础。第二个要素是人口的集聚。因为有了人口的集聚，教育、文化、社区配套才会相应跟上去，大、中型城市应该要有三级医院，要有交通、商业、教育的合理布局。第三个要素是大容量的公共交通，特别是轨道交通的连通。

二是临港新城是先有规划后有建设，先有理念后有新城，是认真按照规划实施的一个新城区。新城既有总体规划，又有控制性详细规划，还要与产业规划结合起来，把总体规划变成美好现实，这也是我们实施《城乡规划法》必须遵循的一个大原则。上海新城建设和老城改造的模式是不一样的，上海老城是旧区改造，临港新城是推进有产业依托的新城建设，是规划实施中的一个很典型的案例。

三是好的规划，贵在坚持。临港新城的总体规划，通过国际招投标，几经专家评选，是个比较优秀的规划。在规划指引下，新城建设初见成效。当然，我们不能说临港新城规划的编制和实施都已十分完美。规划编制中也有一些缺憾，规划实施时还需要进行局部的优化和调整，这是符合客观规律的。关键在于，在总体规划的框架下如何结合实践，优化落地。规划的实施，贵在持之以恒。

四是在上海市政府领导的关心和支持下，市规划局在规划的编制、管理和实施过程中强化了基础工作和数据管理。临港新城率先建立了统一的信息化平台，这是最早的规划和土地资料的“两规合一”。信息化平台为临港新城今后的城市管理也创造了很好的条件。我们的城区往往容易重建设、轻管理，其实，规划、建设和管理应该是同等重要的。又如，临港新城一些区域的城市设计做得也不错。城市设计虽然不是法定的程序，但是对城市风貌、建筑形态、交通组织和环境建设的指导作用十分明显。

## 三、新城可持续发展需要处理好六个方面的关系

一是要处理好新城的功能开发、形态建设与社会、经济、文化协调发展的关系，要努力推进文化和民生事业。

二是处理好城市的空间布局与综合交通的关系。临港新城人气能不能旺起来和综合交通有很大关系，要做好轨道交通和道路网络以及地面公共交通的衔接。临港新城的环城道路网络有其特点，但也容易让人迷路，要抓好城市交通标识系统的设计，特别要把路牌指引作为现代化国际化城区的重点工作来抓。要坚持“以人为本”，把自行车道、人行步道的建设落到实处。

三是处理好产业园区与社会服务的关系。目前产业园区和社会服务衔接得不够紧密，最好是引导产业园区和当地政府密切合作，把后勤服务工作社会化。当然，离镇区距离较远的产业园区、工业用地上可以建些公共服务设施，例如职工集体宿舍，也可以把卫生所、文化设施放进去，但总用地不能超过7%。

四是处理好环境建设与运作机制的关系。环境建设对于临港新城来说十分重要。我感觉现在的运作机制还没有理顺，我们比较注重的是控详规划、产业规划，但往往没有结合投资的规划，这样有的绿化规划就难以落地，容易变成“塑料花”。

五是处理好土地节约集约使用与留有余地的关系。我们觉得临港新

临港新城(滴水湖)

城的两所大学建得很漂亮,但规划用地过于宽松。产业园区的开发强度还可以适度提高,通过规划统筹,提高土地产出效益,但是在总体规划和各个控详规划的层面上,都要留有余地,比如办公用房建设不要太快太多。要探索土地的复合使用,同时在规划上要多留一些居住、休闲、商业等用地。

六是处理好新城风貌与建筑风格的关系。临港新城的风貌是中西融合的,建筑风格不能太单调,要有特色,四个镇的江南民居和地域风貌也要结合好。我们要对一个区域的环境、建筑做一些城市设计,包括对建筑的轮廓线和色彩也要研究得深一些。如公共建筑的颜色可以重一点、深一点,但住宅的颜色还是明快点比较合适。

## 四、注重产业导向、生态建设,不断提升新城发展水平

一是坚持用科学发展观指导城乡规划,指导临港新城的建设。建议把临港新城作为上海推进环境友好型、资源节约型的生态城市建设的“试验田”。

二是积极推进城乡一体化。上海在全国来说应该成为实施城乡一体

化战略的领先城市，临港新城也应该是消除城乡二元结构的一个载体和示范。在新农村地区的规划，要学会逆向思维，首先要考虑基本农田、绿化水系等要素的落地。

三是临港新城作为洋山深水港的腹地，要主动做好服务工作。小洋山港区到2012年将基本建成，今后还有大洋山的二期工程。深水港的很多配套服务，在生产、生活上，包括居住、医疗、教育等，还是要依托临港新城提供。

四是要重视现代化城市的管理，坚持数字化、网格化、地上地下一体化，建立长效机制。

五是规划编制和管理工作要从实践出发，既要把握总体规划的原则和指标，又要认真做好深化和优化。比如用于大型设备制造的地块，可以适当增加厂房的覆盖率；轨道交通站点边的大型居住区，通过规划编制，也可适度增加开发强度。当然，这些工作都要严格按程序报批。

原载于《上海城市规划》2009年第4期

区域统筹篇

Regional Coordination

# 不只是在规划图上画画：外环绿带"拆违"记

上海的内环线和外环线，不仅仅是道路概念，同时还是重要的地域界限。外环线以内，就是上海的中心城区，占地面积约660平方公里，约占上海市域面积的10%，居住了上海一半左右的人口。在上海城市总体布局结构中，环绕在外环线外围，宽约500米、全长近100公里、总面积约62平方公里的环城绿带，贯穿了浦东新区以及宝山、闵行等8个城区。

500米宽的外环绿带是上海中心城区重要的生态保护带，也是上海2001版城市总体规划的重要空间特征。其中，100米是林带，400米为公共绿地。外环绿带的规划建设，不仅优化了中心城区的环境质量，还有效阻止了中心城区的无序蔓延，防止城市"摊大饼"式发展。上海历届市委、市政府高度重视外环绿带的规划建设。1994年10月，市规划局批准了《上海市环城绿带规划》；1995年11月，城市环城绿带工程正式启动；2002年3月，市政府专门发布了《上海市环城绿带管理办法》。

上海市环城绿带整治工作年度总结大会（2004年12月）

2003年10月，上海召开了第五次规划工作会议，为新一轮总体规划实施和城市规划工作指明了方向，并部署了各项重要工作。外环绿带的规划建设，是上海实施新一轮城市总体规划的一项重要内容。

2004年3月22日，时任上海市市长韩正主持召开市政府常务会议，就环城绿带违法建设整治和绿线规划实施作了工作部署。市政府成立了环城绿带违法建设整治工作联席会议，副市长杨雄任组长，市政府副秘书长沈骏任副组长，成员来自市建委、规划、绿化等部门和各有关区政府。同时建立整治工作小组，具体负责推进工作，市规划局局长毛佳樑任组长，副书记钟德浩、副局长汤志平和市绿化局副局长陈敏任副组长。此外，明确各相关区的区长作为各区整治工作第一责任人。

2004年4月，市整治小组抓紧开展调研，市绿化局外环绿化管理处副处长陈伟峰向毛佳樑反映，外环绿带内不仅有历史遗留的违章建筑，还有不少新建的工程。毛佳樑非常重视，立即会同整治小组领导和局相关处室人员，深入浦东、闵行、长宁、宝山等区实地察看。实际情况比想象中的还要严重，有的工厂正在生产，建筑杂乱、污水横流；有的地块还在大兴土木，新造厂房、仓库。市、区规划局抓紧梳理、摸清情况，会同市绿化局多次向韩正市长、杨雄副市长和沈骏副秘书长作了专题汇报。

外环绿带建设实景（2017年）

随后，外环绿带违法建设整治工作全面推开。先由市级部门在梳理现状的基础上，制订整治工作计划；接着由相关区政府组织街道、镇和区有关部门负责实施推进，同时做好基层干部、群众的疏导工作，妥善处理各类矛盾。拆违中涌现了许多迎难而上的事例：徐汇区率先拆除违法建设的六百汇金仓库项目7500平方米；闵行区副区长张贵龙亲临第一线，做好当地干部和群众的思想工作，最终拆除九星汽贸商城违法建筑约3万平方米；普陀区在拆除公共绿地中的违章商铺时，有一家小超市业主要点燃煤气罐，副区长陆月星冷静处置，缓解了矛盾，并限期拆除了违章建筑。随着一场场“硬仗”打下来，外环绿带拆违整治工作有序开展，收获了良好的社会反响。

整治工作注重实效，在相关区政府的大力支持下，市规划局会同市绿化局等部门开展了环城绿带实施方案的优化工作，把依法拆除违法建筑与合理调整绿线控制范围紧密结合起来。一方面，加强配套政策研究，将强化外环绿带实施和沿线用地功能优化统筹考虑。例如，对规划绿线范围内质量较好、布局相对紧凑的现状建筑以及公共设施予以保留、改造。另一方面，绿线调整贯彻“就近补足”的原则，确保绿地总量基本不变。此后，按程序审核调出绿地面积491.8公顷，补足绿地面积491.3公顷。这样，通过合理调整，既拆除了违法建筑，也带动了绿化建设，还平衡了项目建设，完善了当地公共配套服务设施，充分调动了市、区多方的积极性。

经过近一年时间的整治，外环绿带的拆违工作取得了阶段性成果。截至2005年3月底，共拆除违法建设项目31项，拆除违法建筑约11.54万平方米，剩余的违章项目也在当年底全部拆除。

外环绿带整治工作进一步落实并完善了规划管理体制机制，及时遏制了违法建设蚕食公共绿地的现象，使得上海环城绿带的特色得以保持，也维护了城市规划的权威性。同时，市、区联手，条块结合，充分体现了政府和社会各方严格执行城市规划、确保规划落地的决心和共识。通过这次行动，也为政府管理部门进一步提升规划理念、保障规划实施、完善规划管理机制起到了很好的示范作用。

2005年，在市政府关于外环绿带整治专题会议上，听到市规划局牵头拆违的是监督处长牛小琦，韩正市长当场表扬说："牛处长，真的很牛啊！"

区域统筹篇 Regional Coordination

# 积极探索上海特色的发展之路，稳步推进新农村建设

按照中共中央和上海市委、市政府关于社会主义新农村建设的要求，如何在新形势下加快郊区发展，在发展中保护农村特色，成为规划系统面临的一个新课题。2006年6月，上海市城市规划管理局、《上海城市规划》编辑部联合举办了“上海郊区特色面貌”规划沙龙。建设部规划司、中国城市规划学会、上海规划建设系统的领导、专家参会并作探讨。本文根据发言内容整理。

尊重农民意愿，遵循客观规律，稳步推进上海新郊区新农村建设，我谈四点意见和建议。

## 一、加快推进新郊区新农村建设，努力构建和谐社会

城市规划工作要从中心城660平方公里扩展到市域6340平方公里，坚持城乡协调发展。新的建设是发展，改造、保护也是发展，而且是更具文化内涵的发展。

## 二、认真落实上海城市总体规划，积极推进城乡规划全覆盖

“1966”城乡规划体系（1个中心城，9个新城，60个左右新市镇，600个左右中心村）的确立，使上海城市规划由城镇向农村地区延伸，实现了城乡规划在市域范围内的全覆盖。推进城乡规划体系建设，是一个不断完善、逐步深化的过程。新郊区新农村先行区的试点工作，要与“一城九镇”及农村宅基地置换试点工作有机衔接，这是对市域“1966”城乡规划体系建设的细化和深化。

推进新农村建设，建议突出六个方面内容：(1) 关键是在农村地区加快推进农业现代化，目的是促进农业生产发展；(2) 农村的本底是生态自然、农田河道、地形地貌；(3) 载体是形态塑造，合理规划农村空间布局，体现具有地域特色的建筑风貌；(4) 重点是农业农田设施、市政交通和配套服务设施建设，以及完善镇级“三个中心”（综合服务中心、卫生中心和文化中心）和村级具有“三室两点”功能的综合服务设施（村委会办公室、医疗室、老年活动室和便民店、健身点），切实提高农民生活水平；(5) 灵魂是体现文化内涵，延续历史文脉，要重视江南水乡、农村风貌的保留、保护；(6) 核心是确立农民主体地位，真正让农民得实惠。

## 三、积极探索具有上海特色的保护和建设之路，稳步推进新郊区新农村建设

新农村建设不是新村建设，不能大拆大建，更不是新一轮房地产开发。

一要认真贯彻中央和市委、市政府方针政策。郊区中心村的规划建设，要分成四种类型稳步推进。要把“保留改造”放在首位，其次是“环境整治、置换搬迁和整体新建”。

二要积极推进规划“四个一”工程。(1) 一批试点：落实一批先行产业园区的试点，初步确定金山(廊下)现代农业园区、青浦金泽镇商榻社区、崇明县陈家镇现代农业园区等8个农业园区为试点基地。(2) 一套规划：因地制宜，各编制一套高起点的总体规划，明确总体规划布局和农业发展目标，发挥规划的先导和调控作用，以利社会各方聚焦试点，扎实推进各项事业的发展。(3) 一本导则：完善一个便于操作的规划导则。市规划局关于新市镇、中心村的规划技术标准和建设导则已经编制完成。要通过试点实践，分层分类，深化完善。(4) 一个机制：健全一个条块结合的运作机制。要市区携手，形成合力，强化郊区规划管理，加强对各区、县规划管理工作的分类指导。

三要分类指导。上海是以近代、现代文化为主的滨海城市，郊区拥有丰富的自然和人文资源，生态环境良好。新郊区新农村建设，要加大对郊区历史文化名镇和32片历史风貌区的保护力度，延续历史文脉，体现文化底蕴。如果说历史风貌区和优秀建筑是“明星演员”，那么，相对集中的江南民居则是“群众演员”。要加强郊区特色风貌的抢救性工作，20户以上相对集中的居民点原则上予以保留，以利于体现农村风貌。

四要更新规划理念，完善工作机制。切实改变以往用“城里人的想法”来编制农村地区规划的思维定式，要深入基层，虚心向农村干部和广大农民请教，不断提高规划编制的质量水平和可操作性。

## 四、统筹协调，把“1966”城乡规划体系建设引向深入

一个城市的规划体系建设，需要花十几年，甚至更长时间扎实推进。要把推进新郊区新农村建设作为规划工作的一个重点，加强郊区规划建设研究。要具体深入、逐步推进，新农村建设不能“设时间表”，不能搞“一

刀切”，要避免重复建设和盲目建设，做到规划不落地不急于建设，标准达不到要求不急于建设。要建一个、成一个，确保质量和实效，为和谐社会建设做出应有贡献。

原载于《上海城市规划》2006年第3期

奉贤新城“上海之鱼” 艾清 摄

区域统筹篇

Regional Coordination

# 新农村将建成啥模样：毛桥村民“对话”规划局长

上海新农村会建成啥模样？对目前正在试点的嘉定区华亭镇毛桥村村民来说，这个问题就摆在自己眼前：老太太关心百年老屋是否会被拆掉；小伙子想外出打工，又担心家中的地没人种；大姑娘有心搞“农家乐”，但不知道如何开始……

昨天，记者走访毛桥村，了解到不少村民对眼下的新农村建设有不少建议和问题。随后，又从上海市规划局得到了局长毛佳樑的相关解读。记录下来，便成了一段发生在上海农民和规划局长之间的“对话”。

从中可以看出，上海的新郊区新农村建设将更加凸显城乡和谐、人与自然的和谐。

## “观音兜”不拆了

一年前，毛桥村农宅改造时，74岁的毛老太特别担心屋顶上的“观音兜”会被拆掉。按乡间说法，“观音

在嘉定区华亭镇毛桥村向村民了解生产、生活情况，左二为嘉定区副区长庄木弟，左三为华亭镇党委书记钱锦良（2005年5月）

兜”是保佑家人安康、风调雨顺的象征。

现在毛老太放心了，改造后，农宅上的“观音兜”被保留下来了。不仅是自己家，村里的百年老屋、知青小屋等也都没拆，成了改造后毛桥村的特色景点。

**政策解读**　上海新农村建设，绝对不能搞成“农民新村建设”。要做到改造之后，屋还是那片屋，邻居还是那些邻居，充分尊重农民意愿。毛桥村的改造，以“保留改造”为主，要做好历史文脉保护和风貌引导工作，城乡一体化不等于“城乡一样化”。

## 富起来机会更多

葛老太在家门口摆摊卖柿子，1元钱2个。毛桥村改造后，她家只留了几分地，种点菜自家吃。现在葛老太享受补贴，生活安逸，但不知如何能让自己家的年收入再高一些。

**政策解读**　农村地区的规划，首先要让农业生产有发展，加快调整农业产业结构。现代农业不能再靠“单干”，必须以农业园区的形式，以设施农田建设

新民晚報

飞入寻常百姓家

XINMIN EVENING NEWS

文汇新民联合报业集团出版

2006年10月14日 星期六

A 新闻 B 专副刊 今日32版

上海市光明中学建校120周年庆典公告

走出小家入大家 上海实施社区"阳光之家"计划 A9·阳光特奥

新华社昨天播发新华时评 领导干部不要搞"小圈子" A14·中国新闻

潘基文昨当选联合国秘书长 A15·国际新闻

上海新农村将建成啥模样?

毛桥村民"对话"规划局长

大字新闻

"三个对接"推进中国特奥运动

2007年世界特殊奥运会代表团团长会议上午在沪召开

"观音兜"不拆了

富起来机会更多

好风景出门就是

贯彻六中全会精神 推进和谐社会建设

"包案制"

听百姓心声 解百姓难题

——本市各方积极为化解基层社会矛盾探路

2006年10月14日《新民晚报》报道

为基础,形成规模生产。要使农村整治工程成为富民工程,让农民富起来的机会更多一些,像"农家乐"、农业生态旅游、"都市农夫园"这些形式,农民都可以尝试。

## 好风景出门就是

路宽了,河清了,家里厨卫设施现代化了。但毛桥村的老百姓还有一个顾虑:会不会再过几年,又来一次大拆建?用胡大妈的话来说:"农民造房子不容易的,拆来拆去受不了。"

**政策解读** 上海的新郊区新农村建设,必须要在规划落地、规划达标之后,才开始建设,绝对不能搞大拆大建。要建一个,成一个,避免重复建设、盲目建设。要根据农村特点,发挥规划的先行作用。现在不搞大马路、不建广场,

“文化中心”的建设也要因地制宜。原先有人提议每个中心村搞一个公园，结果被否定了：农村出门就是好风景，要公园干什么？

## 中心村初定585个

很多毛桥村村民都知道，市里有个“1966”工程，但一些村民不明白，毛桥村一个试点村，用了近一年时间规划建设。将来600个中心村，建设要用多长时间？

**政策解读** 所谓“1966”，就是1个中心城、9个新城、60个左右新市镇、600个左右中心村。从规划上看，“1966”城镇体系有个长期控制和引导的过程，需要花20年甚至更长的时间才能建成并不断完善。目前，新城总体规划已批准8个，41个新市镇总体规划已完成编制，中心村规划数目初定为585个。当前，首要任务是编制好全市中心村的总体布局规划。

原载于《新民晚报》2006年10月14日，首席记者晏秋秋

区域统筹篇 Regional Coordination

# 城乡规划管理与实践

## 在新疆维吾尔自治区领导干部城乡规划培训班上的发言

2011年2月，新疆维吾尔自治区党委举办了为期两天的“自治区领导干部城乡规划专题培训班”，自治区和各地州、市县1300多名各级党政领导干部参加了学习。住建部总规划师唐凯，新疆维吾尔自治区城乡规划工作顾问毛佳樑、夏丽卿、郑时龄、赵民、杨东援、王祥荣和中国城市规划设计研究院副院长王凯应邀授课。本文根据授课内容整理。

很高兴来到乌鲁木齐参加新疆维吾尔自治区领导干部城乡规划培训班。对规划专家组来讲，这是一次很好的学习机会。今天，我讲的题目是“城乡规划管理与实践”，共分为四个方面的内容。

在沪疆两地主要领导的重视和关心下，上海援疆规划专家组于2010年10月中旬组建，并于当月底首次赴新疆开展规划咨询工作。到新疆后，专家组成员又被聘为自治区政府城乡规划工作顾问。由于我们在新疆调研的时间不长，实际的案例还不多，为了便于介绍，我们这次主要结合上海的工作实践，与大家共同交流规划编制、实施和管理中的一些经验和教训，以利于今后少走弯路。希望大家多提宝贵意见。

## 一、坚持科学发展观，充分发挥城乡规划的引领和调控作用

城乡规划工作，是指一定时期内，对城乡经济和社会发展、土地利用、空间布局以及重大建设项目的综合部署和具体安排，是政府指导、调控城市发展建设的基本职能。城乡规划的编制和实施要讲政治经济学，引领和推进城乡健康、有序和可持续发展。

城乡规划是一项战略性、综合性、协调性很强的工作。2008年1月1日正式施行的《城乡规划法》，进一步明确了城乡规划的法律地位、工作目标、基本原则及相关规定。

战略性，体现在城乡规划要对城市未来发展做出预见性安排和前瞻性考虑。综合性，体现在城乡规划要统筹城乡和区域协调发展，要综合考虑城乡各类构成要素，要合理配置地上、地下各类空间资源。协调性，体现在城乡规划要协调各部门、各利益主体之间的相互关系，要加强对生产、生活和生态的相互协调和科学引导。

### （一）充分认识城乡规划工作的重要性

#### 1. 各级政府重要的公共政策

城乡规划是政府调控城乡空间资源的一项重要公共政策。科学合理的规划，有利于城市健康、有序发展，保障城市安全和公众利益。

机遇总是留给有准备的人，城市发展也是如此。城乡规划就是为城市赢得发展机遇所做出的充分准备。“好的规划也是生产力，能使沙土变成金。”

#### 2. 城乡统筹发展的科学依据

城乡规划是落实科学发展观的重要载体。要充分发挥城乡规划的引导和调控作用，统筹人口、产业、环境、基础设施与各类资源等要素，推动城

乡全面、协调发展。一座城市，既要遵循普遍规律，又要根据各个城市不同的性质和特点来制定各具特色的城乡规划。可以说，一个好的规划，也是生产力。

3. 城市管理的一项重要内容

城乡规划既是社会经济发展的蓝图，也是土地出让、各类项目建设的审批依据。规划管理是城市管理系统中的一项重要内容，包括规划编制、审批、实施和监管等工作，贯穿于规划制定和实施的全过程。规划管理部门没有自身的利益，如果说有利益的话，那么就是两句话：一是城市的长远利益，二是老百姓的公共利益。

## （二）提高认识，牢固树立和落实科学发展观

1. 城乡规划工作，必须做到三个“始终坚持”

（1）始终坚持全面发展

要着眼于社会、经济、文化和环境综合效益的体现，促进城市功能提升和生态环境建设的有机统一。

（2）始终坚持协调发展

要注重经济和社会协调、城乡协调以及人与自然的和谐发展，满足人民生活和城乡发展的要求。

（3）始终坚持可持续发展

立足当前、谋划未来，既要考虑当前建设的需要，又要满足城乡未来发展的需求，要为子孙后代留有充分的余地。

一幅优秀的绘画作品，一定要疏密有致，留有空白。一座城市的规划，也要合理布局，留有储备用地，即留有战略发展空间。这样才能进退自如，促进可持续发展。

2. 改变观念，注重三个“逐步转变”

（1）要从注重单一的建筑单体规划和局部地区规划，逐步转变为注重城市总体规划。

（2）要从注重规划的组织编制，逐步转变为注重规划编制、审批、实施

以及监督的全过程管理。

（3）要从注重中心城区的管理，逐步转变为注重市域城乡统筹管理。

**3. 紧密结合实际，切实提高三个方面的能力**

（1）切实提高服务大局的能力

新疆的城乡规划工作，要在全国发展的大格局中，在区域发展的总体部署中，统筹思考与谋划，形成具有中国特色、新疆特点、区域特征的城乡规划体系，切实提高服务大局、服务经济发展和社会稳定的能力。

要认真贯彻落实中央“稳疆兴疆、富民固边”的战略决策，立足“促进新疆经济实现跨越式发展，保持新疆社会长治久安”的目标和要求，精心编制规划，认真实施规划。

（2）切实提高统筹协调、科学发展的能力

城乡规划工作，要围绕城市发展的战略目标，创新理念，统筹各类城乡发展要素。既要有前瞻性，又要具有可操作性。

新疆拥有丰富的矿产资源和优良的生态资源，同时又面临着环境容量、水资源等方面的制约。实现新疆社会经济又好又快发展，切实转变经济发展方式，节约、集约使用土地资源，规划部门要坚持统筹协调，努力学习和提高科学发展的能力。

一个城市的国民经济和社会发展规划，提出了一个时期城市发展的总体目标和计划安排，涵盖了社会、经济和文化发展等内容。城市总体规划依据整个社会经济发展的战略目标，合理安排、优化配置各类资源，将城市发展战略和建设项目落实到具体的城市空间。土地利用规划，侧重于对建设用地总量的控制和基本农田的保护，各个项目的发展都必须落实在建设用地上，不能随意占用农田，特别是基本农田。

实现城市的科学发展，就要促进“三个规划”的有机衔接：既要符合当前“十二五”经济社会发展规划的“总体目标”，又要落实到城乡规划的“空间坐标”和土地利用规划的“用地指标”上。

（3）切实提高“以人为本”、促进和谐社会建设的能力

城乡规划工作，要坚持“以人为本”，要把实现好、维护好、发展好广大

人民群众的根本利益作为城乡规划工作的根本出发点和落脚点。

新疆城乡规划要进一步推动各族人民安居乐业、社会长治久安，紧紧围绕解决就业、教育、住房、交通、环境等人民群众关心的问题，更加注重产业发展和社会公共服务、市政基础等公益性设施的建设，使发展成果更多地体现在改善民生上。

## 二、求真务实，认真实施城乡规划

城乡规划，功能上可分为城市战略和建设引导两个层面，内容上可分为城镇体系规划、城市规划、镇规划、乡规划和村庄规划。其中，城市规划、镇规划又分为总体规划和详细规划，详细规划又可分为控制性详细规划和修建性详细规划。国家《城乡规划法》进一步明确了控制性详细规划的法定地位。

在快速城市化过程中，要有规划才能批准土地使用权有偿出让。千万不能先出让土地，后编制规划，这样不符合法规要求，而且一旦城市要展开重大市政基础设施或者大型公益性项目建设，政府可能就会丧失主动权。

### （一）城乡规划

#### 1. 城市规划

（1）城市总体规划

城市总体规划包括市域城镇体系规划和中心城区规划，主要有以下内容：提出规划期内的城市发展目标、人口规模、产业发展、住宅布局等指导性原则；确定规划区范围、用地规模和布局、空间发展方向（包括禁止、限制和适宜建设的空间范围）；综合交通与绿地建设布局、生态环境保护、防灾减灾措施、自然与历史文化遗产保护、城市近期建设安排等。

（2）中心城区规划

中心城区大多是城市的行政、商业和文化中心，承担着城市的核心功能，在城市发展中具有先导作用，是体现城市化水平的主要载体。

中心城区的规划与建设，就是要使城市总体规划所确定的功能、目标以及重大市政基础设施和公共服务设施，通过各个层面规划和各个专项规划，逐级落地，不断提升中心城区的竞争力和综合服务功能。

比如，上海市域土地总面积为6340平方公里，上海中心城区即外环线以内地区占地660平方公里，约占全市土地的10%，居住了全市近60%的人口。中心城区是城市综合功能的重要载体，在一定程度上体现了城市的繁荣、繁华，但同时也面临着人口密度过高、道路交通拥堵、环境污染等问题。

上海中心城区通过分区规划、控制性编制单元规划和控制性详细规划，分解落实城市总体规划的各项指标要求。结合特大型城市的特点，上海增设了控制性编制单元规划这一层次。中心城共分为6个分区、242个控制性编制单元规划，均已编制完成。

2. 新城、重点城镇规划

新城和重点城镇是所在地区社会经济发展的重要载体，要结合地域特点，依托产业支撑，注重环境容量，积极推进新城、重点城镇建设，充分发挥其辐射功能与带动作用。

(1) 新城、重点城镇发展的"三个要素"

新城、重点城镇建设要在原有城镇发展的基础上，重点突出三个发展要素：产业的支撑、人口的集聚和便捷的交通网络。产业发展是经济实力和地区就业的重要保障。人口集聚是加快新城、重点城镇建设，推进地区城镇化的内在动力。要坚持"以人为本"，逐步推进市政基础设施和各类公共服务设施的配套建设。便捷的交通网络，特别是大容量的公共交通建设，是增强集聚和辐射能力的重要基础，对社会投资、产业发展和人才吸纳都至关重要。

(2) 新城、重点城镇建设的主要功能

一是努力成为地区发展新的引擎。在社会经济发展的新形势、新要求下，不少城镇的现状条件和建设模式已与地区发展不相适应，要充分发挥资源优势，依托现有城镇，统筹编制新城或新城镇的发展规划，通过功能提升和产业转型，不断增强地区发展的竞争力，使之成为新的经济增长点。

二是逐步完善综合服务功能，不断提升新城、重点城镇自身的品质。城镇建设是面向未来的工程，要坚持高起点的规划、高质量的建设，推进产业和城镇融合发展。新城和重点城镇的建设要进一步明确定位，充分依托科技、人才以及服务业的发展优势，不断完善综合服务功能，推进产城融合发展。

三是积极推进各类产业园区的完善、升级和转型，逐步淘汰一些污染大、能耗高的企业，坚持一产、二产、三产的融合发展。产业提升需要人才引进与科技进步，而这些都需要信息、教育、文化和医疗卫生等城市服务设施作为保障。

四是增强对广大农村地区的辐射和服务能力。农民进城，不一定全部到中心城，更多的可就近到新城、重点城镇发展。

（3）新城、重点城镇建设要做到“三个避免”

在快速城镇化过程中，要进一步整合好各类资源要素，积极发挥综合效应，推进城乡统筹和城乡一体化发展。

一是城镇规划建设中，要避免“千镇一面”、缺乏个性。城镇的风貌和形象建设，是物质文明和精神文明的重要体现。要结合当地的文化传统、民族特色和自然地理风貌，体现地域特色和民族风情。要正确定位新城和重点城镇的发展目标和建设规模，推进可持续发展。在规划上，不要盲目抄袭和攀比，不要搞不合尺度的“大广场、大草坪、宽马路”。

二是居住区规划中，要避免整齐划一、布局单调。社区居住建筑，第一要满足使用功能，第二要具有文化观赏功能。居住区规划要注意节约用地，合理布局。要注重社区服务设施和市政基础设施的同步建设。建筑设计要注重环保、节能和低碳的规划理念。现在有些城市的居住区布局，虽然户户朝南很实惠，但是整齐划一，完全像个“兵营”，缺乏灵气和美感。要合理设置街坊道路和停车场地，小区的道路应该“通而不畅”，有利于老人和小孩的安全出行。大型社区的绿化要有层次，既要有中心绿地，又要有小街坊的组团绿化，便于居民休闲、活动。社区建筑要关注轮廓线，建筑群应有高低错落，千万不能全部“剃平头”。建筑外立面要富有变化，积极创造优美的居住环境。可以说，同样的土地，不一样的规划设计，最终的效果往往会有很大的差异。

三是住宅建筑设计中，要避免房型简单、功能缺失。房型设计要结合当地气候特点和民族特色，合理布置生活环境和居住空间。房型设计要讲究经济、实用，注重功能完备，包括设置储藏空间，以满足家庭生活起居的需要。

3. 新农村规划

（1）坚持城乡统筹，推进城乡一体化发展

统筹城乡各类资源，在市域范围内合理配置教育、卫生等公共服务设施和供水、供电等市政基础设施。“城乡一体化”不等同于“城乡一样化”。新疆建设一座现代化城市，既要有经济繁荣、配套齐全、生活便捷的中心城区，也要有青山绿水和牛羊成群的乡村地区。

（2）推进安居富民工程，保障基本生产和生活需求

在规划过程中，要因地制宜，把农（牧）民生活、农（牧）业生产、农村生态和地方风俗有机结合。要注重节约和集约用地，优化房型设计，大力推广环保节能材料和新能源的利用，做到“占地不大功能全、造价不高质量好”。同时，要注重完善社区服务配套设施和市政基础设施。住房建设要充分利用地形地貌，运用自然通风、采光、防风等设计手法，进一步提高居住质量。

在安居富民工程中，“人畜分离”是发展趋势。我们调研了喀什地区莎车、泽普、叶城和巴楚四县的一些安居富民工程项目。通过实践，积极探索“人畜小分离”“人畜大分离”的布局模式。我们感觉“人畜小分离”模式很受当地农牧民欢迎。在每家每户的院子里，向阳房间住人，侧向房屋养家畜，也种了一些蔬菜，庭院中间搭了个葡萄架，有分有合，一家人生活在一起，其乐融融，这就是建设和谐社会的基础。如碰上娃娃要上学，老人生病了，牲畜蔬果随时可以卖了换钱。当地的农村干部告诉我们，农民家里养羊，就像在银行里存款，还是希望把钱袋子放在自己的口袋里。当然，家庭卫生问题也

要注意。城市化进程发展到一定阶段，一部分地区也会逐步走向"人畜大分离"的布局模式。

（3）尊重农（牧）民意愿，实施分类指导

要结合当地的生产方式、地理环境与资源条件、民俗风情，通过多种渠道，主动征询农（牧）民的意见，制定符合当地实际的安居富民工程规划导则，分类指导、有序推进。

不能简单地用城里人的规划理念、设计方法，去规划建设农（牧）民的安居工程。规划编制要进行充分的实地调研，广泛听取农（牧）民的意愿，鼓励干部和村民积极参与讨论。在规划中，要尽力保护自然生态，避免华而不实的人工造景，不断提高广大农（牧）民的居住质量和生活水平。

## （二）产业布局规划

产业布局规划是城乡总体规划中的重要组成部分。要按照城市发展的目标和定位，结合产业特征和发展需求，既要积极推进先进制造业和现代服务业，又要大力提升传统服务业，努力培育现代农业，统筹协调各类产业的功能定位、发展规模和用地布局。

### 1. 产业布局规划要体现的几个原则

（1）明确产业发展导向，大力推进产业提升和结构转型；（2）注重资源节约与有效利用，要立足资源特点，统筹区域内产业布局；（3）依托当地人文、自然环境等资源优势，积极推进产城融合发展，不断提高产业园区的综合效益；（4）坚持生态建设和环境保护，特别要注意水资源的保护和合理利用，推进城乡可持续发展。

### 2. 产业园区建设

产业园区建设要明晰功能定位、统一编制规划、相对集中布局、分步有序实施。如上海漕河泾开发园区，规划总用地面积为5.29平方公里，园区东部集中了航天、电子、仪表等一大批国有企业和研发机构；园区中部是以"循环经济、节约经济、绿色经济"为主题的生态型产业园；园区西部重点建设现代服务业集聚区和科技绿洲园区。经过二十多年的发展，漕河泾开发区已逐步建成具有国际竞争力的高新技术产业基地、高新技术和产品出口基地、现代服务业基地，成为推动上海经济结构调整和经济增长方式转变的产业示范区之一。

漕河泾开发区建设突出了五个方面的特点。一是产业的转型和升级。从最初的出口加工和服务贸易逐步转型为以高新技术和技术创新为主、集聚总部经济的新型产业园区。二是资源的集约利用。逐步淘汰能耗大、产能低的落后企业，实施“腾笼换鸟”，注重土地的二次开发，合理高效利用园区土地。三是不断提升土地的产出率。目前，园区的土地产出率为280亿元/平方公里，在上海各类园区中名列前茅。四是品牌的辐射效应。充分发挥漕河泾开发区的品牌优势，在闵行区的浦江镇建设拓展区域（浦江高科技园），形成浦东、浦西联动发展的格局，并辐射到长三角地区。五是园区和城镇的融合发展。浦江高科技园的建设结合浦江镇的商务办公、生活居住、公共服务等功能统筹考虑，促进园区的可持续发展。

### 3. 现代服务业

现代服务业是城市发展转型的重要基础。要坚持“以人为本”，创新发展，积极推进传统服务业的提升和现代服务业的健康、有序发展，促进城市增长方式转变、产业结构调整，不断优化城市空间布局。

上海围绕城市功能提升，规划形成黄浦江、苏州河以及延安路—世纪大道三大现代服务业集聚带。同时，建设普陀区长风生态商务区、虹口区北外滩航运服务区、青浦区赵巷商业商务区等20个现代服务业集聚区。

## （三）住房与社会公共服务设施规划

### 1. 住房建设规划

（1）明确发展目标，加强规划引导。住房规划布局要根据城市总体规划和“十二五”规划要求，与人口分布和产业发展相衔接。同时要因地制宜，做好《住房建设规划导则》的制定，如房型、户型标准，配套设施要求等。

（2）完善住房体系，加大保障性住房建设的推进力度。不断完善保障性住房和房地产市场两大体系，同步推进，做到租售并举。

（3）积极推进旧城和危旧住房改造，努力提高市民的居住水平、改善环境质量。

（4）强化土地管理，优化供应结构。按照国家宏观调控的要求，合理确定新增住房用地总量和年度计划，特别是加大保障性住房土地的供应力度。

2. 社会公共服务设施

公共服务设施具有公共性、普惠性和社会性。要加强公共服务设施的规划与建设，努力营造一个设施完善、安居乐业的和谐环境。公共服务设施应与城市空间结构相协调，做到集中与分散相结合，方便市民工作、学习和生活。

（1）科教文卫设施

统筹规划科、教、文、卫、体和养老等各类公共服务设施建设，土地要合理预留，禁止随意转性。如上海编制完成的《杨浦知识创新区发展规划纲要》，以创新为动力，推进大学校区、产业园区和居民社区的“三区融合、联动发展”。

针对新疆的实际情况，要进一步发展双语教育，特别是职业教育，建议各地要编制教育、文化等专项规划。我们曾参观了莎车县的职业学校，这里既能使学生学到文化知识，又能帮助学生学习生产技能，为他们创造就业机会。同时，学生在学校住宿，也有利于他们体验集体生活，推进双语教育。新城、重点城镇和大型产业园区的建设，最好能把职业教育统筹规划进去。一个地区的发展，对当地群众来说，教育要先行，就业是根本。

（2）其他公共服务设施

进一步加强与市民日常生活密切相关的公益性设施规划建设，在增加公共服务总量的同时，不断优化公共服务设施的结构和布局。

例如，近年我们在上海的中心城做了两个布局规划，在网上作了公示，也请了人大代表、政协委员、街道干部和市民群众共同讨论。老百姓很认可，开玩笑地将其称为“进、出口规划”，这就是《上海中心城区菜市场布局规划纲要》和《上海中心城区公共厕所布局规划纲要》。

（3）社区服务设施

进一步推进以社区事务受理中心、卫生服务中心和文化活动中心建设为重点的社区“三中心”配套设施建设，不断完善各项公共服务设施的建设标准，努力提高社区服务水平。

我们原先认为上海社区公共服务设施的标准已经比较齐全了，但在新的形势下，问题就暴露出来了，如养老设施、社区文化活动场所和老城区的公共绿地等标准，要根据新的需求有所修改和完善。

## （四）专业系统规划

各类专业系统规划，既是城市总体规划的重要组成部分，又是进一步统筹市政、交通、公共服务、生态环境等专业系统发展能力和用地布局的重要内容。

### 1. 综合交通

城市综合交通可以划分为城市对外交通和城市内部交通两大部分。综合交通问题不是从单一的交通形式来探讨，而要统筹各种交通方式，对各类交通流量开展总量分析和预测研究，并对各类交通方式的线路与设施进行统筹规划，形成合理分工、紧密衔接的综合交通体系。

（1）轨道交通

① 加快建设以轨道交通为骨干的公共交通体系

上海在完成全市第三次交通大调查的基础上，编制完成了《上海城市轨道交通网络深化方案》，通过进一步深化、细化，逐步做到各条线路各个枢纽站点的统筹规划。

对于具有一定人口规模的城市来说，市民的出行主要依靠公共交通。尤其是一些大城市，如乌鲁木齐市，今后还是要依靠大容量的轨道交通。目前，上海轨道交通长度已达到420公里。到2012年底，规划建成13条轨道交通线，总长约570公里，形成轨道交通的基本网络。上海已编制了远期规划，将建成21条线路共计约1000公里。

② 规范轨道交通站点及周边地区建设

在规划和建设过程中，我们发现一些轨道交通站点旁边明明有社会停车库，但是地下不能相互连通；周边有一些公共建筑，如商场、酒店，但是没有相互衔接设置出口，而且轨道站点周边的道路标高也不一致，为今后的连通留下了隐患。为此，规划管理部门组织编制了《中心城轨道交通车站及周边地区控制规划》，经市政府批准，并通过制定相关的规划管理规定，保证轨道交通车站的交通功能以及规范站点周边地区的开发建设，确保车站配套设施落地。

③ 加快推进综合交通换乘枢纽建设

上海在中环线规划建设过程中，对道路沿线的17处“边角料”地块实行了规划控制，把它作为区域内的“P+R”交通换乘枢纽，承担社会停车和换乘功能。在此基础上，市规划局会同建设、交通等部门，编制完成了《上海市客运综合交通枢纽布局规划》，并报市政府批复。上海共规划了145处交通枢纽，以功能和规模区分，分为四种类型，世博会召开以前已完成60处。所以，对于一些零星地块，规划管理部门首先要多考虑与公益设施联动。

（2）铁路

铁路规划方面，上海至2020年形成5个方向共9条干线，“四主、三辅”的铁路客站格局。

高铁的建设，改变了城市的出行方式，是城市发展的有利契机。但是铁路线网，包括客运、货运线路的设置，如果处理不当，也可能给城市布局造成分隔。一个好的规划，要兼顾城市发展和铁路建设，争取求得双赢的局面。

（3）公路

为更好地服务长三角建设，加强长三角地区联通，上海与江浙两省的联系通道已达31处，共计122个车道。

通过对各类交通方式的分析、预测，城市综合交通的规划布局和建设规模正逐步趋向合理。

### 2. 生态绿化

完善城市生态绿化规划，健全城市生态空间体系，落实生态建设相关政策和实施机制，维护城市生态安全。如上海通过开展《上海市基本生态网络规划》的实施研究，进一步维护城乡生态底线。

### 3. 地下空间

地下空间是城市重要的空间资源。城市地下空间的开发利用是充分利用土地资源、促进城市节约集约发展的必然要求。新疆维吾尔自治区党委主要领导很重视这项工作，乌鲁木齐市已经在规划推进地下空间的开发利用。

上海在编制地下空间规划的时候，首先设置了一个“游戏规则”，明确地下空间开发规范，即浅表层（0至–15米）、中层（–15至–40米）、深层（–40米以下）的分层分类开发原则，以利于推进地下空间的有序建设。

近几年，上海编制完成了地下空间概念规划、近期建设规划，明确了总体布局，制定了开发规则和程序，并确定了中、近期建设重点。

### 4. 市政基础设施

编制高压走廊、变电站、水源地、污水厂、垃圾焚烧和垃圾填埋场等重大市政基础设施规划以及河道水系蓝线、市政设施黄线规划等。

（1）中心城区22万伏及以下变电站专项规划

近年来，上海出现了一些市民针对高压变电站建设问题集体上访的事件。市规划局会同电力部门作了全面调查后发现，中心城660平方公里范围内，规划的22万伏及以下的变电站就有88个，其中将近一半已经建成或在建，还有一半尚未开工。市规划局会同市电力部门抓紧编制了中心城电力设施建设的专项规划，明确了每一个变电站用地的四至范围，预计建设年限，做到了规划落地，并向社会公示，避免今后产生社会矛盾。规划工作如果做得深入、细致，就有利于社会稳定；否则，就有可能引发不少社会矛盾。

（2）移动通信基站专项规划

随着移动通信业务的发展和普及，3G新技术的应用和手机在线视频业务的提供，基站建设呈现信号覆盖半径越来越小、站址资源日趋紧张的局面。以往多家移动通信运营商各自为政、重复建设，造成十分严重的土地和空间资源浪费，加大了统筹管理的难度，也造成了对城市景观的影响。

通过调查，上海对移动通信基站做了专项研究和规划，并尝试逐步推进基站的共建共享。经分析，全市规划移动基站共需一万余个，目前已建成4000多个，在建3000个左右，待建还有3000多个。中国移动、中国联通和中国电信等运营商也希望实现共建共享，不断提高基站的使用效率，同时减少对城市景观和市民生活的干扰。

5. 历史文化风貌

城市历史文化风貌是城市文化遗存的重要组成部分。保护城市的历史风貌不仅是延续历史文脉的需要，也是保持和发扬城市特色的需要，有利于提升城市品位，弘扬中华文化，塑造城市精神。

新疆维吾尔自治区的规划与建设要体现现代化和地域特色的有机结合，多元文化兼容并蓄，体现多民族的和谐发展。

上海各区在大规模的旧区改造过程中，也有过不少值得吸取的教训。例如，一些颇具地方特色的石库门弄堂被拆除，拔地而起的往往是高容量的摩天大楼，城市空间被大量的玻璃幕墙所占据。又如，一些历史街区经过改造，马路拓宽，房屋整齐，但失去了原有的风韵和灵气。针对城市的快速建设和改造，上海市政府提出城市规划要用最严格的制度，来保护上海历史文化风貌区，保护优秀历史建筑，并建立了相应的保护体制和机制。

目前，上海在历史风貌和优秀建筑保护方面，建立了“点、线、面”三个层面的保护体系。“点”，即优秀历史建筑。目前上海全市已有四批经批准的优秀历史建筑，共632处，计2138幢。市房管局对相关管理和技术规定已经编制完成。“线”，即历史风貌道路和街巷。市规划局制定了《上海市风貌保护道路（街巷）管理若干意见》，已经市政府批准，对144条历史风貌道路和街巷采取多种方式分类保护，对其中的64条一类风貌道路原汁原味地加以保护，被老百姓称为“永不拓宽的道路”。

“面”，即中心城和郊区的历史文化风貌区，也要同步编制保护规划。中心城区12片约27平方公里的历史文化风貌区保护规划，已全部编制完成并经市政府批准。郊区确定了历史风貌区32片约14平方公里的保护范围，并编制了相应的保护规划。

6. 城市安全

城市安全是城市可持续发展的重要保障，也是关系到城市社会经济发展的全局性战略问题。要根据城市性质、规模和特点，积极开展城市安全战略研究，以及编制防灾减灾等涉及城市安全的各类专业系统规划。乌鲁木齐城市规划区范围内有地震断裂带，要积极做好抗震防灾专项规划。

7. 其他专业系统规划

其他专业系统规划，如城市景观风貌、户外广告等。

上海在“迎世博”期间，编制完成了《户外广告设施阵地规划》，划定了禁设区、控制区和展示区，明确了相应的控制管理规定，为便于操作实施，已把这些规划落实到地区的控制性详细规划之中。

## （五）重点地区规划

重点地区是对城市发展布局、功能提升、环境改善和形象展现有着重要影响的区域。

因时间关系，只能重点介绍黄浦江两岸地区规划和虹桥综合交通枢纽地区规划。

1. 黄浦江两岸地区规划

黄浦江两岸综合开发，是进入21世纪上海城市建设的重大战略决策。2002年1月，上海市委、市政府领导提出了“百年大计、世纪精品”的发展目标，对上海调整产业结构、提升城市功能、服务市民生活、塑造城市形象，具有重要的战略意义。

黄浦江两岸地区开发，既有危棚简屋的拆除、改造，也有许多工矿企业、码头和仓库的搬迁。开发过程中逐步“还江于民”，初步形成了融合城市生产、生活、休闲、旅游于一体，具有活力的现代服务业集聚区和滨水生活地区，起到了“退二进三”的示范效应。特别是中国2010年上海世博会的成功举办，对黄浦江两岸地区的综合开发起到了有力的提升和推进作用。

2. 虹桥综合交通枢纽地区规划

虹桥综合交通枢纽地区的规划建设，既是服务国家战略的需要，也是促进长三角地区协调发展，进一步提升上海城市功能的重要载体。

虹桥综合交通枢纽的建设，是落实国家战略，抓住了国家航空枢纽建设和高速铁路发展的有利契机，大致可以分为三个阶段。第一阶段：初步规划选址研究；第二阶段：虹桥综合交通枢纽规划（26平方公里）；第三阶段：虹桥商务区规划（86平方公里），商务区的基本框架初步形成。

虹桥综合交通枢纽地区规划对大虹桥地区从城市规划上作了功能定位，使其成为上海面向长三角的商务中心、服务全国的综合交通枢纽、促进国际贸易的重要平台。

目前，虹桥综合交通枢纽内的机场、高铁等交通设施已交付使用，轨道交通2号线、10号线也已通车。商务部与上海市共同推进的中国博览会园区以及虹桥商务核心区规划正在抓紧编制中。

## 三、探索实践，不断完善规划管理的体制机制

建立目标明确、分工合理、运转高效的管理体制和运作机制，是确保规划落地、提高规划效能的重要保障。

### （一）健全规划管理体制机制，大力提升管理效能

体制机制建设是推进科学管理的重要基础，市政府明确要求强化各级规划管理机构职责，完善管理体制，加强队伍建设。

健全市规划委员会组织机构，充分发挥市规委会在城市重大规划方面的协调和决策作用，以及专家的决策咨询作用。

深化完善管理机制，规范各级规划管理部门的工作职责。市局以前瞻

性和全局性的规划编制和审批为主。各区县局按照批准的控制性详细规划进行建设项目审批和管理。市局加强规划检查和执法监督。要按照规划管理决策、执行、监督“三分离”和规划编制、审批、执行“三分开”的原则,市、区联动,大力提升规划管理效能。

强化规划协同管理。新疆维吾尔自治区各地、州要进一步完善地方、部队、兵团、国家产业园等规划的协同管理机制,要处理好规划审批中“几支笔”的问题。一个城区的总体规划,必须明确由一个管理部门进行审批,各条块根据各自职责,按照批准的规划推进实施。

建立和完善规划的评估机制。各级管理部门不得随意调整已获批准的规划,如确需修改,必须严格按照程序办理。特别是总体规划层面,在修编前必须做好评估工作。

## (二)强化法规规章建设,确保规划有效实施

深入贯彻实施全国人大通过的《城乡规划法》,注重技术规范和管理规章的制定。通过制定包括规划审批、项目管理、监督检查、信息公开等方面的规范性文件,进一步明确规划管理的工作程序,细化工作界面,切实提高依法行政水平。

同时,根据住房和城乡建设部的要求,要深入开展城乡规划效能监察,对各级规划管理部门以及派出机构,定期开展检查。

## (三)加快信息化建设,深入推进“阳光规划”管理

加快城市规划信息化建设,以地理信息系统和规划系统网站为平台,大力提高城市规划现代化管理水平。

近几年来,上海积极建设“阳光规划”电子政务信息系统,实现规划行政审批依据、过程、结果的公开透明,依法规划。

### 1. 全面实施建设基地统一编码制

对每个建设基地实施统一编码,作为基地唯一的“身份证”,便于日常管理和查阅。

### 2. 开展电子信息系统应用和基础数据库建设

将已获批准的总体规划、控制性详细规划和专业系统规划有序整理入库。

### 3. 推进"阳光规划"管理，开展项目审批指标比对

对于建设项目，要通过电脑使申报件与控详规划的指标进行自动比对，只有刚性指标一致才可以进入下一个环节。这样，针对建设用地规划许可、建设工程规划许可以及竣工验收，各个重点环节也都能够进行刚性指标核对。

### 4. 积极探索三维空间模型辅助审核

探索推进三维地理信息系统建设工作，建立全市统一的三维空间数字模型。特别是对重点区域、重点项目，通过在三维环境下进行多方案、多因子辅助审核，不断提高规划管理效能。

## （四）加大公众参与力度，积极做好规划公开工作

在规划信息数据库的基础上，加大信息主动公开力度。加强规划管理部门政府网站建设，通过"网上办事""方案公示"等内容，加大公众参与力度，真正使规划网站成为宣传规划的阵地、联系群众的桥梁、服务社会的平台、接受监督的窗口。

我们在工作中深切感受到，与其等到项目审批后引发社会矛盾，还不如在项目审批前多听取群众意见，这就需要增加规划工作的透明度。这既是对各级干部的工作要求，其实也是对管理干部的一种有效保护。

## （五）统筹协调，推进"两个规划"的融合

两个规划，即城市总体规划和土地利用总体规划。两个规划的融合，关键是统筹，要统筹协调城乡发展的各项要素；重点是衔接，要处理好城市总体规划、土地利用总体规划和近期建设规划要素的衔接；核心是落地，要确保基本农田落地，合理确定建设用地规模和布局，促进土地资源的节约和集约使用。

## 四、积极处理好五个方面的关系，促进城乡可持续发展

当前，我国正处于新的发展战略机遇期，新疆也面临实现跨越式发展、推进社会长治久安的关键时期，任重而道远。面对城乡建设的新形势、新要求，城乡规划工作要坚持科学发展观，积极处理好五个方面的关系，充分发挥城乡规划的调控和引导作用。

### （一）积极处理好“规”与“划”的关系

“规”是规矩，是规范，没有规矩不成方圆；“划”是筹划、策划，解决的是法规、规范的落地问题。“规”，需要依托法规规章的支撑，要严格依法行政，按规范审批项目；“划”，就是要探索和实践，讲究操作，更多的是依靠体制、机制的运作，提高工作效率。

城乡规划工作，要依据法规、规范，如《城乡规划法》《城乡规划条例》等，统筹考虑社会、经济和环境效益，谋划城乡发展全局，促进社会稳定，体现理论与实践的结合。在城市发展中，既要有“规”，又要有“划”，相辅相成，缺一不可。

### （二）积极处理好经济建设与社会发展的关系

城乡规划工作，是一项保障社会公共利益的重要公共政策。要坚持服务社会经济发展，促进社会长治久安，不断优化城市空间布局，推进产业结构调整，转变经济发展方式。同时，坚持以服务人的全面发展为核心，把“以人为本”的理念融入、渗透到规划之中。要加强公共空间管理，健全社会公共服务体系，完善市政设施建设，加大规划公开和公众参与的力度，切实维护人民群众的根本利益。

### （三）积极处理好近期建设与长远发展的关系

城乡规划是实现城市发展目标的重要手段。要把握宏观性、注重前瞻性，既要服务近期建设，又要关注长远发展；既要立足当前，又要放眼长

远，为城市可持续发展留有充分的余地。当近期建设和长远利益发生矛盾时，应服从长远发展，切不能急功近利，给未来留下缺憾。对于一个城市来说，千万不能留下难以逆转的后遗症，这是城乡规划工作的底线。

## （四）积极处理好资源承载与经济发展的关系

城乡规划工作，涉及城市社会、经济、文化、环境等多方面内容，是一项综合性、协调性很强的工作。既要遵循经济规律，又要遵循自然规律；既要加快经济发展，又要注重生态环境效益。要充分考虑土地承载力、资源支撑力和社会承受力，积极推进资源节约型、环境友好型城市建设，实现新疆城乡经济、生态资源协调发展。

新疆地区水资源有限，人口的集聚、产业的发展要把握好度，要注重水资源的统筹和节约使用，加强环境保护和生态建设。

## （五）积极处理好保护与发展的关系

城乡规划工作，既要促进地区开发建设、增强经济活力，又要体现历史文化风貌、延续历史文脉。新的建设是发展，对历史城区的保留、保护也是发展，而且是更具文化内涵的发展。要用严格的保护制度、更加主动的保护举措，保护历史文化风貌区和优秀历史建筑，彰显城市现代化建设与历史文化相互交融的独特魅力。

收录于《推进新疆新型城镇化发展——城乡规划专题》（中国建筑工业出版社，2012年）

区域统筹篇 Regional Coordination

# 新形势下对新疆城乡规划的思考

## 正确处理八个方面关系

2011年12月，应新疆维吾尔自治区人民政府的邀请，自治区城乡规划工作顾问毛佳樑赴哈密市，为自治区各地州、市县城乡规划和建设系统的主管领导及技术管理干部进行城乡规划专题授课。本文根据授课内容整理。

随着新疆社会、经济的发展，我们每次到新疆都十分惊喜和感动。特别是从中央新疆工作座谈会召开以来，自治区和各地州领导都非常重视城乡规划，在全国19个省市援疆队伍的全力支持下，新疆的跨越式发展和长治久安有了一个良好的开局。

2010年10月底以来，在自治区住房和城乡建设厅的安排下，我们作为自治区城乡规划工作顾问，已经到6个地州的25个市县进行了学习、调研，很受教育和启发。

今天，结合这一年专家组在新疆各地的学习实践和规划顾问工作，围绕正确处理八个方面的关系，我谈一些对新疆城乡规划工作的初步思考和体会，与大家进行交流。不妥之处，请各位领导和同仁批评指正。

## 一、正确处理项目建设与城乡规划的关系

### （一）从项目建设说起

项目建设是新疆当地城乡建设和各地援疆工作的重要内容。特别是对援疆项目建设来说，大家总是希望早规划、早启动，尽快落实土地和资金，促进项目的开工建设。在这个过程中，建设项目必须按照城乡规划的要求，合理、及时编制规划，处理好项目规划与上位法定规划的关系，包括市、县总体规划和控制性详细规划。

国家《城乡规划法》明确要求，控制性详细规划是土地出让、项目审批的法律依据。

### （二）自治区城乡规划体系

为进一步加强城乡规划管理，协调城乡空间布局，在规划区范围内进行建设活动，必须制定和实施城乡规划。

城乡规划包括城镇体系规划、城市规划、镇规划、乡规划和村庄规划。新疆各地、州的面积很大，自治区下设几个层次的行政管辖区，要按照“一级政府、一级规划、一级事权”的原则，组织编制规划。

#### 1. 自治区城乡规划编制体系

建议自治区规划编制体系分为五个层面。

第一个层面：自治区城镇体系规划。

第二个层面：地、州城镇体系规划。

第三个层面：城市总体规划和县总体规划。城市总体规划主要包括市域城镇体系规划、中心城区规划两部分内容。县总体规划，包括县域城镇体系规划和县城区规划。城市总体规划和县总体规划还应包括一些专

项规划,如产业发展、生态环境保护、防灾减灾等。

第四个层面:镇总体规划和乡规划,包括控制性详细规划。

第五个层面:村庄规划。

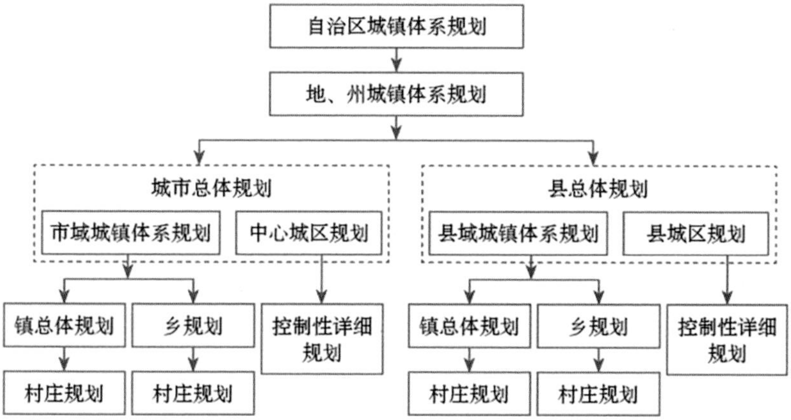


自治区城乡规划编制体系示意图

## 2. 自治区城乡规划体系构成及其相互关系

自治区城镇体系规划,是自治区政府对区域经济社会发展实行宏观调控与规划引导的重要手段,要发挥六个方面功能。一是发挥上下衔接的功能;二是发挥重大基础设施布局的综合指导功能;三是发挥协调重点镇、专业镇和一般镇布局的功能;四是发挥资源保护和利用的统筹功能;五是发挥重大开发建设项目布局的功能;六是发挥协调城市之间发展与合作关系的功能。

自治区城镇体系规划具有双重属性,衔接了区域城乡总体规划和国土利用规划,对于全区的城乡建设具有重大的指导意义,按程序需上报国务院审批。同时,自治区城镇体系规划要指导地、州城镇体系规划的编制,引导城镇合理布局和城乡协调发展。

地、州城镇体系规划要对行政管辖范围内的市、县提出编制要求,并为城市总体规划的编制提供依据。在城市总体规划中,无论中心城区、县城区还是镇区,都要制定总体规划和控制性详细规划。

总结上述规划之间的关系，下位规划必须按照上位规划的要求进行编制。

## （三）各个层面规划的主要内容

### 1. 自治区城镇体系规划

主要内容：明确城乡统筹发展的总体要求、城镇空间布局、规模控制标准和强制性内容，提出区域重大基础设施、公共服务设施布局，提出资源和生态环境保护的要求，制定城市化和城市发展的战略等。

目前，自治区城镇体系规划已基本编制完成。2008年1月1日国家《城乡规划法》实施以后，自治区发布的实施办法也明确要求各地、州编制城镇体系规划。各地、州城镇体系规划，既是自治区城镇体系规划的深化和细化，也是对行政区内各市、县总体规划编制的指导。各地、州城镇体系规划的主要内容构成，基本上与自治区城镇体系规划相类似，需要报自治区政府审批。

### 2. 城市总体规划

城市总体规划包括市域城镇体系规划和中心城区规划。

主要内容：明确一定时期内的城市性质、发展目标、布局结构、人口规模、综合交通布局，禁止、限制和适宜建设的地域范围，各类专项规划等。确定规划区范围、用地规模、产业发展、公共服务设施、市政基础设施、资源利用、生态环境保护、基本农田和绿化用地、自然与历史文化遗产保护以及防灾减灾、近期建设规划等内容。

一般城市总体规划的期限是20年，近期建设规划的期限为5年，通过编制近期建设规划，把城乡规划、土地利用规划和经济社会发展规划有机结合起来，以利于相对集聚、有序开展建设。

县总体规划可参照城市总体规划进行编制。

### 3. 镇总体规划

镇总体规划包括镇域规划和镇区规划两个方面的内容。

主要内容：镇的发展战略和发展目标、产业发展布局、镇域人口规模、空间管制分区。镇区性质、规模，村庄发展布局，统筹配置道路、交通、供水、供电、排水等市政基础设施和公共服务设施，历史文化保护和传统特色保护内容和要求等。

乡规划可参照镇总规编制，应当包括本行政区域内的村庄发展布局。

4. 村庄规划

主要内容：规划区范围，住宅、道路、供电、给排水、垃圾收集、畜禽养殖场所等农村生产生活服务设施、公益事业等各项建设的用地布局和建设要求，以及对耕地等自然资源和历史文化遗产保护、防灾减灾等具体安排。编制村庄规划，要突出重点，简洁明了，图文并重，便于实施。

乡、村规划，一定要坚持从农村实际出发，尊重村民意愿，体现地方和农村特色。通过村庄规划的编制，改变以往乡、村庄没有规划或者原有规划已不适应农村发展需要的状况。

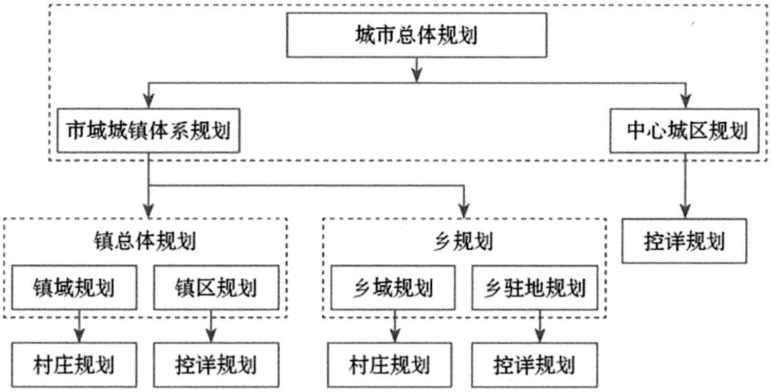


城市总体规划编制体系示意图

5. 制定和实施城乡规划必须遵循的基本原则

制定和实施城乡规划，要坚持五项原则：(1) 城乡统筹原则；(2) 合理布局原则；(3) 节约土地原则；(4) 集约发展原则；(5) 先规划后建设原则。

自治区政府提出，要在两年内完成乡镇、村庄规划的编制工作，五年内完善全疆地、州城镇体系规划。应该说，工作量大、时间紧、任务重。根据住建厅统计数据，目前自治区建制镇180多个，其中没有编制规划的43个，需要修编规划的113个，共占总数的85%。需要编制规划的乡共有650个左右，其中没有规划和需要修编规划的各有270多个，加起来共有540多个，也占总数的85%。村庄有将近8000个，没有编制规划的5700多个，需要修编的1600多个，共占总数的92%。

规划的编制重在质量。因此，建议各市、县选择若干个重点镇、专业镇和一般镇作为典型案例，开展规划编制的试点工作。同时结合在自治区层面开展的“规划导则”的研究和制定，以点带面，更好地指导面上乡镇和村庄规划的编制工作，以利于保质保量完成任务。

## 二、正确处理城市发展与功能定位的关系

城乡规划是政府指导城乡建设与发展、调控城乡资源合理配置的重要公共政策之一。城市的性质和功能定位，要体现城市的发展目标，决定城市发展路径，这是城市总体规划要研究和确定的首要内容。

### （一）全面分析城市各类要素，合理确定城市的性质和定位

阜康市作为乌昌（乌鲁木齐、昌吉）都市圈的重要城市之一，拥有宝贵的天山、天池以及丰富的煤炭资源。城市在发展过程中如何定位呢？阜康市领导和我们顾问组一起沟通和探讨：是把旅游业还是煤化工产业作为主导产业？最后市领导明确要以旅游业作为城市发展的主导产业，创建“天池文化旅游名城”，我们非常赞同。天池不仅仅是阜康的“名片”，也是乌昌地区的，更是新疆的一张“名片”，应该通过旅游文化名城的建设来带动阜康城市的发展。如果把旅游业作为主导产业，城市布局就要为这个定位服务。通过更好的公共设施建设、生态环境保护和合适的交通运输系统，为旅游业发展提供重要支撑。城市的性质和功能定位决定了今后城市的发展方向，城市规划要为实现城市的发展目标做好各类要素的布局和调控。

### （二）积极发挥中心城市在区域发展中的重要作用

伊宁市是伊犁哈萨克自治州的首府城市，也是伊犁河谷地区的经济中

心城市。在区域内，伊宁市既要为伊犁州服务，也要为霍尔果斯口岸服务，一定要考虑其作为首府城市的综合服务能力。伊宁市要加快公共服务设施和基础设施建设，努力提升传统服务业，大力发展现代服务业，如信息、金融、现代物流、中介服务等，还要在地区和口岸经济发展所需的人才、文化、教育、住房等方面做好服务工作。这样，才能对城市的性质和功能有一个清晰的定位和提升。

## （三）以中心城市发展为引领，继续推进新型城镇化建设

自治区常务副主席黄卫特别提出，希望就城市发展问题进行一些讨论。我在想，快速发展中的新疆，地大物博，既有首府城市乌鲁木齐，还有很多中小型城市。对于如何发挥各类城市的作用，我们也在思考和学习。

### 1. 着力提升城市群的综合竞争力，充分发挥示范引领作用

城市是先进生产力集聚的地方。比如以乌鲁木齐市为核心的城市群，人口规模大、经济实力强、发展速度快，在新疆城镇化进程中要起到“龙头”作用。在北疆和南疆地区，还有一些中心城市，如伊宁、喀什、库尔勒等，也要起到区域的引领作用。特大型城市和区域中心城市，要努力增强综合服务功能，充分发挥其集聚和辐射的主导作用。例如，大城市往往和外界有广泛的联络，对一定范围内的各类资源配置，能起到统筹和协调的作用。要利用大城市搭建大平台，吸引大机构，产生大流量。特别是国内的一些产业大机构、地区总部，在中心城市集聚，有利于使人才、资源、信息、资金加速流动，推动区域社会经济发展，这是一般城市难以企及的。

### 2. 充分发挥地区、自治州中心城市的集聚和辐射作用

新疆有许多地、州的首府城市，它们不是孤立地自我发展，而是在地、州的经济发展中起到集聚和辐射作用。在新疆维吾尔自治区，除乌鲁木齐市外，其他城市的首位度还不高，辐射力和吸引力还不强。现在东部沿海地区已在同步推进城市和重点镇的发展，从新疆实际情况来看，近阶段还是要重点推进大、中城市的发展。提高中心城市的经济主导功能和综合服务功能，这也是区域中心城市发展的着力点。

3. 城市发展要协调产业、人口和交通要素的相互促进和同步提升

城市发展需要有三个要素的支撑：一是产业的支撑，二是人口的集聚，三是交通的便捷。产业是城市发展的基础，人口体现城市的规模和功能，交通是传递城市集聚力和辐射力的路径。在城市发展的过程中，这三者是密切相关、互相影响的。产业发展会带来人口结构的调整和人才的集聚，便捷的交通会促进产业的发展，人口规模的扩张也会对社会、经济和城市建设提出新的需求。所以，城市的交通发展方式要有序引导城市发展的框架和规模，近期可能是公路、铁路，中、远期需要考虑能否根据实际情况发展高铁和轨道交通。

4. 努力打造适宜发展创业、生态宜居的特色城市

我们认为，新疆未必每个城市都要求大、求全，但应该有自己的个性和特色，有很好的生态环境，有完善的公共服务和市政基础设施，有便捷的交通，可以依托自身的优势，建设适宜发展创业和生活居住的特色城市。

5. 城市发展要促进周边城乡发展，增强城市的带动力

乡、民族乡、镇是农村基层政权组织。要通过城市的发展带动周边城镇、乡村的发展，让农(牧)民享受到城市发展的更多实惠。在新疆新型城镇化发展进程中，大、中、小城市都应该找到各自的位置，明确城市功能和定位，促进协调、有序发展。

## 三、正确处理城镇建设与产业发展的关系

我国城镇化必须与工业化、现代化协同推进。城镇化为工业化提供了发展平台，工业化促进了城镇化进程，所以，城镇建设与产业发展两者的关系，是相辅相成、互相促进的。

一方面，城镇建设要以产业发展为支撑。有了产业，就有了发展实力和就业岗位，就有了经济活力；有了人口集聚，就能促进城市公共服务设施，包括教育、文化、医疗、娱乐等方面的建设和发展，有利于社会和谐稳定。

另一方面，城镇建设为产业发展提供了社会服务条件。没有城镇的服务和支撑，产业提升和转型发展也是困难的。比如产业园区发展到了一定的程度，必然需要人才、科技和教育支持。各类领军人才、技术业务骨干，如果没有良好的生活环境、教育培训、信息和文化设施服务，是很难留得住的。

从发展的角度来看，工业化也好，城镇化也好，包括农（牧）业现代化的发展，都要靠现代化的理念、技术和管理，进一步提高自身的发展水平。

## （一）加强产业发展的研究和规划，合理利用各类资源

新疆各地、州具有丰富的矿产资源和自然资源，如何合理利用这些资源，需要根据区域内各市县的区位特点、资源优势和环境承载力，进行综合研究、权衡利弊。在规划上，要统筹区域内各类产业用地的布局，合理确定用地规模，编制好相关的专项规划。只有做好各类资源的合理利用和有效保护工作，才能推进社会经济和生态环境的协调发展。

今年，专家顾问组应邀到伊犁河谷调研，各市县领导对利用当地矿产资源发展经济的积极性都很高。我们希望伊犁河谷地区要做好发展战略研究，能够通过梳理分析城镇体系、产业发展，包括口岸经济、生态环境、兵团建设，在区域层面统筹考虑，促进资源的合理使用。同时，也避免各市县产业同质化竞争的趋势。

另外，在环境容量方面，也要统筹考虑。如伊宁县的发展必然需要一些资源型产业，但伊宁县在伊宁市的上风向，如何减少对伊宁市的环境影响，这就需要在地州层面统筹产业发展思路，优化城市空间布局，处理好经济发展与生态环境保护的关系。在伊犁州领导的关心下，目前州建设局已会同江苏省规划院开展了关于资源合理利用与保护的规划研究和编制工作。

## （二）优化产业结构，努力促进产业提升和转型发展

要加强对当地传统产业的梳理和发展新兴产业的研究，分析当地发

展优势和制约条件。依托现有产业基础，根据国家和地区的产业发展导向，进一步明确需要引导发展、限制发展或转型发展的产业，优化产业结构，提升产业能级。比如，最近塔城市在加快发展进出口贸易，利用口岸的区位优势，对农副产品进行精加工和深加工，提高产品附加值，积极朝外向型经济转型。尽管现在的贸易总量还不大，但这是一个发展方向。

## （三）重点推进特殊经济开发区的规划和建设

国家十分重视新疆的经济发展，要根据《国务院关于支持喀什、霍尔果斯经济开发区建设的若干意见》，进一步研究政策内容。要深刻领会国家的政策内涵和具体规定，在现有建设的基础上，积极推进已设立的国家级经济技术开发区的发展。

从全国来看，国家各部委的优惠政策主要聚焦在综合保税区，而综合保税区必须在经济技术开发区的基础上设立。目前全国各地已获批准设立的综合保税区共有二十多个。喀什、霍尔果斯要力求用好综合保税区所具有的免税、保税和退税等政策，搭建好国内外产品的展示和贸易平台，同步推进国内、国外两个大市场的发展。同时，要分门别类、扬长避短，积极做好经济开发区和综合保税区的招商引资工作，这是当前做实做强开发区的关键所在。

要进一步整合各类资源优势，推进陆上（公路、铁路）与空港口岸的联动发展。在城市规划的空间布局中，要重点分析研究伊宁—霍尔果斯，喀什“特殊经济开发区”对整个喀什地区，以及中心城市伊宁市、喀什市和周边市县的内在联系和联动发展。

## （四）产业园区布局要与城镇发展有机衔接

产业园区是城镇规划中的一个重要功能区，是构成城镇发展的有机组成部分，产业园区布局要综合考虑与城镇发展的关系：产业是否有污染，通勤交通是否便捷，享用城镇公共服务和市政基础设施是否方便。要将产业园区纳入城市总体规划之中，努力做到产城融合发展。专家组在新疆调研中曾接触到三个案例。

**案例1** 叶城县城东南部的一个以加工业为主的产业园区，靠近县城的教育园区、居民社区和一些公共服务设施，较好地做到了产城融合。规划还考虑了毗邻产业园区的发展备用地，为今后发展留有余地。我们认为，如果产业园区引进没有污染的产业，要尽量做到产业和城区融合，这样有利于解决就业、居住和交通等问题。

**案例2** 某县有一个产业园区，原先的规划是将建材产业和城区连在一起，而农副产品的深加工产业远离城市。后来，我们和当地政府领导交流时提出换个位置，把一些没有污染的加工型产业或是劳动密集型的产业与城区紧密结合，建材类的资源型产业和有一定污染的产业以一定宽度的绿化带和城市隔离。通过规划调整，尽量减少对城市发展的不利影响，这样有利于居住环境优化和水资源的保护和利用。

**案例3** 某县有一个产业园区建在戈壁滩上，面积很大，有160平方公里。这个大型的产业园区却没有纳入县域总体规划，游离于县城之外。日常的通勤，要经过长距离的通勤班车和城市联系。我们建议，对产业园区的选址，在分析经济效益的时候，不能仅考虑土地价格问题。在一些荒地、戈壁上建设产业园区，当然是好事情，但是还要考虑今后的市政基础设施建设，比如供水、污水排放和必要的公共服务设施，以及日常的运行成本、交通成本。应当综合考量土地的投入和使用效益，以利于产业园区的可持续发展。

当然，产业园区的规划建设必须纳入城市总体规划之中，只有这样，才能更好地发挥城市总规对产业布局的引领和调控作用。

## 四、正确处理城市发展与综合交通的关系

所谓综合交通是指交通方式的多样化。不论是城市的对外交通还是城市的内部交通，其方式都是多样的。综合交通对城市的发展至关重要，城市规划需要统筹谋划、系统研究，充分发挥综合交通的整体效能，促进城市健康、有序发展。

### （一）综合交通是城市有序发展的重要支撑

这次大家到哈密市开会，有的是乘飞机，有的是坐火车，有的通过公路来。当地政府希望通过不同的交通方式来主动引导和增加客流。那么，对综合交通如何规划，就要做一些梳理和分析。而且，综合交通对城市可持续发展和推进城镇化进程非常重要。要通过合理、便捷的交通网络，引导城市科学、有序发展。

南疆地区有一位县领导告诉我们，当地的国道已经是第三次向城外移位了，为什么？过去国道是穿城而过，在国道两侧建了饭店和各种商业服务设施，这是马路经济一步步走过来的轨迹。现在不行了。因为随着经济发展和城市建设，原有国道已成了城市的主干道，两侧的建筑更多了，不仅影响了交通运输，也会给行人带来不安全因素。国道移位后，应当从外围绕城而过，这是对的，快速交通嘛。这种情况是因为城市规划与更大区域内的交通规划没有很好衔接，说明综合交通要做综合研究非常重要。

### （二）城市对外交通

机场、铁路、公路是城市对外交通设施，也是需要从更大范围进行统筹规划的区域性重大基础设施。自治区交通运输厅编制的综合交通运输体系发展规划，是针对全疆大交通的发展规划。落实这个规划对于促进城市发展和推进城镇化进程意义重大。

#### 1. 机场

机场对城市远程交通很重要。因此，要在区域层面做好对现有机场未来发展的相关论证研究，近期要控制好现有机场的周边用地，为发展留有一定余地。比如我们到了伊宁，感觉伊宁机场对伊宁市、霍尔果斯口岸的发展十分重要。如果说霍尔果斯没有伊宁机场的话，可能只是陆上口岸；有了机场，空中口岸就能够建立起来。伊宁机场对整个伊犁地区经济、旅游事业、市民生活，特别是口岸经济意义重大。但是，历史上伊宁机场周边的城区建设又制约了机场的发展。在这种情况下，就要会同民航管理部门研究，是立足伊宁机场本身进行扩建，还是抓紧做好新机场的选址工作。如果选址，就要全面分析投资规模、用地条件、服务城市的范围、与机场配套的公路建设，还有多方案的比选等。这些问题就是经济社会发展规划和城乡规划需要研究的重要内容。

又如，自治区编制了推进新型城镇化的行动计划，明年上半年就要推进这项工作。其中有一句话："要做好莎车机场周边道路的规划和建设。"看上去这只是一项建设任务，其实工作量是很大的。为什么？莎车机场的周边道路，今后既要为莎车县服务，也要为泽普县服务，更远的还要连接到叶城县。里面涉及了国道、省道、县道，还有与多个县城区道路的衔接。这些公路、道路规划就涉及很多协调工作：国道、省道是自治区交通运输厅在规划和协调。县道是地区建设局在协调和推进。此外，还需要与各县、乡镇进行协调。所以，计划里的一句话，在规划和建设上其实有大量的协调工作要落实。

一座城市的总体规划，必须包括相关的专项规划。其中综合交通规划，既要与上位的地区城镇体系规划相衔接，又要指导市域范围内的城镇道路的规划和建设。

### 2. 铁路

铁路承载着数量巨大的交通运输任务，对一个城市经济、社会的发展

新落成并开始运营的乌鲁木齐高铁站（2016年8月）

十分重要。铁路站点、线路布局要与城市功能布局、对外公路和城市内部交通统筹考虑。如果规划考虑不周,很有可能对城市造成布局分割。

比如喀什市,现在城市是向东发展。专家组认为发展方向是正确的,但是现有的铁路线已经对城市发展造成了影响。如何把老城和新城结合好,在原有的线路和新的线路上怎么确定站点、铁路东站和周边的关系,怎么确定客货流的分流,这就需要在前期做很多研究和协调工作。

我们到过一些城市,火车站和城市的关系有的处理得比较好,有的与城市的关系存在着矛盾,这件事情受到多方面因素的影响。我们看了一些市、县,车站和城市之间往往有高速公路穿行,甚至还有不少道路分割的情况,这就需要通过统筹规划,使车站和城市有一个合理和便捷的联系。比如乌鲁木齐市,最近结合高铁片区建设的契机,把交通、商务、办公、物流作为片区发展的重要功能,成为乌鲁木齐今后发展的引擎之一,这就是把综合交通和城市规划结合得比较好了。

3. 公路(高速公路、普通公路)

公路是城市之间联系最普遍的交通基础设施。有了高速公路,城市之间的时空距离就大大缩小了。新疆是绿洲经济,城市之间距离往往有几十公里,甚至上百公里。从新疆实际情况来说,高速公路是很需要的。要加强对公路网络、交通节点与城市发展的统筹考虑,特别是进一步完善整个地区的道路网建设,加强区域道路与城市布局的联系。铁路站点、高速公路出入口、道路节点等都要统筹布局。

看到一些市、县在编制规划的时候,往往注重中心城区规划或县城区规划,对市域或县域的规划重视还不够。可能一个县的面积有一两万平方公里,但管理部门往往只对县城四五十平方公里的道路网格研究得很仔细,而对县域层面的公路网络没有很深入的研究。比如一些高速公路,包括国道穿越了城市,对道路两侧用地和建筑都应该进行梳理。在调研过程中,我们看到存在不少隐患。比如有个乡在改造旧房的时候,把原先一些公共服务设施、旅游设施,如乡政府、旅游饭店、商店,全部规划在快速道路的十字交叉口,这就不妥当,会留下安全隐患,后来他们修改了规划方案。

专家组与自治区交通厅党委书记、副厅长李宏斌（右二），副厅长李志农以及相关处室负责人，就新疆交通专项规划座谈交流（2017年5月）

快速道路，国道也好，省道也好，通行的车速度很快，尤其要注意交通安全，要避免或尽可能减少行人穿越，不能把生活性道路两侧的建筑设施放在快速道路交叉口，混淆了不同道路的使用功能。道路建设，是造福子孙后代的，编制规划的时候要慎之又慎。

## （三）城市内部交通

城市道路是城市内部综合交通的主要载体，也是城市发展的骨架。随着城市规模的扩大，城市空间将向外拓展，这就需要有规划的合理引导。

### 1. 完善道路交通网络，形成合理的路网格局

要坚持"以人为本"，按照道路使用性质和交通流量，完善主干路、次干路、支路的路网格局，同时要把道路和绿化、水系、生态环境结合好。

### 2. 把握合适的道路和广场尺度

老城区改造、新城区建设都需要把握好一个"度"。在规划中要注重营造合理的城市尺度，避免不合理的"大广场""大马路"，把有利于人的使用与宜人的环境体验结合起来。

比如，专家顾问组到了一个县城，城区不大，人口也不多，但准备建设的道路宽度有80—100米，大家都认为太宽了。又比如，专家组看了一个县城火车站，面积不算大，一天只有几班列车，但规划的站前广场面积太

大，有8万平方米。当时我们提出要去看一看县城中最大的广场，后来县委主要领导陪同我们去看了，也只有2万平方米，众多市民在广场活动，很适宜。可设想一下，把这个广场扩大4倍，放在火车站前就不合适了。因此，我们建议把握好站前广场的定位：一是交通集散功能，广场要有社会车辆、公共车辆的停车场地；二是服务功能，广场外围要有为旅客服务的餐饮、农副产品商店等；三是门户功能，旅客到了目的地以后，广场要给人一种赏心悦目的感受。要把握好广场和建筑的尺度，给人留下美好的印象。后来，县领导很重视专家顾问组的意见，减小广场占地，周边规划建设配套服务设施。这样，既有利于土地的节约和集约利用，同时利用土地有偿出让的收益，也能进一步完善站前广场的综合服务功能。

### 3. 重视城市慢行交通规划

慢行交通就是行人和自行车交通。建立和完善城市内部的公共交通体系和慢行交通系统十分必要。慢行交通和市民生活密切相关，要与绿地系统、河流水系、生态网络相结合，形成具有地域特色的慢行交通系统，体现生态、宜居城市特色。新疆有一些城市不大，环境很好，全城走一走，可能也就二十分钟左右。我们到了塔城，感到慢行交通系统处理得不错，一些广场、道路和水系结合得也很好，有亲和力，给人一种宜居宜业宜游的切身感受。

## 五、正确处理经济发展与生态环境保护、资源合理利用的关系

新疆拥有丰富的自然资源和良好的生态条件，这是地区发展的重要基础。同时我们必须看到，随着经济发展和城市拓展，必然占用土地，增加用水，可能就会干扰原有的自然生态系统。土地是不能再生的，水资源是有限的，生态环境一旦被破坏，修复是有困难的。我们要把科学发展观渗透到规划理念之中，进一步转变经济增长方式和城市发展模式，建设环境友好型和资源节约型城市。因此，新疆在经济快速发展过程中，规划编制要因地制宜，深入研究生态环境保护和资源合理利用等问题。

## （一）水资源的保护和利用

要从长远的、可持续发展的角度，深入研究水资源的合理利用和保护，要站在区域和流域两个视角，统筹平衡水资源的利用。我们了解到，在新疆城乡社会和经济发展中，有四大类用水：一是农业用水，新疆现在农（牧）业用水已达到了水资源总量的大头，以农业为主的城市大多是这种情况；二是工业用水，一些县、市随着煤化产业的发展，工业用水量急剧增加；三是生活用水，据了解，不少地方自来水厂还是以地下水为主；四是一部分城市生态和景观用水。

我们到了不少市、县，大家都说当地水资源比较丰富。看了以后，确实也有这样的感觉。但仔细一分析就发现了问题：这几个市、县用的是同一个流域的水资源，如果大家都使用这些水源，水量是否还能很充沛呢？因此，要密切关注水资源的使用总量以及所面临的问题。在城市快速发展过程中，城市持续地开采地下水作为生活用水，容易引发地面沉降，且水质也比较硬。据了解，近年来，不少城市的地下水位都有不同程度的下降。同时，新疆地区地表水的蒸发量很大，我们认为城市景观用水量不宜太大，也不要过多扩大河道水面。有的城市准备把一些湿地改为水面，更是没有必要。

## （二）土地资源的节约和集约使用

新疆地域辽阔，但自然形成的戈壁占了很大比例，农（牧）业用地要切实加以保护。因此，城市建设用地要精打细算，避免土地粗放型使用。规划对建设用地要进行合理评估，要进一步研究明确建设用地标准。我们看到一些产业园区的规划用地面积还是过大，近期最好能相对集中、分期建设，这样有利于节约使用土地，有利于城市的长远发展。

城市的总体规划中一定要编制一个近期建设规划。规划内容应当以重要基础设施、公共服务设施、保障性住房建设以及生态环境保护等为主，明确近期建设的发展方向、空间布局和建设时序，推进城市相对集聚建设，这样也容易体现当地城乡面貌的改善。

### （三）矿产资源的统筹和合理利用

新疆有着丰富的矿产资源，要全面分析地下矿产资源的储备和利用情况，从全面可持续发展的角度，统筹考虑各类矿产资源的开发使用。希望各地、州在编制城镇体系规划的时候，应该有一个关于资源合理利用的专项规划，以利于指导各市、县对矿产资源的合理使用。

### （四）生态环境的保护和修复

新疆各地有众多绿洲，这是宝贵的生态资源。要深入分析研究自然生态环境的利用和变迁情况，提出相应的保护和修复措施。有规划、有举措和缺少规划、缺少措施，最终结果是完全不一样的。

城市生态环境的保护与修复，一是在城市规划和建设中尽量保持有价值的植被、河道水系等生态要素的自然状态。比如塔城市有五条河流经市中心，如五条琴弦，城市也因此被称为“五弦之都”。有些河道堵了，最近在进行疏浚和改造，还保留了不少湿地，我们认为这很好。当然，各个城市的河道改造也要把握好尺度，要追求自然生态。有的城市河道在改造的时候，完全是人工砌的“笔直”河岸，感觉不像河道，像水渠了，我们觉得还是自然、生态一些为好。二是大力推进植树造林，培育适应当地气候环境的植物，保持生物多样性。

要十分重视城市滨水地区的规划和开发建设，规划上要提出相应的管控要求。河道湖泊有利于改善一个地区的小气候环境，也能增加城市的灵气，滨水岸线更是城市中宝贵的公共资源。要体现滨水区域的公共开放性，城市沿河地段的岸线和土地利用要以公众休闲、公共服务设施为导向布局，营造市民亲水空间，避免工厂、企业占据城市的公共岸线。我们已看到不少好的案例，如巴楚县编制了喀什河两岸规划，布置了不少公共服务设施，也增加了城市活动、市民休闲的公共开放空间，让老百姓共享。

我们到了和田市，昆仑湖公园的景色很美，给人的感觉很好。昆仑湖公园是和田的“明珠”，也是和田的一张“名片”，昆仑湖滋润了和田，和田要对昆仑湖公园倍加爱护。作为大型的城市公共绿地，公园应该为市民所

库尔勒市三河贯通——天鹅河景区 文兴华 摄

有，为公众服务，周边所有的建设项目都要严格按规划实施。

## 六、正确处理城市风貌与地域特色的关系

我们在新疆深深感受到两大特点：一是特殊的地形地貌——雪山、沙漠、草原。正如一首歌所唱的，“我们新疆好地方，天山南北好风光”。二是具有地域特色的城市风貌。各个城市的风貌体现了多元文化共存，维吾尔族、汉族、哈萨克族、回族等多民族特色共存，就像百花盛开的大花园。这些特色反映在建筑文化上，各类优秀建筑的立面造型、室内装饰都非常精美，充分体现了各个城市的历史文化底蕴。

### （一）重视历史文化城镇的保护和发展

对历史文化名城的保护，国家《城乡规划法》和相关法规都有明确要求。保护内容包括加强对各类重要遗址和历史建筑的保护整治；重视城市格局、肌理和风貌特色街区的保护与延续；注重非物质层面的挖掘，强

调当地传统文化的提炼和生活方式的延续。专项保护规划要纳入城市总体规划之中。

不少历史文化城镇原有市政基础设施薄弱，公共服务设施也比较缺乏。随着经济社会的发展，在保护的同时，要结合城市建设和市民生活需求，进一步完善各项服务功能，继续推进教育、文化、医疗、商业等公共服务设施和市政基础设施的配套完善。比如喀什市的高台民居是具有历史文化特色的生土建筑群，设想一下，如果没有高台民居的话，喀什作为国家历史文化名城、南疆的特色城市就会逊色不少，应当制定专项规划对高台民居进行妥善保护和改造。喀什在改造老城区的同时，要注重与新城建设相结合，进一步完善城市综合服务功能，当地市委、市政府领导非常重视这两项工作的同步推进。

## （二）老城改造要注重历史文化风貌的保护和延续

老城区在历史上形成的城市肌理、街区风貌和建筑形态，是老城的魅力所在。对老城危房集中、基础设施落后的地区进行改造，完善公共服务和市政道路设施，优化环境质量，提升生活品质都是必要的。但是尽量不要破坏老城的传统风貌和街区肌理。对有价值的历史建筑也不能任意拆除，更不能大拆大建，新建筑也要延续原有的地域特色。在老城改造中，要注重一些传统服务业的提升和发展，特别是推进旅游产业的发展，努力增加老城区的就业岗位。专家组到了塔城市、和田市、伊宁县等，发现现有的广场和道路尺度很好，保持了原有的地方特色。我们也参观了伊宁市的城南老区改造，特别是道路和市政基础设施的改造，既使市民生活质量有了很大改善，也使城区风貌得到了保护，老百姓很认可。

在历史风貌保护工作中，我们上海碰到过不少难题，也有经验和教训。举个上海的案例，大约在2004年，上海市规划局在虹口区工作调研时，听说有一条风貌道路要局部拓宽，说是要改善道路拥堵情况。这条道路的两侧有许多名人故居，而且道路尺度、环境绿化、各类历史建筑所形成的整体氛围非常好，既有老城区的历史文化风貌，也适宜市民居住和活动。我们

2012年11月，专家顾问组考察莎车县城南新区落成的图文信息综合服务中心、综合福利中心项目

2010年11月专家顾问组实地考察建设中的莎车职业学校

认为，拓宽道路势必会影响老城区的肌理以及名人故居和周边环境。造成道路交通拥堵的原因很多，应当在更大范围的道路网络建设上对症下药，为什么一定要拓宽具有浓厚地域特色的风貌道路呢？事后我马上向市领导汇报，得到市领导的有力支持。随后市规划局把市中心12个历史风貌区的道路都梳理了一下，其中需要保护、保留的有144条。上海市规划院及时编制了保护规划，把这些道路分成了四大类，对其中64条“一类道路”进行原汁原味的保护，被老百姓称为“永不拓宽的道路”。上海市政府非常重视，下发了相关文件。

同时，上海规划管理部门组织编制了中心城区12个历史文化风貌区的保护规划，把建筑分为五大类，既有保留、保护的，也有改造、整治的，还包括一些需要拆除的。通过规划，对今后需要保护和改造的建筑提出具体的规划要求。同时加强依法行政，严格按照规划来实施。

## （三）新城区建设要体现地域特色，避免“千城一面”

新城区建设要传承当地的文化传统、民族特色，保护自然地理风貌，体现地域特点、民族风情，努力做到新的建筑空间形态与传统历史风貌相融合，避免“千城一面”。在新城区规划建设高层建筑要适度，最好能相对集聚建设。同时要严格控制老城区的新建高层建筑，特别是高层住宅。

### （四）注重文化内涵，提升城市品质

优秀历史文化是城市的灵魂。保持城市自身的特色，凸显城市的鲜明个性，需要进一步挖掘城市丰富的历史文化底蕴，弘扬中华文化。可以说，没有大树，是没有历史根基的城市，没有优秀历史建筑，是缺乏文化底蕴的城市。城市建设中对一些历史建筑、历史风貌街区要倍加呵护。石河子市给我们留下了很好的印象。特别是参观了新疆兵团军垦博物馆以后，规划专家组成员都感到很震撼，一种屯垦戍边、昂然向上的城市精神感染了我们。一座城市，应该要有城市自身的文化内涵和精神品质。

## 七、正确处理规划设计导向与当地实际相结合的关系

当前，全国19个省市的援疆干部，正在新疆各地努力工作，大家都有一个共同的愿望：认真落实中央新疆工作座谈会精神，全力以赴地推进援疆工作的开展和建设项目的落地。援疆项目分布很广，类型很多，其中涉及一个共同的话题，就是规划设计如何与当地实际相结合。

### （一）因地制宜，体现时代特色、新疆特点、地域特征

援疆项目，无论是规划、设计还是工程建设，要使先进的规划理念与当地的实际相结合，体现地方特点。这些项目都是在新疆的土地上实施的，要结合当地的地理环境、资源条件、民俗风情、生产和生活方式，通过精心规划设计，更好地体现时代特色和地域特征。

### （二）民生为重，加快推进安居富民工程和保障性住房建设

推进新疆社会经济的发展，就是要让各族人民的生活越来越好。当前城镇规划和建设，要从群众最关心最现实的利益问题入手，以解决住房保障为重点，推进实施安居富民、定居兴牧以及保障性住房等重大民生工程建设，加快改善生产生活条件。既要搞好住房建设，又要积极改善各类公共服务设施和道路交通，使公共资源统筹共享，不断提高群众生活环境

质量，让老百姓安居乐业，为实现新疆可持续发展和长治久安奠定坚实的基础。

### （三）进一步完善市政基础设施的规划和建设

新疆城乡在市政基础设施方面的薄弱环节比较多，应当加快推进城市、乡镇、村庄的供电、供水、供气以及环卫、污水处理设施建设，特别要重视污水处理和垃圾收集处理工作。我们有时看到一座城市，感觉很光亮，这往往是地面环境给人的感受，其实同样重要的还有地下的设施和市政管线，这项工作是政府对城市发展的职责，也是对老百姓应负的责任。为了保障市政基础设施的布局合理和项目落实，当地政府部门一定要重视编制市政基础设施专项规划，并安排投资计划推进建设。

垃圾处理最难的是终端处理。大的来讲有两类方式：一类是填埋，一类是焚烧。填埋的话，要早做选址和技术研究，防止发生污染渗透。焚烧，要在环保技术、科学管理上做好功课。当然，垃圾处理还包括分类收集、运输等问题。对这类设施的建设，各级政府和管理部门需要因地制宜，做好深入的分析和研究，早做谋划。

### （四）注重城市安全和防灾减灾规划

在城市发展中，要充分考虑城市安全和防灾问题。要将城乡规划和城市综合防灾减灾建设紧密结合，不断增强城市的综合防灾能力。新城区的规划选址必须符合客观规律，应当具备水资源、能源、交通、防灾等建设条件，确保城市的安全底线。当前，在城市的建设过程中，要更加关注城市的生态安全。

### （五）公众参与，信息公开，广泛听取群众意见

在规划编制的过程中，要通过多种渠道，主动征询当地老百姓的意见，鼓励市民广泛参与，充分发挥他们的积极性，集思广益，不断提高规划编制的质量与实效。我们在喀什地区的莎车、泽普、叶城、巴楚四县考

察时，当地政府和援疆指挥部领导广泛听取了老百姓的意见。比如在安居富民工程的推进中，农村干部和农民对房型、道路和配套设施都提出了很实在的建议，并得到了落实，老百姓很高兴，反响不错，这就是公众参与的成果所在。与其在建设以后发现矛盾再处理，还不如在规划编制阶段多听取意见，多做改进。

### （六）注重建筑功能与形态并重，不断提升建筑设计水平

住宅建筑设计的原则是“实用、经济、美观”，要注重功能设计与建筑形态并重。对一幢建筑来说，第一位是使用功能，第二位是文化观赏功能，涉及建筑的立面和形态，这两者要结合好。建筑既要符合当地生活习俗，满足实用需要，又要充分体现当地建筑的文化特色。建筑设计要积极落实环保、节能和低碳的理念，因地制宜，积极推广各类成熟的新材料、新产品的使用。我们看到新建的安居富民工程中，一些环保和节能材料都在推行使用，这是个进步。

同时，专家组也发现许多单体建筑还存在不少问题。比如一些公共建筑，有的追求形象，却忽略了功能，尽管建筑面积很大，使用功能却不合理。有的讲气派，特别是有些政府大楼，给人一种高高在上的感觉。还有一些公共建筑设计考虑不太周到。我举些例子，我们到过南疆一个城市，有一家新建的宾馆，绿化环境很好，但是客房的布局不够合理，客厅的空间太大，卧室面积偏小。卫生间的设计没有充分考虑实用、安全，洗脸盆旁只安装一个淋浴龙头，没有隔离设施，使用后满地是水，很不安全。再比如有些商品房，建筑面积不算小，但是缺少了储藏空间，也可以说是功能不齐全。所以说，建筑设计要在使用功能上进一步完善和优化，在设计上多用心，那么在同样大小的土地上，投入同样的资金，就能够造出更加美观、实用的建筑。

## 八、正确处理规划编制与规划管理的关系

规划编制的意义在于实施。对规划的实施，有一句话说得好："三分规划，七分管理。"这说明了管理在规划实施过程中的重要性。应该说，加强规划管理是当前新疆规划工作中的一项重要内容。

规划管理承担着城乡规划的编制、审批、实施和监督等职能，要加强规划的全过程管理，就需要进一步健全和完善规划管理的法制、体制和机制。

## （一）加快推进规划法规建设

积极落实国家《城乡规划法》和自治区的《实施意见》。自治区层面已编制完成《自治区城镇体系规划》和《自治区推进新型城镇化的行动计划》，将在明年上半年推进实施。各地、州和市、县也在编制相关规划。自治区建设厅正在结合实际，制定乡镇规划导则和村庄规划导则。在这些工作的基础上，各地要加快完善城乡规划体系，深入分析规划编制、实施和监督检查工作中，有哪些法规、规章需要进一步建立和健全。同时，结合当地实际，抓紧制定相关的管理制度和技术规定。

## （二）建立和健全管理体制

规划管理是一个整体，环环相扣。建议各地、州和市、县进一步健全规划管理机构，以利于城乡规划工作的有效开展。

城乡规划的编制，不是找一家设计单位就能完成任务了，大量的基础性工作还是要由当地建设、规划管理以及相关部门牵头做的。比如一座城市总体规划的编制工作，除了设计单位深入调查研究，规划管理部门也要就当地的资源情况、发展目标和一些好的理念，与设计单位广泛沟通、交流，这样总规的编制才有深度和力度。这里还涉及规划审批问题，我们看到，有些地方规划编制完成了，因为不了解审批程序，迟迟没有报批。甚至有个县的总规上报后，地区建设局不知为何未批，双方到三四年后才发觉。在一些专项规划编制的时候，也需要和相关管理部门进行沟通、协调。如果没有沟通，就很可能在审批时出现问题。

我们也提出，现在是建设项目大量开工的时候，可能会出现一些违章建筑，必须在萌芽阶段加以禁止，否则后患无穷。这需要规划管理部门依法行政，加强监管。

现在不少城市面临着总体规划修编的问题，要严格按照《城乡规划法》的规定，按程序开展。总体规划的修编，需要抓紧对原有总规的实施情况进行评估，明确哪些是实施得好的，哪些是存在不足、需要修改的。修编，是有目标的，当然也需要征求公众意见。对一些重要内容，如城市发展方向、产业结构调整、人口规模等问题要进行专题研究，这样才有利于提高规划编制的质量。

中央新疆工作会议对城乡发展、兵地建设提出了明确要求，同时新疆生产建设兵团也面临着城镇化发展的现实需求。要特别注重城乡规划与兵团建设的统一规划、协同发展，以利于形成兵地共赢的发展局面。

## （三）不断完善运作机制

做好规划管理工作，必须建立相关的制度，明确目标、责任、程序，有序推进。诸如地形图测绘，及时满足规划编制需要，要有相应的机制保障；规划编制中如何听取社会和公众的意见，要有公众参与制度的规定；加强规划工作与相关部门沟通、协调，要有例会制度等。应当根据各地具体情况，抓住一些关键的工作环节，坚持前瞻性和操作性相结合，逐步完善、优化运作机制。要重视当地人才培养和队伍建设，不断提升城乡规划管理的综合效能。

收录于《推进新疆新型城镇化发展——城乡规划专题》（中国建筑工业出版社，2012年）

区域统筹篇 Regional Coordination

# 坚持规划为先，共绘美好明天

## 记上海市援疆规划专家顾问组

2017年是上海援疆工作开展20周年。二十年来，特别是从2010年新一轮对口援疆工作开展以来，上海市委、市政府提出了“民生为本、产业为重、规划为先、人才为要”的总方针，各项工作成效显著，有力地促进了上海对口支援地区经济社会发展和民生改善，为当地实现社会稳定和长治久安打下了重要基础。

八年来，“规划为先”已成为上海新一轮援疆工作的一大特色。2017年8月，《解放日报》记者周文吉对援疆规划专家顾问组组长毛佳樑进行了专访。

## 一、一项光荣任务

上海市援疆规划专家顾问组，是在上海市、新疆维吾尔自治区两地党政主要领导的关心下，由时任上海市市长韩正在2010年10月亲自部署组建的。做好援疆规划顾问和指导工作，是上海市委、市政府交给专家组的一项光荣任务，也是通过智力援疆落实“规划为先”的重要举措。

顾问组主要有两大任务：一是做好上海对口喀什四县（莎车、泽普、叶城、巴楚）城乡规划工作的指导和干部培训；二是完成自治区领导布置的全疆规划顾问工作。

多年来，顾问组形成了“四轮驱动”的工作机制，即在上海市对口支援新疆工作前方指挥部、上海市规划和国土资源管理局的关心支持下，根据当地政府和管理部门的要求，专家顾问组提供规划咨询并指导联合团队开展城乡规划编制工作，充分发挥规划的引领作用。

顾问组成立八年来，每年数次赴喀什四县和喀什市开展规划咨询工作，至今集体赴新疆已有23次。在此期间，上海市城市规划行业协会全力配合顾问组做好相关的服务和保障工作。

## 二、一支专家团队

专家顾问组主要由8位成员组成，现平均年龄已达到68周岁。专家们满怀热情，从不同角度、不同专业对新疆城乡规划工作提出真知灼见，充分发挥了团队的合力。

顾问团队中，有长期从事城市规划和建设的老领导、老专家，如原上海市城市规划管理局局长毛佳樑、夏丽卿，原副总工程师蒋宗健；也有各个领域的高校教授，如建筑领域专家——中国科学院院士、同济大学原副校长郑时龄，城乡规划领域专家——同济大学规划系原主任赵民教授，交通领域专家——同济大学原副校长杨东援教授，生态领域专家——复旦大学王祥荣教授；还有上海市城市规划设计研究院原总规划师熊鲁霞。

## 三、四个主要成效

### 1. 坚持规划为先，把国家倡导的先进规划理念和新疆实际紧密结合

经顾问组提议，自治区党委于2011年2月，在全疆层面举办了为期两

专家组为全疆领导干部城乡规划培训班授课后合影，左起为蒋宗健、赵民、熊鲁霞、夏丽卿、毛佳樑、郑时龄、王祥荣，杨东援、王剑（2011年2月）

天、由县级以上一千多名领导干部参加的城乡规划专题培训班，顾问组的6位专家和时任国家住房和城乡建设部总规划师唐凯、中国城市规划设计研究院副院长王凯参与了授课，学员们纷纷表示很有收获。此后，顾问组通过赴新疆讲课或在上海举办培训班，从思想上、理念上大大增强了新疆维吾尔自治区各级领导干部对城乡规划工作的认识和重视。在新疆每次实地调研中，顾问组将中央倡导的新发展理念与新疆工作实践结合，与当地领导干部深入探讨和交流，产生了很多共同语言。大家逐步感受到，“好的规划也是生产力，能使沙土变成金”。

### 2. 逐步建立健全城乡规划体系，充分发挥规划的战略引领作用

在推进援疆建设项目的初期，喀什四县大多缺少相应规划。顾问组从指导援疆项目的规划编制开始，通过城市总体规划、控详规划、专项规划、乡镇规划、村庄规划和近期建设规划等，逐步建立了系统的规划体系，使建设项目有了法定依据，推进了城乡建设工作的有序开展。

### 3. 不断完善规划管理体制机制，提高当地管理队伍的综合能力

在当地领导的重视下，上海对口支援的喀什四县从无到有，分别成立

“上海援疆四县规划中期成果汇报会”召开(2010年11月),左二为第七批总指挥陈靖,左三为副总指挥闵师林,左四为上海市规划局总工程师俞斯佳

顾问组在喀什市与指挥部座谈(2014年4月),左二为第八批总指挥张仁良,左一、左三分别为副总指挥杨元飞、姜爱锋

了规划管理部门,建立了规划编制、审批、实施和监管全过程管理的长效机制。同时,通过开展各种形式的学习、培训,当地规划管理队伍的业务素质和综合能力也得到了不断提升。

### 4. 努力提升各类规划的总体质量水平,推进规划的有效实施

在规划实施过程中,喀什四县经历了规划编制、维护和提升三个阶段。新形势下,规划援疆工作要服从和服务于“社会稳定和长治久安”的总目标,前瞻性和可操作性相结合,深入调研、精心编制,注重“管用”,使城乡规划为新疆发展起到积极的推动作用。

同时,专家们在2010年10月又被聘为自治区人民政府城乡规划工作顾问,结合喀什市和四县的规划援疆实践,对全疆14个地州(市)、近60个市县进行了规划咨询和指导。在自治区领导的重视和住建厅的推动下,顾问组对各地编制的重点规划提出了针对性的意见和修改建议;同时帮助推进全疆建立完整的城乡规划体系、健全管理体制,以及制定城乡规划相关技术规范。

从乌鲁木齐城市群到天山南北的广阔天地,顾问组八年来在新疆行程约10万公里,提交咨询意见和建议一百余份,并形成两本资料汇编,近50万字,受到了各地领导和规划系统同行的热忱欢迎。

上海援疆前方指挥部、上海市规土局、专家顾问组、联合规划团队同志在喀什市指挥部办公楼前合影，前排左起为牛小琦、蒋宗健、史家明、毛佳樑、杨峥、许健、杨东援、熊鲁霞，后排左起为陈路、金丹婷、王剑、夏胜、李锴、张华（2017年5月）

## 四、喀什地区四县案例

叶城县：已建立起“县域、县城、乡镇、村庄”四个层次和各项专业规划为支撑的规划体系，坚持“先规划、后建设”，积极推进城市布局优化、功能提升，特别是在生态保护、公共服务和市政基础设施建设、产城融合等方面，成效明显。

莎车县：同步推进老城更新保护与新区开发建设，通过两年多的努力，成功创建为自治区级历史文化名城，促进了旅游产业发展，增加了就业岗位，提升了城市功能和市民的生活质量。

巴楚县：色力布亚镇在创建国家级特色小城镇的规划建设过程中，重视产业发展、特色风貌塑造，精心编制规划，把规划成果深化、建筑工程设计、建设项目实施有效衔接起来，切实发挥示范引领作用，积极打造具有全疆示范意义的特色小城镇。

专家组在上海援疆前方指挥部副总指挥史家明(左一)陪同下,赴泽普县实地调研"精准扶贫"工作,与新渝纺织公司负责人现场交流(2017年11月)

泽普县:因地制宜,探索多种模式推进富民安居工程建设,把改善老百姓住房和增加庭院经济收入有机结合起来。同时,强调历史街区严格控制建造高层建筑,推进了县城区特色风貌的保护和提升。

原载于《解放日报》2017年12月27日"上海对口援疆20年专栏"

区域统筹篇

Regional Coordination

# 上海市援滇规划顾问组工作情况专报

根据云南省政府的要求，在沪滇两地主要领导的关心和上海市规土局的支持下，上海市援滇规划顾问组于2016年1月正式成立。2016年3月，上海市援滇规划顾问组首次赴云南开展工作，时任云南省省长陈豪同志对顾问组赴滇支持云南省的城乡规划工作表示欢迎和感谢，肯定了专家组的工作重点，主要对云南的重点地区、重大项目和重要课题开展规划指导，并亲自向专家组颁发了三年任期的聘书。

在云南省住房和城乡建设厅的统筹安排下，经历了三年时间，顾问组对云南省16个州市、40多个市县进行了实地考察调研，为当地城乡规划工作出谋划策。时任云南省省委书记陈豪同志非常重视城乡规划工作，多次会见顾问组，并听取意见和建议。

三年中，专家顾问组共向云南省住建厅反馈书面意见三十余份，约10万字。意见通过省住建厅报省委、省政府主要领导，并转发至相关部门和市、县政府。本文系其中的专报之一。

## 一、两年来工作概况

两年多来，在中共云南省委书记陈豪的重视和关心下，顾问组以滇中城市群、沿边口岸城镇的规划咨询为首要任务，同时开展了针对全省面上城乡规划的调研和指导工作。在云南省住建厅的统筹安排下，顾问组采取“听、看、议”相结合的工作方式：一是在上海阅读规划文本和材料，听取规划内容的介绍；二是现场实地考察，听取当地政府和相关部门的意见；三是召开专题会议，与当地政府领导、相关部门负责人及规划设计单位充分交流，并发表意见。会后形成书面材料，反馈给云南省住建厅，报送省领导并转发给有关地方政府和相关管理部门。

顾问组两年来已6次集体赴滇开展实地考察和学习调研，足迹遍布云南省16个州（市）、40多个县（市）。与此同时，云南省政府分管领导、省住建厅和有关州（市）、县（市）领导也多次到上海进行沟通交流，听取顾问组专家的意见。根据云南省住建厅和有关地方政府的反馈，通过顾问组专家的指导和把关，云南省规划编制质量得以提升，对科学指导当前及今后的城乡发展和项目建设有着重要的意义。顾问组的主要咨询成果可见诸《实地调研和咨询意见汇编》。

此外，顾问组还积极配合云南省住建厅及有关州市做好城乡规划专题培训，在课程设置、师资安排、后勤保障等方面做好服务工作。部分顾问组专家还应邀参与了授课。

## 二、工作体会

在实地调研过程中，顾问组深切感受到云南省各级党委、政府深入贯彻落实习近平总书记系列讲话和考察云南时重要讲话精神，立足“五位一体”总体布局和“四个全面”战略布局，紧紧围绕习近平总书记对云南省发展的“三个定位”，在生态文明建设、历史文化保护、城乡规划体系建构、重大规划编制和实施等方面取得了很大成效。

### （一）全省各级领导重视城乡规划工作

为了进一步落实“三个定位”目标要求和对接国家战略，云南省进一步健全了城乡规划管理的体制，完善了城乡规划委员会运作机制，并在省住建厅设立了规划局，以强化对全省城乡规划管理工作的指导、协调和监督。各州（市）不断完善城乡规划体系，逐步健全了规划管理机制，坚持以规划引领项目落地，为城乡可持续发展奠定了良好基础。

2018年5月7日，云南省省长阮成发同志主持召开省城乡规划委员会2018年第一次全体会议时强调，要进一步提高城乡规划水平，加强对城市定位和功能要素的同步谋划，充分体现规划的系统性、前瞻性和科学性。

云南省各级领导对城乡规划工作的重视，使顾问组深受教育和鼓舞。

### （二）生态保护与建设

习近平总书记提出云南省要成为“生态文明建设排头兵”的明确要求。云南省十分重视生态文明建设，尤其是全面推进河湖系统保护，落实了河（湖）长责任制。推进和完善了抚仙湖、洱海、泸沽湖等流域保护规划的编制，同时开展了对流域周边环境严格的整治工作，以“不让一滴污水直接排入湖泊”为标准，在湖泊流域的环境改善和生态修复方面成效显著。

### （三）历史文化保护和多民族文化遗产传承

云南省拥有丰富的历史文化资源，有83个正式命名的历史文化名城、镇、村、街。云南省高度重视对这些具有独特地域风貌和多样民族风情的重要载体的保护和修复。在各级领导的重视下，历史文化传承、多民族文化的保护和彰显取得了明显成效，如丽江古城、剑川县城、沙溪古镇、腾冲市和顺古镇等。但一些大、中城市在这方面的工作还相对薄弱。

### （四）城乡规划体系

在云南省规委会的统筹下，省、州（市）、县（市）三级政府相继开展了各类规划编制工作，规划数量多，涉及面广。其中既有法定规划，也有在规划变革新形势下对规划编制体系、编制方法的创新探索，如云南省空间规划、云南省城乡发展规划、大理市城乡总体规划（“多规合一”）等，创新探索多种规划类型，取得初步成效。但各类空间性规划的相互关系尚不够清晰，存在着一定的重复，有些规划的法定地位也值得推敲。

### （五）重大规划编制

《滇中城市群规划》《云南省沿边城镇布局规划》等已获省政府批复，为区域的协调发展以及下一层次规划的优化、完善创造了条件。但这仅仅是新的起点，需要关注和重视下一阶段相关的城市规划和重要专项规划的落地推进、近期行动计划的编制落实，以及规划实施动态跟踪、维护机制的建立和完善。

## 三、主要思考与建议

### （一）加快推进重点规划的落地实施

在省住建厅的指导下，加快做好《滇中城市群规划》《云南省沿边城镇布局规划》对下位规划编制和实施工作的引导。特别是在《滇中城市群规划》的指引下，做好昆明及区域范围内曲靖市、玉溪市、楚雄彝族自治州和蒙自市等城市总体规划的修编或完善工作，进一步引导、合理把握发展规模和方向。紧紧抓住产业、交通和生态三大核心要素，做好区域统筹，促进滇中城市群的整体协调和可持续发展，不断提升综合竞争力，使其真正成为带动全省发展的核心区域，承担国家发展战略。

在加快推进国家“一带一路”建设的背景下，在《云南省沿边城镇布局规划》的指引下，要着重加强口岸城镇与后方中心城市乃至滇中城市群之间的纵向联系。特别是进一步研究综合交通网络与沿线城市（镇）之间的关系，做好重要通道资源的控制和预留。

### （二）生态环境建设和历史文化保护工作

在现有生态保护工作成效的基础上，要更加重视对自然生态和资源环境的修复和保护，明确城乡发展必须坚守的生态保护底线。要处理好生态优先和经济发展的辩证关系，针对目前不少城市存在的建设用地规模偏大、粗放型发展等问题，要克服一味求大的偏向，坚持走外拓和内涵发展相结合的道路。保护好“山、水、林、田、湖”的本底环境，在城乡发展的同时，开展生态修复工作，构建区域生态安全格局。

在现有云南省历史文化名城（镇、村、街）保护规划的基础上，进一步加强面上指导，紧紧围绕保护规划的技术路线、编制办法和规划要求，编制好相应层次的历史文化保护规划。特别是一些在保护工作中存在薄弱环节的大、中城市，要借鉴学习丽江古城、和顺古镇和沙溪古镇在保护工作中的经验，在保护规划的指引下尽快开展调查梳理和分类保护工作，包括采取针对性的抢救保护措施。

### （三）处理好综合交通与土地开发的关系，促进两者协调发展

在城市总体规划中要处理好重大交通基础设施（机场、铁路车站、对外交通联系通道、物流园区等）与城市空间布局之间的关系，合理引导客货交通分流，提升城市空间质量与运行效率。要提高对城市停车资源配置重要性的认识，避免缺乏停车设施造成交通秩序混乱，挤占道路空间。在新城区建设中，要注意处理好交通道路与生活街道的空间分布关系，以利于保障生活和服务空间的质量。

物流是云南落实国家战略的重要领域，对城市发展和空间布局均会产生重要影响。同时，物流又有很强的系统性，如果局限于一城一地看问题，就难以科学把握功能定位和资源配置需求。为了避免重复、过度建设，以及功能缺失造成的系统脱节，需要在各个层级规划中深化物流专项研究，加强功能分类指导。

### （四）口岸（城镇）规划和建设

以《云南省沿边城镇布局规划》为指导，进一步明确和提升口岸功能定位，促进口岸空间布局的整合，提高口岸效率和发展能级。特别是要统筹口岸城镇及其腹地的发展关系，在完善口岸通道功能的基础上，推进与腹地中心城市的联动发展；要重视发挥口岸城市对所在县域经济社会发展的促进作用。

如孟定清水河口岸，作为云南临沧市实现跨越式发展的两个重点之一，要重视与其所在城镇和腹地城市（临翔区）的纵向联系；要坚持生态优先，提升文化内涵，体现中国特色社会主义的国门形象；要做好各类功能区的空间布局和控制，近、中期应相对集约、集聚建设，并充分发挥孟定镇区的支撑作用，实现产城融合发展。

### （五）特色小镇和特色小城镇的规划建设工作

特色小镇有别于一般建制镇，通常是在几平方公里土地上集聚特色产业、生产生活生态空间相融合的创新创业平台。特色小城镇则基于建制乡镇，推进镇区的振兴和优化并带动镇（乡）域的发展。必须深刻认识、区别特色小镇和小城镇的内涵与规划建设目标，从而更好地把握城镇发展规律，充分发挥特色小镇和小城镇建设作为贯彻落实新发展理念、适应经济发展新常态、深化供给侧结构性改革重要平台的积极作用，同时应充分带动周边村庄的协调发展。

特色小镇和小城镇的规划与建设，都要按照上位规划的指引，切实落实好各类控制指标，把民生需求、产业基础、自然环境、地域风貌和人文特色等要素紧密结合起来。同时，要避免过度的房地产开发。

要坚持政府引导，统筹规划，加强道路交通和市政基础设施建设。充分发挥社会、企业和广大市民群众的积极性，因地制宜，创建各有所长的特色小镇和小城镇。如云南省文山壮族苗族自治州砚山县国家级现代农业示范区，在大力发展现代农业的基础上，规划打造果蔬特色小镇，希望进一步依托现有集镇和两个村庄，推进特色产业和镇村的融合发展。

专家组在国家深度贫困地区云南省怒江傈僳族自治州泸水市调研考察，左二为云南省住建厅副厅长杨渝（2017年6月）

## （六）乡村振兴和“脱贫攻坚”工作

根据党中央关于2020年脱贫攻坚的总体部署和要求，在云南省委、省政府全力以赴推进下，建议云南省在下一阶段更加重视在近期建设规划中落实好上位规划对各县、镇、村发展的相关目标和要求。特别是各县（市）要认真审视既有的村镇规划，紧密结合乡村振兴战略和脱贫攻坚工作，加强对村镇规划的推进力度，扩大村镇规划覆盖面。

要从实际出发，做精、做强一批村庄，加快推进“脱贫”工作。例如，云南省文山壮族苗族自治州丘北县仙人洞村在村长的带领下，全力推进旅游产业发展。全体村民严格按照统一规划和“一户一设计”，保护和传承建筑风貌、空间肌理及生态环境、文化基因，注重原汁原味的生活体验和感受，村民在经济、就业等方面获得了很大改善和提升。

## （七）进一步完善规划管理体制机制

新形势下，要切实转变以往“重规划编制、轻规划实施”“重项目建设、轻规划监管”和“重概念、轻实践”的做法，更好地发挥城乡规划在经济社会发展中的战略引领和底线管控作用。

要尽快对已经编制、正在编制的各类规划开展全面梳理，进一步明确创新类规划的定位及其与法定规划之间的关系。在省级层面，建议尽快优化构建全省城乡规划体系的整体框架，使各类规划相互衔接，不重复、不遗漏，实现可批、管用，更加有效地指导和推进全省各地的城乡建设和发展。

建议在云南省规委会、省规划局的指导下，进一步建立和健全各市(县)规划管理体制、机制，加强城乡规划编制、审批、实施和监督的全过程管理，并做好及时评估、总结。此外，在云南省级各层面要建立起人才培养的长效机制。

考虑到顾问组专家年龄和身体的实际情况，顾问组工作机制拟逐步转型。今后应更多地利用在上海的工作交流平台，充分发挥上海、云南两地专家的作用，注重实际成效，不断提高工作效率。

上海市援滇规划顾问组

2018年5月31日

收录于《上海市援滇规划顾问组咨询意见汇编(2016—2018)》，顾问组成员为毛佳樑(组长)、夏丽卿、郑时龄、蒋宗健、杨东援、赵民、熊鲁霞、周俭

区域统筹篇 Regional Coordination

# 十年援疆，三年援滇

## 上海规划专家顾问组老骥伏枥，奉献不已

十几年前，规划的种子随着援疆的足迹播撒在受援地人民的心里；如今，许多当年的蓝图，经科学论证和落地实施，正一步步变成美好现实，“规划为先”的理念已然生根开花。2022年9月20日上午，由市规划资源局组织召开的上海市援疆援滇规划工作专题座谈会在上海城市规划展示馆举行。

回首“十年援疆、三年援滇”的工作历程，规划顾问组的专家们不辞辛劳、不畏寒暑，面向对口支援地区全面开展规划支持和咨询工作，为新疆维吾尔自治区、云南省两地规划建设和城乡发展提供了科学支撑，为“脱贫攻坚”和生态文明建设做出了积极贡献，为推动当地可持续发展奉献了经验和智慧。

### 一份嘱托，十年坚守

2010年新一轮对口援疆启动不久，上海市援疆规

“上海市劳动模范集体”——上海市规划和自然资源局上海市援疆援滇规划专家顾问组合影（2020年6月），前排左起为赵民、郑时龄、毛佳樑、夏丽卿、蒋宗建，后排左起为周俭、杨东援、王祥荣、熊鲁霞、王扣柱

划专家顾问组成立。这是一支经过精挑细选的高层次专业队伍，组长毛佳樑，专家有夏丽卿、郑时龄、蒋宗健、王扣柱、赵民、杨东援、王祥荣、熊鲁霞和周俭，均为上海规划界和高校的知名专家和教授，有着丰富的理论和实践经验。顾问组被沪疆两地党委、政府寄予厚望，不仅指导喀什地区的规划，还指导全疆的规划，其具体承担了两大任务：一是全力做好上海对口喀什地区莎车、泽普、叶城和巴楚四县的城乡规划顾问指导和干部培训；二是为新疆维吾尔自治区布置的全疆规划工作提供指导和咨询。

“这是一次极好的‘再学习’机会，能参与其中，我感到很荣幸很自豪。”座谈会上，夏丽卿等专家纷纷坦露心声。城乡差别、东西部差异较大，上海的经验和教训并不完全适用于新疆。要做好能适应当时当地情况的规划设计和管理，处理好规划与稳定、发展的关系，以及长远与当前、刚性与弹性等问题，需要顾问组成员发挥各自特长进行研究和讨论。

上海市人大常委会副主任、第七批上海援疆前方指挥部总指挥陈靖通

在市级机关学习宣传贯彻会议上,与劳模集体成员之一赵民教授留影(2020年12月20日)

"光荣属于劳动者"——作为劳模集体代表在表彰大会留影(2020年12月2日)

过视频分享了难忘的一幕:"那是2011年2月的一天,喀什正值寒冬大雪,我劝顾问组留在市里不要下乡,因为当时不少是土路,怕路上遇到危险。专家们说,一点风雪对共产党员不算什么。"

一份嘱托,十年坚守,漫天飞雪没能阻碍他们年迈的脚步。从2010年到2019年,顾问组集体赴疆28次,新疆内行程累计10万多公里,足迹遍布天山南北近60个县(市)和部分兵团城镇。针对城市定位和总体布局、产业和城镇融合发展、历史文化风貌保护、综合交通和公共服务设施、生态环境和水资源保护等方面,顾问组提交咨询意见和建议100余份,形成两本汇编近50万字。

在顾问组的指导下,喀什地区率先系统建立了"地区—市县—乡镇—村庄"的规划体系。由此,莎车、泽普、叶城、巴楚和喀什市的新区和老城规划建设卓有成效,全面推进了安居富民工程。上海市规划资源局局长徐毅松谈到,专家顾问组牢记使命、砥砺前行,投身边疆规划建设事业,"规划援疆"也逐渐成为上海对口支援工作的一张亮丽的名片。

## 舞台不同，初心不变

参照援疆规划工作实践，根据上海市、云南省两地党委、政府要求，上海市援滇规划顾问组于2016年初组建。围绕云南省的“重点地区、重大项目、重要课题”，顾问组以滇中城市群、沿边口岸城镇组群的规划咨询为首要任务，开展对全省城乡规划的调研和指导工作。三年里，顾问组对云南省16个州市、40多个县市区进行了实地考察调研，利用沪、滇两地交流平台形成咨询意见和建议30余份，整理成一本近10万字的汇编。

在援疆援滇工作中，上海规划顾问组占了三个“长”字——年纪长、时段长和行程长。是什么力量支撑着年过花甲的专家们顶风冒雪、不远万里进疆？是什么力量推动着“上海智慧”从东海之滨输送到西部边陲？

“这是一个团结友爱的集体。”毛佳樑道出真谛：“虽然大家年事已高，但我们都把参与上海援疆援滇规划工作，看作是责任、是光荣，从不同专业、不同角度充分发挥团队的合力作用。在市委、市政府的领导下，市援疆前方指挥部、市规划资源局、专家顾问组，以及由上海市规划院、同济规划院、复旦规划院、浦东规划院组成的规划设计联合团队和市规划协会，就是一个更大的战斗集体。正是在大家的齐心协力下，专家组的工作才得以有序、高效地开展，并得到了各级领导、规划同仁和社会各界广泛的认可和赞誉，特别是历任指挥长陈靖、张仁良、杨峥、史家明等给予全力支持；正是集体力量的发挥，使得‘规划援助’成为上海援疆援滇工作的亮点之一。”

在实践工作中，在新疆、云南两地住建厅的支持下，专家顾问组坚持“规划为先”，注重把国家倡导的先进规划理念和当地实际相结合，使规划引领和底线管控的理念深入人心；不断完善规划管理的体制机制，通过开展各种形式的学习、培训，逐步从“输血”转变为“造血”，努力提升当地规划管理队伍的综合能力；在推进“安居富民工程”“脱贫攻坚”工作中，进一步统筹城乡建设、促进产业和城市同步发展。

“时光虽会流逝，但山河终会铭记。有这么一支团队，犹如古时候丝绸之路上往来的驼队，时常奔波穿梭于天山南北、大漠戈壁，不辞辛劳，不畏风险。这支团队不是为了商贸而来，而是为了帮助地方发展、增进民生福祉、促进民族团结而来。”上海市市级机关工作党委常务副书记、第九批上海援疆前方指挥部总指挥杨峥说。2020年，规划专家顾问组先后被市委、市政府授予“上海市模范集体”和“2017—2020年度上海市助力脱贫攻坚先进集体”称号。

2022年9月30日发布于“上观新闻”平台

上海市规划资源系统援疆援滇规划工作表彰座谈会与会人员在上海城市规划展示馆合影（2022年9月22日）

# 科學發展篇

## Scientific Development

科學發展篇 Scientific Development

# 上海商业用房产权的有偿转让

20世纪90年代以来，随着改革开放的深入，上海通过旧城改造和新区建设，充分挖掘城市土地的级差效益，多渠道筹措境内外资金，大大加快了城市建设的步伐。但是，有关房屋产权，特别是商业用房的产权有偿转让工作，还需要进一步加强政策导向、统筹平衡，加快运转速度，在实践中不断完善。

## 一、如何改变房管部门“捧着金饭碗吃不饱饭”的现象

地处黄浦区南京路的房地产管理部门，应该说他们手中捧的是一只“金饭碗”。但长期以来，由于体制和经营机制的原因，却产生了手捧“金饭碗”却“吃不饱饭”的现象。这是为什么？尽管一幢幢高楼大厦和一家家地处黄金地段的商店用房的产权是属于房管部门的，但是由于房租低廉，只能搞些小修小补，根本无

法运用收取的房租来扩大房屋的再生产。而商业部门又因房产权不属于自己，导致企业的改造和发展也只能是“小打小闹”的门面装修，无法使出向大商业、大流通、大市场发展的“大手笔”。如何解决这对矛盾？有偿转让商业用房产权是一条值得尝试的改革新路。

新中国成立四十多年来，上海市房地局承担了全市直管公有房屋的管理和维修任务，为经济发展、社会稳定和人民安居乐业做了大量工作。所以，上海大多数非居住用房，包括商业用房的产权，归属于房地产管理部门，由其收取房租，承担日常管理和养护维修工作，房屋的使用权归经营单位。这就形成了“经商的不是房产业主，房产业主不参与经商”的局面。这样，房产管理部门不可能超越租金的总量，投入大量的资金来改造更新现有产业；而仅有使用权的经商企业，至多是在装修装潢、设施设备上动些脑筋。由于体制原因，房产部门和经商企业互相制约，很有可能在改革开放的大潮中坐失良机。如房产部门收取的租金不足成本，“捧了金饭碗难以吃饱饭”，无力扩大房屋的再生产；商业单位改造、发展的步履也十分艰难，最终导致国家的最大资产，即土地的价值，未能被充分体现出来。如果由房地产部门有步骤、有选择地尝试将商业房屋产权向使用单位有偿转让，各项配套政策和举措实施到位，就能使沉没在房屋下面的土地级差效益更好地发挥出来，于国家、于企业都是有利的。

对于土地的价值，人们通常认为只体现在土地产权和房屋产权之中，应该说这只讲对了一半。其实土地和房屋的使用权在特定条件下也具有一定的价值，只不过比起前者来，在不同的地段，不同的房屋结构，两者的比例有大有小。如果房产部门向房屋使用单位转让房屋产权时（习惯上称作“实心房转让”），就应该考虑其使用权的价值，在转让金上作一定优惠折扣，这样才能兼顾双方利益，有利于房屋产权有偿转让的实际运作。

以上海第一百货商店为例（不包括“中百大酒店”），商场建筑面积约3.3万平方米，月租金21万元，全年房租250余万元。若由房产部门向“中百一店”有偿转让房屋产权，假设已打折优惠。

方案一：转让金2500元/平方米，总转让金额为8250万元，“中百一店”等于支付了32年的房租。房管部门收取转让金后，其利息已大大超过现有的租金。转让金可由政府和房管部门统筹安排。

方案二：转让金4000元/平方米，总转让金为1.32亿元人民币，商店分期支付，合理消化，今后也不必担心非居住用房租金的提高。房管部门可提取40%—50%作为本金，以息抵租。另外的资金可由政府专项用于扩大第三产业的房屋再生产。

商店企业购买房屋产权后，由于固定资产增加，将大大增强企业的实力和信誉。若是上市股份公司，则更有益处。商店无论是自身改造，还是拆除后扩大规模再开发，都有了较大的主动权。有些需保护的大商店和宾馆、饭店，可探索“熟地批租”模式，补交地价后，按照国家有关政策，引进国外先进的管理技术和资金，努力使商业与国际经济接轨。当然，商业和宾馆、餐饮业的合资，情况比较复杂，全国和上海不仅有总量控制，还需报经国家有关部门批准。总之，商业企业占有房屋产权后，在房产的改造、使用、处置上不再处于从属地位，可以更主动地面向市场，重新规划，使资金、房产乃至土地资源得到优化配置，扩大经营规模，提高经济效益。由此，也有利于推进企业转换机制，调整产业结构，真正向现代商业发展。

## 二、“新世界”“万象”模式值得借鉴

有偿转让商业用房产权究竟能否解决上述的这对矛盾呢？不仅理论上成立，而且实践的回答也是肯定的。南京路上的“新世界”和“万象”两家商业用房的有偿转让已结出丰硕的成果。因此，“新世界”和“万象”两家的做法，在商业用房有偿转让的试点工作中是值得推荐和借鉴的。

商业用房的产权出让，可先选择试点单位，然后在全市逐步推开。以黄浦区为例，1994年全区共有各类房屋616万平方米，其中居住用房292万平方米，占比为47.4%；非居住用房324万平方米，占比为52.6%。在房管部门现有的房产以及今后新的增量中，完全可以出售一部分符合条件的非居住用房。

假如在黄浦区拿出20%的非居住用房出售产权，估计有65万平方米，如

售价以每平方米3000元计算，总售价约为19.5亿元，相当于目前全区将近20年的房租收入。如商业单位和房产部门合理地运转好这笔资金，有部分实转，有部分空转，资金分期投入，房产分批转让，这样双方都有承受能力。那么，政府和房管部门也就可以集中使用这笔资金，以房生房，根据城市总体发展目标，进一步发展第三产业。而政府的商业主管部门则应站在战略高度，面向世界，面向21世纪，制定目标，统筹规划，逐年实施，以期不断提高第三产业的比重，提高经营管理水平，形成上海大商业、大市场、大流通的新格局。

几年来，市、区有关部门对商业用房的产权转让进行了积极的探索，有不少成功的经验。如南京路上正在改造建设的“新世界城”和“万象商厦”，就是区属房管部门和商业企业在产权有偿转让中的一个实例。如果“新世界”和“万象”依然租屋过日子，他们既没有权利把旧屋推倒重建，也不愿花钱为“他人”造新房。现在，原来的旧屋有偿转让给商店，商店的领导既有权利也有兴趣将旧屋进行改造，或拆除重建。不久的将来，崭新的商城、商厦就会伫立在南京路上，届时，这些楼宇将为繁华的南京路锦上添花。

## 三、要确保国有资产保值升值

有偿转让商业用房试点工作能否成功的关键何在？那就要看转让以后的国有资产是否能够保值和升值。要确保这一点，政策的制定十分关键。也就是说，当前迫切需要制定出一套科学、合理的有关商业用房有偿转让的法规政策。而其中的关键就是商业用房出让金的定价是否合理。

改革是一项宏伟的系统工程，任何一个局部的变革，都不可能孤军突进。商业用房产权有偿转让的工作也是如此，亟需做好观念的转变、政策的制定、房产价值的估算以及价格的测算等相应的配套工作。而这一切配套工作都要围绕国有资产的保值、升值进行。商业用房有偿转让成功与否的关键，是要看它最终是否能达到保值、升值的目的。

一是制定和完善有关的政策、法规，使房屋产权的转让工作，既能在宏观经济的运作中协调推进，同时又便于各部门的实际操作。如房屋产权从房管部门转让到商业或其他行业后，由于有的部门在购买房屋产权时，有国家或全民企业资金的注入，再考虑到城市土地价值的因素，就有可能涉及对国有资产产权的准确界定和对国有资产的合理评估问题，政府还需考虑今后如何确定资产收益率等。当然，目前为了尽快启动，这些问题的解决可简略些，但房屋产权转让工作在较大范围内运转后，如何加强对国有资产的科学管理，确保其有效增值，就需要开展研究，并落实相应的措施。

二是认真做好房产的评估工作，科学、合理地测算房产楼面出让价。出让金的定价是否合理，是房屋产权出让工作能否大面积推广的关键。定价太高，加上目前非居住用房租金总体偏低，买房不如租房合算，一些经营、使用单位就不愿购买。定价太低，容易使国有房产乃至城市土地价值流失，也不利于整个城市房地产市场的健康发展。出让金的测算，可有多种方案，但应以区域地段、使用功能、房屋结构这三要素作为测算的主要依据，然后再根据房屋使用年限，以及周围市政配套条件（如供电、上下水、供气、通讯）等诸多因素加以综合平衡。

三是商业用房产权的转让，由于资金流量大，仅有房产和商业部门的积极性还难以运转。这就要求在政策范围内，允许商业银行、保险公司的参与，并逐步使这项工作在法制的轨道上有序运行。

四是加强物业管理，更好地发挥商业房产的使用功能。商业部门购买的房产，可以接受房产部门的行业指导，或组织专业力量自行管理，或委托专门的物业公司管理，这样也有利于上海物业管理的多元化和竞争发展，促使房产管理上一个新的台阶。

总之，在商业用房产权有偿转让的过程中，政府和各有关部门必须有效加强对国有资产的管理，明晰产权，充分调动各部门、各行业的积极性，促进国有资产的不断增值，以利于这项试点工作的顺利开展。

原载于《文汇报》1995年5月2日

# 以科学发展观引领上海城市总体规划的落实



党的十六大提出了21世纪头20年全面建设小康社会的目标和任务。党的十六届三中全会又进一步明确提出，要“坚持以人为本，树立全面、协调、可持续的发展观，促进经济、社会和人的全面发展”，强调“五个统筹”，推进改革和发展。

当前，我国正进入新的战略发展机遇期，上海也处于城市化快速发展的关键时期。贯彻党的十六大确定的方针，贯彻落实城市总体规划，促进经济、社会协调发展，加快上海“四个中心”目标的实现，是我们当前共同面临的历史重任。

## 一、求真务实，牢固树立城市规划工作的科学发展观

科学发展观的确立，是我们党对社会主义现代化建设规律认识的进一步深化，也是我国全面建设小康

社会和实现现代化的根本指针。牢固树立和全面落实科学发展观，要求我们在发展过程中实现经济和社会、人口、资源、环境相协调，要把“三个代表”重要思想贯彻到社会主义现代化建设的各个领域和各项工作中去。

## （一）用科学发展观指导和推进城市规划工作的开展

树立和落实科学发展观，城市规划工作是重要的载体和抓手。城市规划工作，通过对城市空间布局、经济建设、社会发展和资源利用等诸多要素实施综合部署和有效管理，提升城市品位，塑造城市形象，促进城市的可持续发展。

城市规划的属性，在于其既是一门科学，具有比较完整的学科体系；又是一项政府行政职责，是公共干预的有效手段；也是一项社会公共实践活动，需要理论与实践相结合，必须有社会公众的共同参与。要充分发挥城市规划的先导和调控作用，就必须牢固树立城市规划工作的科学发展观，不断提升城市综合竞争力。

### 1. 全面发展

要紧紧围绕上海“四个中心”和现代化国际大都市建设，着眼于城市经济、社会、环境综合效益的体现，坚持城市形态优化和功能完善的有机统一。科学发展的本质和核心是“以人为本”。在加快经济发展的同时，必须坚持“以人为本”，促进经济、社会和人的全面发展。

### 2. 协调发展

城市规划是一项量大面广的社会实践活动。制定城市规划，要广泛征求各方面的意见，协调各部门要求，全面客观地反映城市发展的目标和任务。上海城市规划工作，要特别注重经济和社会协调发展、城乡协调发展以及人与自然的和谐发展，满足人民生活和城市发展的需要。同时，要充分考虑区域与城市、近期与远期，统筹局部与整体、保护与发展，合理配置各类资源。

### 3. 可持续发展

要把握宏观性、注重前瞻性，立足当前，谋划未来。城市规划在社会实践中，要明确目标、循序渐进、动态管理，既要考虑当前发展的需要，满足城市建设的需求，又要考虑未来的发展，为子孙后代留有充分的发展余地。

## （二）体现“三个更加注重”，充分发挥城市规划的先导和调控作用

城市规划的核心是土地利用和空间管理。科学的城市规划，有利于增强城市的综合竞争力，促进城市经济、社会、文化的协调发展；有利于克服建设的盲目性和局限性，保障城市安全，维护公共利益，促进城市健康有序和长远发展；有利于优化城市空间环境，提升公共环境品质，创造宜人的活动空间，进而提高广大市民的生活和居住质量。

总之，有一个科学合理的城市总体规划，有利于城市建设和管理，能加快城市的现代化建设；反之，就会阻碍城市发展的进程，甚至可能造成不可逆转的遗憾。上海的城市规划工作，必须紧密结合上海实际，科学管理、依法管理，体现“三个更加注重”。

### 1. 更加注重实施“科教兴市”的主战略

科教兴市，是推进上海经济社会发展的主战略，其核心是创新，关键在人才。走科教兴市之路，是树立和落实科学发展观的根本要求，也是科学发展观在上海的具体实践。城市规划工作，要把实施“科教兴市”主战略作为核心内容。

自20世纪90年代以来，上海持续快速发展的实践表明，要实现协调发展和可持续发展，就必须依靠科学进步和人的素质提高。城市规划工作，要着眼于城市经济、社会、环境综合效益的体现，加大实施“科教兴市”战略的力度。要以制度建设和体制创新为突破口，深化完善城市规划体系，完善城市规划管理体制，完善城市规划运作机制。规划制定，要牢固树立“科技是第一生产力，人才是第一资源”的观念，把决策变为行动。在加快经济发展的同时，努力优化各类资源配置，加强环境建设和保护，大力发展科技、教育、文化、卫生、体育等社会事业，促进经济、社会和人的全面发展。

### 2. 更加注重“以人为本”的规划理念

“以人为本”，就是要将人民的利益作为城市规划工作的出发点和落脚点，要不断满足市民日益增长的物质和精神等多层次的需求。

上海的城市规划工作，要把“以人为本”的规划理念作为根本要求，要

围绕建设以人的全面发展为中心的社会事业体系，继续推进建设一流的教育、医疗、体育和国际文化交流中心，满足群众多层次的需求。要切实解决规划管理中群众最关心、最直接的实际问题，提高广大人民群众的生活和居住质量。规划部门不应有自身利益，应该考虑的是城市的长远利益和老百姓的公共利益，真正体现全心全意为人民服务的宗旨。

### 3. 更加注重“统筹兼顾”的指导思想

科学的城市规划，要通过合理配置城市各项资源，有效克服市场机制的缺陷，确保经济、社会发展的空间需求，保障社会各方的合法权益，促进城市全面、协调和可持续发展。

城市规划工作要用发展的眼光，把统筹兼顾人口、产业、基础设施、资源和环境五大要素作为重要前提，从而使规划更具前瞻性。

改革开放以来，上海城市建设取得了巨大成就。但是，我们也要看到，上海，特别是中心城区，人口压力很大。目前，中心城区居住时间达半年以上的常住人口为976万人，平均人口密度为1.55万人/平方公里，相当于东京的1.2倍、莫斯科的1.6倍。中心城供水、供电、燃气、道路、排污和发展需求的矛盾比较突出。此外，中心城开发密度过高，郊区推进“三个集中”还有不少问题亟待解决。上海城市规划工作，要促进城市发展要素间相互衔接，实现良性互动。要注重城乡协调发展，充分发挥中心城区与郊区各自的优势和积极性，相互促进，共同发展。当前要特别注重节约与合理利用土地和水资源。

## 二、认真落实城市总体规划，推进城市全面协调发展

2003年10月，在市委、市政府的高度重视下，上海市召开了第五次规划工作会议。会议明确了上海城市发展的中、近期目标，就全面实施城市总体规划作了更加明确的部署。

新形势下，上海城市建设面临着新的机遇和挑战。城市规划工作作为推进城市协调发展的重要抓手，内涵更加丰富，任务更加艰巨。我们要牢固树立和落实科学发展观，认真贯彻实施城市总体规划，切实发挥城市规

划的先导和调控作用,为上海城市现代化建设做出新的努力。

## (一)抓住机遇,加快建设现代化国际大都市

把上海基本建成国际经济、金融、贸易、航运中心之一,建设成现代化国际大都市,是一项光荣而又艰巨的任务。要把世博会办成成功、精彩的盛会,要通过举办世博会,使“城市,让生活更美好”的理念深入人心。要提升城市国际化、市场化、信息化、法治化水平,不断提高综合竞争力,加快建设现代化国际大都市的步伐。

城市规划工作,必须在加快上海自身发展的同时,放眼世界,服务全国,融入长三角。从“发展优势产业、稳定均势产业、淘汰劣势产业”的原则出发,继续巩固第二、第三产业共同推动经济增长的格局,推动产业结构的战略性升级。要积极推进与长江三角洲地区的共同发展,加强在能源、环境治理和保护等方面的规划衔接,加快互联互通的市政道路建设,加快构筑长江三角洲城际快速交通网络。

要充分认识城乡统筹发展的重要意义。上海中心城区,土地面积占全市的10%,人口总量约占全市的60%,集聚的各类专业人才超过70%,高校科研院所达80%;而拥有90%土地的郊区,相对而言,各类资源明显短缺。城、郊二元结构的不平衡,会影响未来上海的经济发展。通过科学引导,城郊将会为上海发展提供更为广阔的大舞台。

市领导多次强调,城市规划工作的视野,要从中心城660平方公里,扩展到市域6340平方公里。要把人口调控、产业发展、基础设施建设、资源利用、环境保护整体纳入规划体系,做到城乡通盘考虑、整体安排、相互衔接。中心城要进一步完善和强化金融、贸易、信息、管理等功能,大力发展现代服务业;郊区要进一步推进重大产业基地和产业园区建设,切实提高工业园区土地投入产出率,同时努力提升第一产业能级,体现郊区的潜力和实力。

## (二)坚持“双增双减”,大力推动中心城健康发展

上海要实现健康、有序发展,创建最适宜国内外人士创业和生活的城

市环境，必须充分考虑生态环境建设。中心城发展，要高度重视“双增双减”工作在城市发展中的重要意义，要按照“增加绿化、增加公共空间，减少容积率、减少建筑总量”的总体要求，确保目标实现。

控制中心城人口规模，必须严格控制新的住宅用地的供应总量。当前，要特别注意妥善处理发展和控制的关系，严格控制工业仓储用地转性为住宅用地，禁止科、教、文、卫、体等公共设施用地转性为住宅用地。

中心城的建设发展，要按照区别对待、分类指导的原则，有序推进城市建设。浦西内环线以内地区，重点是疏解人口总量、降低人口密度；内外环线间地区，要适当调整人口规模，重点引导人口合理分布。浦东地区，要按照现代化新型城区的建设要求，高标准、高起点统筹人口分布、产业发展和环境建设。

### （三）坚持“三个集中”，切实提升郊区经济实力

郊区是上海城市未来发展的重点。上海郊区规划建设要在“集约”上做文章。要切实推进郊区“三个集中”，即促进工业向园区集中、人口向城镇集中、土地向规模经营集中，加强各类要素资源集聚度，增强综合服务功能和辐射功能，促进与长江三角洲地区的优势互补，加快郊区城市化进程。

要按照“体系成梯度、布局成组团、城镇上规模、发展有重点”的原则，完善郊区“新城、新市镇、中心村”三级城乡居住体系。

郊区工业发展，要形成产业链和产业集群，做到整体规划、分步实施、有序建设。要实行最严格的耕地保护制度，合理和节约使用土地，科学规划和预留城市可持续发展的空间。

### （四）兼容并蓄，努力延续历史文脉，塑造城市新形象

上海是国家历史文化名城。上海城市发展的历史，人文荟萃，中西文化交融，多元文化的兼容并蓄在建筑和城市空间格局上形成了独特的风格。要建立最严格的历史文化风貌和优秀历史建筑保护制度，充分体现国

际大都市的现代化水平并继承传统文化的精髓，把上海的历史文化风貌区和历史建筑保护提高到一个新的水平。

要加强中心城区总用地约27平方公里的12个历史文化风貌区和398处优秀近代历史建筑的保护工作。加强对南翔、朱家角等历史文化名镇的保护工作，加大对新场、金泽、练塘、枫泾等有历史特色村镇的保护力度。加快制定《上海市历史文化风貌区和优秀建筑保护条例》实施细则，把徐汇区衡山路—复兴路历史风貌保护区作为规划立法的试点。研究黄浦江、苏州河沿岸产业建筑保护区和有历史特色的街道，编制保护规划。加快确定全市第四批优秀历史建筑名单。

城市雕塑建设，是展示城市精神、文化品质的重要载体。要充分发挥城市雕塑的审美引导和文化标志作用，全面提升上海城市生活与居住的环境品质。根据上海市城市总体规划和城市空间发展的总体要求，上海市城市雕塑总体规划经专家论证后编制完成，并上报市政府获批复同意。要大力推进城市雕塑建设，力争使上海的城市雕塑建设水平，在较短的时间内能有一个大的飞跃。到2010年，结合世博会的召开，使上海城市的雕塑艺术与国际大都市的地位相匹配，并能留下传世之作。

## 三、以“三个完善”为抓手，全面落实规划工作会议精神

2004年初，市委、市政府对规划工作提出了新任务、新要求，我们要以科学发展观为指导，以不断完善规划体系、改革规划体制、深化管理机制为抓手，全力以赴，抓好规划工作会议精神的贯彻和落实。

根据全年的工作要求，我们把2004年作为规划工作会议精神的落实年，紧紧围绕“一个目标”（全面贯彻规划工作会议精神），按照“两个坚持”（中心城坚持“双增双减”，郊区坚持“三个集中”），实现“三个完善”（完善规划体系、完善规划管理体制、完善规划运作机制），做好“四项重点工作”（加强规划制定，保证规划落地；明确市区职责，实施长效管理；加大监查力度，强化依法行政；加快制度创新，提高管理效能）。

## （一）坚持完善城市规划体系，保证规划落地实施

城市规划是一项多目标、多系统的综合工程，它可以分为总体规划和详细规划两大部分。总体规划，注重战略引领和底线管控，包括区域性规划、产业布局规划、专业系统规划等；详细规划，注重实施性和近期操作，可以分为控制性详细规划和修建性详细规划，如重要地区和重大项目规划、开发基地的操作性规划等。

### 1. 健全覆盖全市、层次清晰、目标明确、管理有序的城市规划体系

坚持完善城市规划体系，是实现规划“落地”的前提。制定和实施城市规划，以中心城区和郊区为两条主线，从上而下，分为五个层次。

中心城规划体系分为城市总体规划、分区规划、控制性编制单元规划、控制性详细规划和按规划实施项目管理五个层次。郊区规划体系分为城市总体规划、郊区区（县）域总体规划、新城和中心镇总体规划、一般镇和乡总体规划、按规划实施项目管理五个层次。

以中心城控制性编制单元规划和郊区区（县）域总体规划为抓手，落实中心城“双增双减”和郊区“三个集中”。2004年底以前要完成中心城242个控制性编制单元规划和郊区区（县）域总体规划的编制工作。

### 2. 通过控制性编制单元规划，推进网格化理念落到实处

新增的控制性编制单元规划，是上海新创设的规划环节，也是完善城市规划体系的核心内容。它是网格化管理理念在城市规划工作中的具体运用和实践探索，目的是层层分解总体规划目标，确保规划落地。

（1）承上启下，推进规划层层落地

控制性编制单元规划上承全市总体规划、中心城分区规划，下启控制性详细规划。制定单元规划，有利于规划衔接，保证规划目标切实落地。

（2）资源共享，各项设施优化配置

通过现状普查，中心城4079个街坊共划分为242个规划编制单元。一般一个街道分为2至3个规划单元，浦江两岸和内外环间有所区别。明确规划参数，有利于设施优化配置，也有利于基础设施和公共设施共享。

（3）结合行政区划，注重实效

编制单元内，考虑设施配置的合理性，以便行政区划内管理部门的具体操作。同时，单元之间，注重资源整合、互相衔接、优势互补。结合行政区划，有利于区域社会、经济的协调和可持续发展。

## （二）坚持完善规划管理体制，实施长效管理

科学的城市规划，要建立和完善相应的管理体制和机制，以有利于提升城市的综合竞争力。城市规划工作，必须认真贯彻规划决策、执行、监督"三分离"和规划编制、审批、执行"三分开"的工作原则。

市规划管理部门，要加快实现"三个转变"。

### 1. 加快实现"从项目管理向规划编制"的转变

要改变重具体项目管理、轻宏观规划管理的局面，加强规划编制，超前研究上海城市发展中的重大问题和全局性问题，推进城市健康、有序发展。

### 2. 加快实现"从局部地区管理向总体控制、实施监督"的转变

要改变市、区两级规划管理部门在同一层面进行项目管理的做法，充分发挥市、区各自优势；要改变重审批、轻执行的现象，建立监督机制，加大监管力度，确保规划落地。

### 3. 加快实现"从中心城管理为主向市域全覆盖管理"的转变

要改变规划管理重市区、轻郊区的局面，立足于城郊协调、全面发展。城市建设要实现由内向外的转变，规划管理要全覆盖、有重点，切实推进城市的整体发展以及与长江三角洲地区的联动发展。

要进一步发挥市、区两级政府、两级管理的积极性，明确运作规程，细化具体操作界面和管理规程，形成三个管理层次：(1) 市规划局以前瞻性、全局性的规划编制为主，多从全市总体发展和区域协调发展的角度出发，制定规划和业务规范；(2) 区（县）规划局严格按照批准的规划进行建设项目审批，在项目管理中，要严格执行法规规章和技术标准，要做到既注重单体项目，又注重区域的协调；(3) 市规划局加强对系统内的检查监督，市、区规划管理部门要形成合力，做到"市区职责分明、分工不分家"。

### （三）坚持完善规划运作机制，提高管理效能

完善规划运作机制，是城市规划管理水平不断提高的关键环节。

近年来，上海的城市规划管理水平不断提高，但与建设现代化国际大都市的要求相比，还存在不少薄弱环节。一是部分规划的操作性不强，造成实施过程中，规划要求不能切实落地；二是监督检查力度不够、执法不严，造成部分地区违法建设现象比较严重。

要提高管理效能，必须坚持依法行政。2004年，要以贯彻5月1日实施的《上海市政府信息公开规定》和7月1日起正式施行的《行政许可法》为抓手，建立分工明确、职责到位、行为规范、运转协调的操作规程，切实做到精简程序、公开结果、缩短时限、规范操作，推动城市规划工作制度化、规范化和法治化。

要进一步完善规划管理的运行机制。当前，规划部门重点是要建立“五项制度”，努力提高工作效率，强化实效。一是实行项目审批责任人终身负责制，规划管理人员要树立高度的历史责任感；二是实行项目报送审批程序规范制度，明确工作流程，落实岗位责任；三是实行项目批后全过程监督管理制度，加大监管力度，强调实际效果；四是实行日照“三维五度”预评估制度，科学管理，突出规划引导；五是实行规划系统岗位职责管理制度，明确分工，形成合力。

要进一步完善规划管理的监督机制，实现规划实施的全社会、全过程、全覆盖监督。要按照网格化管理的要求，建立市、区协同的全覆盖巡查网络。要积极推进审批制度改革，进一步完善法规、规章和业务规范。要不断提高规划工作的透明度，不断扩大社会对城市规划和规划法规的知晓度，积极推进公众参与规划编制和实施过程。

## 四、正确处理好“五个关系”，全面落实城市规划工作的科学发展观

新形势下，我们要清醒认识城市发展面临的新情况，城市规划工作面

临的新问题、新特点，勇于创新、破解难题。在实践中，必须正确处理好五个方面的关系。

### （一）整体与局部

城市总体规划，注重的是功能定位和成效，讲究的是既总体协调又各具特色。正如上海要在融入全国、服务全国中加快发展，各区县的工作必须服从和服务于全市的总体战略布局，推进城市可持续发展。具体到规划工作中，中心城各区要按分区规划及编制单元规划的要求，合理配置人口和建筑总量；郊区各区县要按照“三个集中”的要求，统筹好人口、产业和城镇布局。

城市规划工作，要在实践中全面掌握自身的运行规律，同时也要统筹五大要素的发展关系，统筹处理持续、协调、平衡和发展，既要处理好上海城市总体规划与长三角区域规划的衔接，又要注重城市总体规划与经济、社会、科技和文化发展的协调。

### （二）长远与近期

城市发展是一个历史过程，既关系到近期经济、社会的发展，又关系到人民群众的切身利益和城市发展的长远目标。城市规划工作，要处理好长远目标与近期实施的关系，处理好城市功能和形象的关系，保证总体规划切实落地。当前的规划，要给今后的发展留有充分余地，绝不能留下“后遗症”。

### （三）发展与保护

上海是个历史文化名城，文化底蕴深厚。在城市发展进程中，外滩建筑群被誉为“万国建筑博览会”。上海的居住建筑，同样海纳百川、风格各异，最典型的是上海的石库门里弄建筑。从老式石库门发展到新式里弄，既有东方的理念和骨架，也有西方的手法和符号，体现了上海近代居住建筑的地方特征：兼容性，多元文化、兼容并蓄；商业性，追求时尚、注重实用。

城市规划管理既要促进地区开发建设，又要体现历史文化的底蕴，延续历史文脉。在城市建设和旧区改造中，要通过严格的制度、主动的举措，保护上海的历史风貌区和优秀历史建筑。

## （四）经济建设与环境容量

城市规划工作，要正确处理好经济、社会和人口、资源、环境的关系，要充分考虑人口承载力、资源支撑力、生态环境和社会承受力。既要遵循经济规律，又要遵循自然规律；既要加快经济发展，又要讲究社会效益和生态环境效益。坚持科学发展观，实质是要实现经济、社会更快更好地发展。在加快经济发展的同时，要高度重视资源节约、环境保护、生态建设，注重循环经济，实现经济、社会与人口、资源、环境的协调发展。

## （五）规划制定与规划实施

规划的制定与实施，要注重前瞻性与操作性的有机统一。规划工作，既需要“规”，又要有“划”。先“规”后“划”，在一定条件下，两者互相转换、相互提升。“规”是规矩、规范，没有规矩不成方圆；“划”是筹划、策划，解决的是规范、规矩落地问题。“规”需要依托法律法规的支撑，“划”更多的是依靠体制、机制的运作。

原载于《城市管理》2004年第5期

科学发展篇

Scientific Development

# 城市规划管理要处理好八个关系

城市规划管理工作，是政府公共管理的一项重要内容，也是一项社会性很强的实践活动。在21世纪，面临战略机遇期，上海的城市规划工作，要牢固树立科学发展观，把国务院批准的《上海市城市总体规划（1999—2020年）》真正落到实处。

面对新形势、新任务，城市规划管理领域有诸多问题需要思考和探索，当前，需要处理好八个方面的关系。

## 一、规与划的关系

规划管理，顾名思义，“规”是规范、规则、规定，“不以规矩，不能成方圆”；“划”是筹划、谋划、策划，解决的是规范、规则、规定的落地问题。“规”，总结了历史上城市规划和建筑管理的规律，通过实践上升到理论，体现的是法律法规的支撑；“划”，是研究实践，讲究操作，强调依托体制、机制进行高效运作。

规划工作，不能单就“红线”谈“红线”，而必须坚持规划先行，统筹协调，综合考虑社会效益、经济效益和环境效益，实现理论和实践的有机统一。所以，规划管理工作，既要有“规”，又要有“划”，先“规”后“划”。在一定条件下，两者又可以互相转化、互相提升。任何重“规”轻“划”或者以“划”避“规”的工作方法，都是有害的。

## 二、纲与目的关系

大凡工作，都有纲目之分、主副之别。规划管理工作也是如此。城市总体规划是“纲”，控制性编制单元规划、控制性详细规划等为“目”。“纲举”才能“目张”。

一条主线，必须能够串起所有的辅线。总体规划既要统领众多的专业规划和控详规划，又要以后者为依托，真正做到层层落地。如果没有各个层次、各种类型的规划衔接，总体规划就会成为无本之木，难以真正贯彻实施。

如果一个地区的规划尚未编制或批准，具体的项目审批切不可“孤军深入”，否则，若干个具体工程项目的审批，很可能造成规划层面的被动，甚至在城市建设中留下难以弥补的缺憾。

同样，规划和建设项目审批的着眼点，也应有主次之分。规划管理的主要着眼点，应体现“以人为本”的思想，促进构建和谐社会，切实保障城市的长远利益和市民的公共利益。例如，黄浦江两岸的综合开发规划首先要考虑如何提升整个城市的功能，塑造城市的形象，合理安排沿江公共建筑、公共绿化的布局等，其次才是关注相关的楼宇布局、建筑的内部格局等。临江建设，要为市民、游客留出公共活动空间，不应成为“私家领地”。

## 三、点与面的关系

在规划管理中，建筑项目的审批，一定要处理好“点”与“面”的关系，避免“只见树木，不见森林”。

单幢建筑在“点”上体现自身特色的同时，更要注重与周边环境景观，即与“面”上建筑群的交融与协调，形成错落有致的有机整体。

上海外滩历来有“万国建筑博览会”之称，各类建筑巍然耸立，就像一首气势磅礴的交响乐。一幢幢楼宇，好似一个个音符、一曲曲乐章，既各有特点，组合在一起，抑扬顿挫，又十分和谐。建设和改造外滩，一定要精心保护好建筑群体的历史风貌和优美的空间轮廓线。

同样，在浦东1.7平方公里的小陆家嘴地区，通过国际规划方案竞赛和总体统筹规划，470多万平方米建筑量的总体布局得以明确。多年来，浦东新区按规划推进实施，积极处理“点”与“面”的关系，使陆家嘴金融贸易区成为具有时代特色的城市新景观。

但是，目前也有不少区域，单幢楼宇有个性、有特色，但组成建筑群时，却不够和谐。一幢楼要关注平面布局、立面设计，要处理好平面与立面的关系；一个建筑群，则要关注个体建筑与总体布局的协调，这项工作难度更大，也是时代赋予城市规划管理者的历史责任。

最近，上海市规划局根据市政府批准的黄浦江两岸地区的结构规划，正在组织开展上海船厂、北外滩等地区的城市设计，目的就是使历史建筑和现代建筑和谐“对话”，努力使单体建筑各具特色，建筑群和谐、美观，从而形成富有魅力的城市整体形象。

## 四、前与后的关系

前期的科学引导和后期的理性评估，是提升规划管理水平的重要手段，两者要相辅相成，相互促进。既要强调按照规划审批项目，加强前期的功能定位研究，进行建筑总量、环境、交通、日照等指标的分析；又要注重评价规划实施后的实际效果，完善规划的反馈机制，建立健全规划后评估体系。应该说，审批工作往往体现管理者理解、执行规范的水平，而规划后评估则可以反映社会各界对城市规划和建设的综合意见。对管理部门来说，及时吸取正反两方面的经验教训，从实践中学习，不断完善技术规范，提高管理水平，尤为重要。

在具体项目的审核过程中，也有“提前引导”和“事后管理”之分。以往，上海新建项目的日照分析，都是通过现有设计方案对受遮挡建筑的日照进行分析，即利用“试错法”来确定方案，缺乏建设前的可行性分析，容易引发居民矛盾。针对这一问题，2004年，市规划局研究制定了“日照三维五度预评估管理办法”，突出了规划的引导作用。

## 五、高与低的关系

长期以来，我们在规划管理中形成了一种思维定势，即中心城区建筑容量应该高一点，郊区建筑容量应该低一些。应该说，这符合城市建设发展和级差地租的普遍规律。但是，城区的情况各有不同，在新形势下，管理部门也要进行认真反思，认识到高与低是相对的，而不是绝对的。

改革开放以来，上海中心城区盖起了许多高楼大厦，成为展示上海国际大都市形象和功能的基础，带动了城市建设，提高了人民的居住水平。然而，进入21世纪后，上海中心城区高楼林立，已批未建的高楼建筑还有不少，这就可能为上海中心城区的发展带来负面影响。市委、市政府领导及时做出了中心城区“双增双减”的决策（即增加公共绿地、增加公共空间，减少建筑容积率、减少建筑总量）。

要认真贯彻落实上海城市总体规划，确实需要理性思考。中心城区建筑容量不能太高，否则可能带来高密度的人口集聚，城市发展受到资源承载力的限制。目前，中心城区以全市10%的土地，容纳了全市近60%的常住人口，从长期来看，这可能会带来环境、交通、能源、安全等方面的一系列问题。而郊区的建筑容量也不能太低，要节约使用土地资源。郊区的城镇建设，要按规划进行分梯度组团式发展，新城和新市镇也应适当提高容积率，提倡建设多层和小高层，控制别墅和低容量的住宅。

高与低是相对而言的。我们要根据不同地区的特点，确定不同的规划管理策略，实行分类指导。中心城区要坚持“双增双减”，强调建筑总量特别是住宅总量的控制；郊区要确保基本农田的数量，加强土地的集约利用。同时，中心城区旧区改造和郊区小城镇建设要互联互动，形成“搭桥”机制，促进中心城区人口向郊区城镇转移，推进上海城市的可持续发展。

## 六、地上与地下的关系

一座城市的地上建筑和地下空间是密不可分的，因此，要合理、有序地利用城市地下空间。要做到科学规划，统筹整合地上、地下两类资源，根据不同特点，综合考虑，协调发展。应该说，地上建筑多体现城市的功能和风貌，讲究内涵和神韵；地下空间则更关注多种使用功能，注重安全、系统和实用。当然，地铁站、地下交通枢纽、人行通道等也要讲究文化品位。

当前，对地上建筑，有规范、有标准、有管理经验；但对地下空间的综合利用，法律规范、技术标准、管理经验都比较缺乏。2004年底，上海已编制完成了全市范围内地下空间利用的概念规划，制定了地下空间的开发规范和程序，明确了分层分类使用的“游戏规则”，并以交通为引领，对全市地下空间的利用编制规划纲要，提出了政策建议，确定了未来几年的开发重点。争取通过逐年适度的综合开发利用，努力改变目前地上地下“头重脚轻”的现象。

## 七、当前与长远的关系

城市规划工作要立足当前、放眼长远，要正确处理好长远目标与近期实施的关系，处理好规划的前瞻性、宏观性与操作性的关系，保证城市总体规划真正“落地”。当前的规划，是城市未来发展的蓝图，因此，规划要注重为未来的建设留有充分余地，绝不能急功近利，留下历史后遗症。未想清楚的建设工程，要先花时间进行可行性分析和规划研究，切忌仓促上马。旧区改造则更要慎重。新建建筑和保护历史风貌，是城市发展和管理的“两只手”，新建是发展，保护也是发展，这“两手”都要硬。

2004年，上海中心城区完成了6个分区规划和141个控制性编制单元规划；郊区也编制完成了各个区、县域的总体规划纲要。这是当前和长远的结合点。

一届政府编制的规划，往往要在下届甚至后几届政府才能出成效。因此，城市规划要积极慎重地处理好当前和长远的关系，走可持续发展的道路，进一步在领导干部中树立正确的政绩观。

## 八、功能与形式的关系

每幢建筑都有其功能。比如住宅的第一功能是生活居住，第二功能则是文化观赏。办公、商业、教育、文化、娱乐等建筑，都有其使用功能和观赏功能。因此，各类建筑通过一定的建筑结构和外部形态，既体现其实用功能，也形成建筑自身的特有风貌。应该说，我们追求的是功能和形式的完美统一。如果要分次序，那么，建筑的功能占首位，形式则是第二位的。

当前，有的建筑设计师单纯注重形式美，忽略或降低了对使用功能的要求以及对城市环境的影响。这种案例不胜枚举。例如，有的建筑为追求时尚，过多采用超大面积玻璃幕墙而造成“光污染”，损害了城市的生态环境；有的建筑为追求外形独特，东曲西折，横切竖削，却影响了建筑内部空间的有效利用；有的住宅建筑，单纯追求立面变化，采用大面积玻璃，客厅、卧室全透明，却忽略了居住空间私密性的根本要求。

城市规划工作，讲究的是整体协调又各具特色。因此，我们既要处理好城市总体规划与专业规划的衔接，又要注重城市规划与经济、社会、科技和文化发展规划的协调；要在实践中进一步掌握城市规划自身的运行规律，同时更要协调与城市众多要素的相互关系。上海的城市规划，也应在统筹协调人口、产业、城镇、资源、环境等诸多要素中，切实起到先导和调控作用，为加快上海“四个中心”建设，为服务长三角地区、服务长江流域、服务全国做出应有的贡献。

原载于《解放日报》2005年3月18日

科学发展篇

Scientific Development

# 全力实施上海城市总体规划，加快建设资源节约型城市

党的十六届三中全会明确提出，要“坚持以人为本，树立全面、协调、可持续的科学发展观，促进经济、社会和人的全面发展”，强调“五个统筹”，推进改革与发展。十六届四中全会又进一步要求“不断提高构建社会主义和谐社会的能力”，要“适应我国社会经济的深刻变化，把和谐社会建设摆在重要位置”。

党中央从推进结构调整，促进经济增长方式转变，国家能源供应和安全的战略高度，要求大力发展节能省地型住宅和公共建筑，在城乡发展建设中促进资源节约与合理利用，转变城乡发展建设方式，提高质量和效益，建设节约型城镇。

上海是一座经济快速发展的城市，同时也是一个资源相对匮乏的地区。当前，上海正处于城市化快速发展的关键时期。加快建设资源节约型城市，既是贯彻落实科学发展观的要求，也是上海经济社会发展的客观需求。我们要认真贯彻党的路线、方针、政策，全

面实施上海城市总体规划，促进经济、社会协调发展，加快上海“四个中心”目标的实现。

## 一、坚持科学发展观，树立资源节约型城市的规划理念

上海全市陆域面积6340平方公里，相对于长江三角洲地区和全国而言，土地资源相对短缺。而目前，单位工业用地的投入产出率参差不齐，总体上偏低，2004年全市工业用地投入产出率仅为20亿元/平方公里，有的区级工业区还不到10亿元/平方公里。

上海城市发展，要促进各要素间的相互衔接，实现良性互动，必须充分认识节约能源、资源的重要性和紧迫性，增强危机感和责任感，从推进循环经济中寻求发展。当前要特别注重节约与合理利用土地资源和水资源。上海的城市发展，要依托科技，追求“质”的提高，而不能仅是“量”的扩大，必须以科学发展观为指导，坚持“科教兴市”主战略，促进城市全面、协调和可持续发展。城市规划工作，作为落实科学发展观的重要载体和抓手，必须做到“三个更加注重”。

一是更加注重全面发展。要着眼于城市经济、社会、环境综合效益的体现，坚持城市形态优化和城市功能完善的有机统一，在加快经济发展的同时，促进经济、社会和人的全面发展。

二是更加注重协调发展。特别要注重经济和社会的协调发展、城乡协调发展以及人与自然的和谐发展，满足人民生活和城市发展的需要。要充分考虑到区域与城市、近期与远期、需要与可能等各方面因素，统筹局部与整体、发展与保护、共性与个性、地上与地下等关系，科学、合理地配置各类资源。

三是更加注重可持续发展。要把握宏观性，注重前瞻性，立足当前，谋划未来。既要考虑当前建设的需要，又要满足城市未来发展的需求，为子孙后代留有充分的余地。在发展经济的同时，要注重生态建设和环境保护，注重资源的节约和循环使用，大力发展循环经济，推进城市建设的可持续发展。

## 二、完善规划体系和管理机制，充分发挥城市规划的先导和调控作用

建设资源节约型城市是一项综合性很强的工作，涉及规划、城建、住宅、标准、工程质量、科技等操作层面的工作，也涉及法律、法规、政策等层面的支撑，需要各方广泛参与，共同配合。在城市化加速发展的阶段，必须充分发挥城市规划的先导和调控作用，从全局和战略高度，重视和研究城市发展中的资源、能源利用问题，加强对土地、能源、水资源利用等方面的引导与调控，实现能源的合理节约利用，促进人与自然和谐发展。

2001年5月，国务院批复了《上海市城市总体规划（1999—2020年）》。2003年10月，在国家建设部的大力支持下，上海召开了第五次规划工作会议，为新形势下上海城市发展指明了方向。

面临新形势、新要求，上海城市规划工作必须积极研究新时期城市发展的规律，努力探索城市规划和管理的新模式、新思路。要把人口调控、产业发展、基础设施建设、资源利用、环境保护整体纳入规划体系，做到城乡通盘考虑、整体安排、相互衔接。

科学的城市规划体系，是实现规划"落地"、建设资源节约型城市的前提。必须健全覆盖全市、层次清晰、目标明确、管理有序的城市规划体系，实现规划管理"纵向到底、横向到边"。

### （一）构建层次清晰、纵向到底的规划层级体系

按照上海市人大2003年12月1日颁布实施的《上海市城市规划条例》，制定和实施上海城市总体规划，分中心城和郊区两条主线，从上到下可分为五个层次。

中心城规划体系的五个层面分别是：第一层面是上海市城市总体规划（含中心城总体规划），国务院已经批复；第二层面是6个分区规划，对总体规划进行总量分解，2004年6月底，已经编制完成；第三层面是242个控制性编制单元规划，进一步明确建筑总量、用地性质、公共服务设施等指

标，2004年底全部编制完成；第四层面是控制性详细规划。以上四个层面是规划编制，第五个层面则是按规划实施项目审批和管理。

郊区规划体系也分为五个层面：第一层面是上海市城市总体规划；第二层面是郊区区（县）域总体规划和新城总体规划；第三层面是新城控详规划和中心镇总体规划；第四层面是中心镇控详规划以及一般镇和乡总体规划；第五层面是按规划实施项目审批和管理。

新增设的控制性编制单元规划，是上海新创设的规划环节，也是完善大城市规划体系的核心内容。它是网格化管理理念在城市规划工作中的摸索和实践，目的是承上启下，分解各类规划指标，确保规划落地。

我们把660平方公里的中心城划分为242个规划编制单元。一般一个街道分为2—3个规划单元，浦江两岸和内外环间有所区别。每个编制单元都要明确规划参数，注重设施优化配置，以利于市政基础设施和公共服务设施共享。同时，单元之间注重资源整合，互相衔接、优势互补。结合行政区划，进行网络化的规划单元编制，有利于区域社会、经济的协调发展和可持续发展，也便于各个管理部门具体操作。

## （二）建立全面覆盖、横向到边的规划分类体系

城市规划是一项多目标、多层次的系统工程。要实现城乡统筹发展、协调发展，必须建立全面覆盖、横向到边的规划分类体系。根据规划内容，把规划分成五大类：中心城规划、郊区规划、产业规划、专业规划和重要地区（重点项目）规划。

中心城规划，包括6个分区规划和242个控制性编制单元规划。上海中心城总体规划，通过分区规划和控制性编制单元规划，逐级落地。

郊区规划，包括上海郊区规划纲要、区县域总体规划和新城总体规划等。郊区规划必须注重城乡协调发展，充分发挥中心城与郊区各自的优势和积极性，取长补短、共同发展，体现实力和水平。

产业规划，必须符合先进生产力和先进文化的发展方向，统筹城市一、二、三产业的功能定位、发展规模和用地布局，如长江口船舶产业规划、宝山

精品钢产业基地规划等。各个产业规划,要注意与城市总体规划做好衔接。

专业规划,统筹城市市政基础、公共服务、生态环境等专业设施的发展能力和用地布局,如上海轨道交通规划、上海高速公路规划、铁路枢纽规划、科教文卫体设施规划、绿地系统规划等。

重要地区和重大项目规划,如黄浦江两岸、苏州河沿线、世博会地区规划等。

### (三)健全高效运作、长效实施的规划管理机制

科学的城市规划,加上良好的管理体制和机制,有利于提升城市的综合竞争力。城市规划工作,必须认真贯彻规划决策、执行、监督"三分离"和规划编制、审批、执行"三分开"的工作原则。

一是从注重形态规划,转向围绕经济社会可持续发展,建立和谐社会,实现对城市的人口、产业、基础设施、资源和环境的合理配置。在不同层次、不同分类的规划中,要充分研究论证能源、资源对城市布局、功能分区、基础设施的配置及交通组织等方面的影响,确定适宜的城镇规模、运行模式,实现能源资源的合理节约利用。

二是从注重具体建设项目管理,转向建立区域性、宏观性、系统化的城市规划管理,加强对区县的分类指导,使规划管理机制更趋完善。

三是从比较传统、被动的管理,转向更为主动、前置的管理,进一步提高规划管理的可操作性,对社会经济发展起到宏观调控和先导作用。

要通过不断提高规划水平,完善相关标准体系和法规,开展科技创新和新技术、新材料、新产品的推广应用,促进城乡发展建设方式的根本性转变。

## 三、统筹城乡发展,全面落实城市总体规划

建设资源节约型城市,要求我们必须开阔思路,以科学发展观为指导,用城乡统筹和循环经济的理念研究和思考城市发展中的问题。上海城市规划工作,必须在加快自身发展的同时,放眼世界、服务全国、融入长三角。

要积极推进与长江三角洲地区的共同发展，加强在能源、市政设施、环境治理和保护等方面的规划衔接。

同时，要充分认识城乡统筹发展的重要意义，眼光要从中心城660平方公里，扩展到全市6340平方公里。在新的发展时期，我们必须充分考虑从保护环境中求发展，更加注重城市发展建设的质量和效益。

## （一）坚持统筹兼顾，大力推动中心城区健康有序发展

上海要实现健康、有序发展，必须充分考虑生态环境建设。中心城区发展，主要是完善功能，体现繁荣繁华。改革开放以来，在市委、市政府的高度重视下，上海城市建设取得了巨大成效，城市规划起到了积极的先导和调控作用。但是，我们也要看到，中心城人口、环境、资源等方面的压力仍然很大。目前，中心城常住人口为976万，平均人口密度1.55万人/平方公里。

中心城供水、供电、燃气、道路、排污等市政设施的能力与社会需求的矛盾比较突出。借鉴国外城市发展的经验，上海必须坚持中心城发展与郊区建设有机结合，在市域范围内统筹人口、产业和城镇的发展。

近几年来，上海的房地产业健康、快速发展，为上海城市面貌的改变和市民居住水平的提高做出了很大的贡献。特别是住宅建设，供需两旺，开发总量一直在高位运行。

当前，要坚决贯彻国家和上海市委、市政府有关宏观调控的战略举措，加大对重大工程配套商品房和中低价位普通商品房的建设力度，立足于宜居环境建设，合理确定住宅建筑的密度和容积率，促进房地产业健康、有序发展。同时，要注意妥善处理发展与控制的关系。中心城应该严格控制工业仓储用地转性为住宅用地，禁止科、教、文、卫、体等公共设施用地转性为住宅用地。

中心城挖掘节地潜力，要深入研究，保证地下空间的合理利用和有序开发。要实施分类指导，分浅表层（0至−15米）、中层（−15至−40米）、深层（−40米以下）三个层次，统筹地铁、地下综合体、民防工程、物流管道、

特种工程等不同功能空间，做到分层分类、综合利用。

## （二）坚持城乡协调，切实提升郊区经济实力

郊区是上海城市未来发展的重点，要加快建设，体现综合经济实力。目前，上海中心城约占全市土地面积的10%，人口占60%左右，各类专业人才占全市总量的70%以上，高校、科研院所占比近80%。而拥有90%土地的郊区，相对而言，各类资源明显短缺。城郊二元结构的不平衡，会影响未来上海的经济发展，但通过正确的政策引导、科学合理的城市规划，郊区也会为上海提供更为广阔的舞台，成为上海今后发展的潜力所在。

上海郊区规划建设，要在“集约”上做文章。要切实推进郊区“三个集中”，促进工业向园区集中、人口向城镇集中、土地向规模经营集中，加大各类要素资源的集聚度，加快郊区城市化进程。

目前，郊区人口657万（外环线以外），共有110个乡镇和1974个行政村（中心村）、近5万个自然村，城市化水平约为54%。要按照体系成梯度、布局成组团、城镇上规模、发展有重点的原则，完善郊区“新城、新市镇、中心村”三级城乡居住体系。规划到2020年，城市化水平达到85%以上。规划新城总人口在550万左右，集聚郊区二分之一人口。从人口产业集聚发展、土地集约利用和基础设施合理配置的角度，集中建设60个左右相对独立、各具特色、人口规模在3万人以上的新市镇。要建立科学的郊区居住分布体系，加快建设居住社区、中心村和农村居民点三种不同类型的居民新村。

郊区工业发展，要形成产业链和产业集群，做到整体规划、分步实施、有序建设。规划到2020年，市级和国家级工业园区约占郊区工业总用地的65%，区级工业区约占30%，配套产业街坊约占5%。郊区工业要集约使用土地，适当提高郊区工业园区的建筑容积率，切实提高单位用地产出率，促进工业园区土地的可持续利用。要实行最严格的耕地保护制度，合理和节约使用土地，科学规划和预留城市可持续发展的空间。

## 四、结语

新形势下，上海城市建设面临新的机遇和挑战。城市规划工作，作为推进城市协调发展的重要抓手，内涵更加丰富，任务更加艰巨。我们要牢固树立和落实科学发展观，认真贯彻实施城市总体规划，切实发挥城市规划的先导和调控作用，为加快建设资源节约型城市做出应有的贡献。

原载于《住宅科技》2005年第7期

科學發展篇

Scientific Development

# “总体目标”“空间坐标”和“用地指标”

2003年3月，第十届全国人大常委会工作报告提出加快人大立法工作。2005年国家建设部向国务院建议编制《城乡规划法》，并提出了立法相关的重点和内容。国务院法制办对这项立法十分重视，抓紧开展前期工作，包括到一些重点城市、国家相关部委以及法务和学术机构进行调查研究。

同年，国务院法制办副主任张穹带队，会同建设部总规划师陈晓丽来到上海调研。时任上海市规划局局长毛佳樑、副局长刘海生和法规处处长任芝浩一起参加座谈会。在会上，张穹副主任提了一个问题：国家发改委已经向国务院提出编制“规划法”的建议，他们在草案中提及的“发展规划”与建设部提出的“城乡规划”有重叠的含义；同时，国土资源部也提出，城市规划的范围应以“国土利用规划”为基础。这两个规划与建设部的“城乡规划”有什么区别？

座谈会上，上海相关部门先后作了发言。刘海生副局长谈到，国家发展改革委的规划重点是国民经济发展规划，包括重大产业发展的规划和布局，但要落在规划图上，是要“城市规划”确定的。他还说，“国土利用规划”重点是环境和土地资源保护规划，主要是控制建设用地总量，防止城市盲目扩张。毛局长发言时清晰地总结了三者的不同：发改委制定的是经济社会发展的“总体目标”；规划局注重的是城乡建设的“空间坐标”；土地利用规划重点是管控“用地指标”。三者既有联系，又各有侧重。

张穹副主任在座谈总结时说，他听了各位同志不同角度的发言，感到很受启发，大家也逐步形成了一些共识。会后，陈晓丽总规划师高兴地说，调查组已经在其他城市开过好几次座谈会了，上海同志的发言很有水平，思路清晰，大家已听明白了三个规划之间的联系和区别。

此后，刘海生副局长参与了《城乡规划法》的三稿修改，从第一稿的“无章法”，把不同意见堆放在一起，到第二稿、第三稿修改得越来越完善。2007年11月28日，第十届全国人大常委会第三十次会议表决通过了《中华人民共和国城乡规划法》。

一项立法过程，必然会碰到众多的困难和问题，我们所经历的，仅是其中的一个问题。

本文根据刘海生工作笔记整理，刘海生后担任上海市房管局局长

科学發展篇

Scientific Development

# 立足新起点，谋划新发展，努力开创上海城市规划工作新局面

2006年是“十一五”规划的开局之年。上海城市规划工作要贯彻党的十六届五中全会精神和市委八届八次全会精神，以科学发展观为指导，深入贯彻“科教兴市”的主战略，站在新起点，谋划新发展。

为此，《上海城市规划》编辑部对上海市城市规划管理局党委书记、局长毛佳樑进行了专访。

**《上海城市规划》** 2006年上海“两会”审议通过了《关于上海市国民经济和社会发展第十一个五年规划纲要》(以下简称《纲要》)，对“十一五”期间上海的建设发展作出全面部署。您怎样看待2006年的发展?

**毛佳樑** “十一五”时期，是上海全面贯彻科学发展观、深入实施“科教兴市”主战略、加快推进“四个中心”建设的重要阶段。在上海市委、市政府的领导下，《纲要》科学制定了上海社会和经济发展的宏伟蓝图，为在新起点实现新发展明确了目标。

上海市第五次城市规划工作会议召开（2003年）

上海市委、市政府高度重视城市规划工作，把城市规划工作作为树立和落实科学发展观的重要载体和抓手。2003年10月，上海召开了城市规划工作会议，对新形势下城市规划工作作出全面部署。围绕贯彻落实规划工作会议精神，2004年是规划工作会议精神的“落实年”，2005年是规划管理机制“完善年”，上海城市规划系统以完善规划体系、管理体制和运作机制为抓手，不断深化规划编制和管理工作。

2006年是“十一五”规划贯彻实施的第一年，也是上海城市规划系统深入落实规划工作会议精神的重要一年。要做到“一年工作看五年”，按照市委、市政府“落实、聚焦、突破”的工作要求，从上海城市未来五年发展的战略高度，分解目标、细化措施，认真落实《纲要》中明确的各项工作目标，开创城市规划工作新局面。

**《上海城市规划》** 2005年是承上启下的重要一年。上海城市规划工作围绕上海市委、市政府和建设部重点工作，服务城市经济社会发展，取得了明显成效。请您简要回顾2005年上海城市规划的主要工作。

**毛佳樑** 在市委、市政府的正确领导下，在建设部的关心和支持下，上海规划部门深刻领会党的十六届五中全会和市委八届八次会议精神，树立科学发展观，深入贯彻“科教兴市”主战略，认真开展保持共产党员先进性教育活动，以完善规划管理机制为抓手，扎实推进城市规划编制和管理工作，努力实现了规划管理的三个转变。

一是从偏重形态规划转向围绕社会经济可持续发展，更加突出规划的统筹、先导和调控作用；二是从注重具体项目管理，转向宏观性、区域性和系统化的城市规划管理，更加突出科学管理、市区协作；三是从比较传统和被动的管理，转向更为主动和前置的管理，更加突出“规范”“导则”制定，强化前瞻性和操作性的结合。

具体来说，主要开展了六方面工作。

一是科学编制各类规划。围绕服务上海社会经济发展、促进长三角协调发展，加强各类规划衔接，不断深化规划编制，逐步构建科学的规划体系。同时，配合市有关部门推进上海“十一五”规划的编制工作。长江三角洲区域规划加快编制，开展了《长江三角洲城市间综合交通研究》和长三角“三省一市”（江、浙、皖、沪）城镇群规划编制工作。

中心城规划有序推进，6个分区规划和242个控制性编制单元规划已全部编制完成并获批准，控制性详细规划编制全面展开；城市规划网格化管理点面结合，积极推进试点社区公共服务设施建设，同时制定了《社区公共服务设施规划和管理意见》，修订了《公共服务设施设置标准》。

郊区规划稳步推进，积极配合市有关部门推进区（县）功能定位研究，《崇明三岛总体规划（2005—2020年）》已经市政府批准，7个区、县总体规划已编制完成。

加快编制产业空间布局规划，编制完成《临港产业园区规划》《中心城和郊区现代服务业集聚区规划》《百个博物馆布点规划》等。推进重大建设工程配套商品房和中低价普通商品房规划工作。积极推进专业规划，《地下空间概念规划》已经市政府批准，编制完成《轨道交通网络深化方案》《菜市场布局规划纲要》《公共厕所布局规划纲要》等。同时，深入推进世博会、黄浦江两岸、苏州河沿线、虹桥综合交通枢纽等重点地区规划。

二是坚持中心城“双增双减”，不断优化城市环境。在中心城各区政府的支持下，经过市、区规划部门反复协调，努力工作，中心城376个历史遗留项目中，已有约62%的项目重新审定了建筑设计方案。新批项目按新标准执行，严格控制建筑容量。同时，加大公共绿地和公共空间的建设和管理力度。截至目前，中心城新增公共绿地（含苏州河沿线公共绿地）约140万平方米。2005年，苏州河沿岸新辟贯通公共通道4.5公里，88%以上公共通道已打通。

三是加快构建市域城镇规划体系，稳步推进郊区“三个集中”。按照建设社会主义新农村的要求，结合上海实际，坚持“统筹城乡、协调发展”，大力推进上海现代化国际大都市新郊区建设。在市委、市政府领导的高度重视下，会同区县政府和相关部门，经过深入研究，规划将中心村纳入城镇体系，形成市域“1966”城镇体系，即“1个中心城、9个新城、60个左右新市镇和600个左右中心村”。

四是加大历史风貌保护力度，积极推进城市雕塑建设。落实最严格的历史文化风貌保护制度，中心城区12片约27平方公里的历史文化风貌区保护规划，已全部编制完成并报市政府批准。第四批优秀历史建筑名单，已经市政府批准，相关管理和技术规定已编制完成。对中心城93条历史风貌道路开展总体规划、分类保护，其中对53条道路进行原汁原味的整体保护。郊区历史文化风貌区32片约14平方公里保护范围，已经市政府批复。在南汇新场试点的基础上，编制完成了金山枫泾、青浦金泽和练塘等风貌特色保留得比较完整的城镇、街区的保护规划。金山枫泾镇已被列为国家级历史文化名镇。

贯彻“为我所用、为民所爱、为境所融”的指导思想，认真落实《上海市城市雕塑总体规划》。市、区两个层面“10＋20”城市雕塑建设项目有序开展；“希望之泉”等大型城市雕塑相继建成；虹口区多伦路文化名人系列雕塑已落成；静安雕塑公园国际方案征集已经完成。2005年11月11日，上海城市雕塑艺术中心落成开馆，成功举办了全国性大型雕塑展览“雕塑百年”。

五是深化推进依法管理，不断提高规划管理效能。贯彻《行政许可法》，全面清理规划系统行政审批事项；报请市政府转发《关于严格依法审批、进一步加强规划管理的若干规定》，强化规划管理。针对新情况，加强规划管理规范和导则制定，先后制定了《旧住房综合改造管理暂行办法》

等12个规范性文件；研究制定了《轨道交通设施及周边地区项目规划管理规定》等一批规划导则。

组织开展了北外滩地区城市设计试点，通过“拍集体照”的方式，从建筑功能、高度和天际轮廓线、退界和界面连续、建筑立面形式、公共空间的开敞和连续、地下空间的连通、广告设计及夜景照明8个方面评估城市公共景观质量，确定评价体系，形成规划导则，实施项目管控。在试点基础上，静安寺、上海船厂等地区城市设计工作已基本完成。

深入开展城乡规划效能监察，严格依法行政。坚持“成在务实、重在治本、贵在坚持”的原则，加强政风行风建设。加强规划监督检查，建立健全监督检查长效机制，建立巡查网络，加强日常巡查。

加强规划公开和宣传，推进市规划局新闻发言人制度，每季度召开新闻通报会，向媒体介绍规划工作情况。通过市政府新闻发布会、电视、电台、专题讲座等多种渠道，开展城市规划宣传工作。

六是加强规划管理长效机制建设。以建设“长效管理机制”为核心，建立健全“四个体系”：规划管理技术支撑体系、规划业务协同管理体系、紧急和突发事件处置体系、人才培养和保障体系。加快完善“六项机制”：信息共享机制、市区建设项目会审机制、建设项目规划实施全过程管理机制、规划后评估机制、干部队伍岗位责任分级负责机制、“三个文明”建设协调发展机制。

**《上海城市规划》** 应当说，2005年上海城市规划各项工作取得了显著成效，为2006年的发展奠定了良好基础。那么，今年上海城市规划工作有哪些具体设想呢？

**毛佳樑** 按照国家建设部和市委、市政府的工作要求，市规划局为落实上海“十一五”经济社会的发展目标，立足新形势、新任务，在认真研究、反复讨论的基础上，明确2006年作为“规划管理深化年”，要牢牢抓住增强上海城市国际竞争力的发展主线，继续深入贯彻规划工作会议精神，始终坚持“一个提高”“三个创新”“四个更加注重”，不断提升上海城市规划管理水平。

“一个提高”是要提高规划管理创新能力，重点抓住“转变管理观念，完善管理制度,强化管理队伍”三个关键环节。

“三个创新”是要推进理念创新、机制创新和方法创新。

“四个更加注重”是要更加注重规划“规范”和“导则”的制定和引导;更加注重规划公开和公众参与;更加注重郊区各类规划的编制和实施;更加注重依托科技,增强规划工作的前瞻性、系统性和宏观性。

**《上海城市规划》** 我们知道,规划编制是贯彻落实城市总体规划,实现可持续发展的重要环节。2006年上海城市规划编制的重点是什么?

**毛佳樑** 围绕上海经济社会发展全局,全面实施城市总体规划,要进一步完善规划体系建设,深化优化规划编制工作,积极推进重点、难点突破。

一是中心城继续坚持“双增双减”。认真做好历史遗留项目的处理工作,加强城市公共景观和公共空间规划管理,严格控制超宽板式高层建筑。要“点、线、面”相结合,稳步推进规划编制工作。“点”,积极推进世博会园区、虹桥综合交通枢纽等重点地区规划;“线”,加快轨道交通网络规划深化、黄浦江沿岸地区等实施规划;“面”,重点推进各区控详规划编制和规划网格化管理等工作,确保规划落地。

二是郊区坚持“三个集中”。深化完善市域城镇规划体系,重点推进新市镇建设、探索开展中心村试点,促进中心城和郊区协调发展,建设上海现代化国际大都市新郊区。从规划上来说,“1966”城镇体系是个长期控制和引导的过程,需要花20年甚至更长的时间才能逐步形成和不断完善。特别是要做好全市中心村的总体布局规划,逐年推进中心村的试点工作。一定要依托现代农业发展,通过完善基础设施和各项公共服务设施,营造适合农民生活的居住形态和生态环境,使农民的生活水平有所提高,让农民真正得到实惠。要因地制宜,加强分类指导,从实际出发,量力而行,要建一个,成一个,切忌大拆大建。继续推进郊区功能定位研究,完成区县域总体规划实施方案。大力推进崇明生态岛和长兴产业岛的规划建设,不断提升郊区试点城镇规划建设水平。

三是积极推进近期建设规划。加强与城市总体规划、“十一五”规划、土地利用规划的有机衔接,合理确定城市近期发展规模、发展方向和空间布局，加强自然资源、生态环境与历史文化风貌保护，统筹近期内城市重要基础设施、公共服务设施、城市生态环境、城市抗震防灾设施建设。

**《上海城市规划》** 您特别强调城市规划工作要依法行政，注重统筹性、导则性管理，能否介绍一下具体情况？

**毛佳樑** 城市规划工作要坚持依法行政，根据《行政许可法》的要求，认真执行规划管理的法律、法规和规章。按照"导则先行、细化管理"的要求，加快制定各类规划管理导则和规范，确保规划落地。同时，深化城市规划基础管理，进一步加强测绘管理、地名管理、城建档案管理。积极开展同名道路整治，确保完成这项被列为市政府实事工程的重点工作，为城市规划管理提供有力保障。

**《上海城市规划》** 近期，上海市委、市政府提出要贯彻全国科技大会精神，深入实施"科教兴市"主战略。您刚才也谈到，城市规划工作要依托科技，请问有何具体举措？

**毛佳樑** 城市规划工作是一项宏观性、前瞻性、系统性很强的工作。城市规划要充分发挥先导和调控作用，必须加强宏观性、前瞻性研究。这是2006年上海城市规划重点推进工作之一。要围绕涉及城市长远发展的重点课题和市委、市政府关心的热点课题，开展决策咨询研究；要对上海"十一五"规划中对城市发展有重大影响的规划课题进行研究，加强对长三角区域规划、市域"1966"城镇体系、城市景观和风貌保护、现代服务业发展等重大规划和系统性规划的研究，增强城市规划的技术储备；要以规划落地为目标，继续对城市规划编制和管理的体系、体制、机制、方法及技术指标等方面进行应用研究，为城市规划提供理论支持。

同时，积极推进规划管理科技进步，对以信息技术为主导的科技新手段、新方法开展应用研究，为城市规划工作提供新技术支撑。加强规划系统信息共享平台的建设，重点推进规划成果、规划控制线等数据的入库与共享，整合规划系统中的各类资源，推进信息资源共享。多种形式加强信息平台的推广和使用，不断提高规划系统信息化工作的整体水平。

**《上海城市规划》** 建设部、监察部就开展城乡规划效能监察进行了部署。请问上海城市规划管理部门如何加强城市规划效能建设？

**毛佳樑** 开展城市规划效能建设，要认真贯彻国家建设部、监察部关于开展城市规划效能监察的精神，按照市委、市政府统一部署，坚持“依法监察、过程控制和重点监察相结合，效能监察与效能建设有机结合”的工作原则，进一步提高规划管理水平。

一要扎扎实实开展城市规划效能监察工作。重点对全市城市规划编制与审批情况，城市规划行政许可事项的清理、实施与监督情况，城市规划政务公开、信息公开与城市规划信访工作情况，以及涉及城市规划工作的人员依法行政情况五个方面进行重点监察，促进依法行政，确保政令畅通。

二要深化“六项机制”建设，进一步健全规划管理长效机制。制度建设是提高规划管理行政效能的重要保障。认真落实“规划管理深化年”的工作要求，明确岗位职责，细化工作界面，夯实工作基础，强化内部管理，提高工作效率。

三要推进规划公开和公众参与。按照“以公开为前提，以不公开为例外”的原则，加大规划公开的力度，有计划、有步骤地稳妥推进。不断增强城市规划工作的透明度，探索和规范规划工作公众参与程序，提高规划的公众知晓度和公众参与度，真正体现全心全意为人民服务的宗旨。

四要深入开展党风廉政和政风行风建设。进一步巩固和扩大先进性教育成果，加强干部队伍思想建设、组织建设和作风建设，深入开展精神文明创建工作，提升干部队伍综合素质，为城市规划各项工作提供有力的组织保障。

**《上海城市规划》** 新形势、新任务对城市规划工作提出了新的更高要求。您认为上海城市规划工作要注意处理好哪些方面的关系？

**毛佳樑** 新形势下，我们要清醒认识城市发展面临的新要求、新情况，规划工作面临的新任务、新特点，要做到求真务实、勇于创新，在实践中，要正确处理好六个方面的关系。

一是体系与机制的关系。体系是紧密联系、相互制约的整体；机制是内在的运行方式，是体系的重要支撑。体系与机制相对独立，又密不可分。2005年，我们初步形成城市规划管理“四个体系”的基本框架，建立了规划管理“六项机制”。要通过加强制度建设，完善机制，支撑和推动规划管理体系的高效运转。

二是宏观与微观的关系。宏观是对大量微观的总结、概括与提升；微观往往是宏观理念的具体实践。工作中既要从宏观上把握城市发展，注重全面协调和统筹，又要在微观上下工夫，注重调查研究，注重操作细节，夯实工作基础。上海城市规划工作，实行“两级政府、两级管理”，市规划局注重全市重大规划和重点区域规划编制，加强规范、导则制定，加强分类指导；区县规划部门注重地区规划编制以及建设项目的审批和实施。

三是继承与创新的关系。城市规划是一门科学，先进的规划理念应该是理论联系实践的产物，是规划工作前瞻性、宏观性和可操作性的结合。要处理好保护与发展、继承与创新的关系，从实际出发，在继承中创新，展现时代精神；在创新中继承，延续历史文化精髓。

四是红花与绿叶的关系。规划管理是系统工程，要协同配合，既要有具备当“红花”的水平和实力，注重积累，在工作中能勇挑重担，独当一面；又要具有能当“绿叶”的胸襟与姿态，不求名利，乐于奉献。规划系统要形成市、区携手，优势互补，协调、有序、高效运作的工作格局。

五是规范与实践的关系。规范是对实践的总结，也是依法行政的基础。同时，规范是在实践过程中形成的，往往具有滞后性。城市规划工作者要实事求是，深入工作第一线，在实践中发现问题、研究问题、解决问题。以实事求是的精神，用好规范，使现有的规范更好地指导实践，并通过实践进一步完善规范。

六是用心与用力的关系。“用心”，就是要勤于思考、善于学习，体现规划的科学性和前瞻性，充分发挥规划的先导和调控作用，维护老百姓的根本利益。“用力”，就是要身体力行，深入实践，了解一线。城市规划工作是一项实践性很强的工作，不但需要用心钻研，而且需要用力执行，两者缺一不可、相辅相成。

原载于《上海城市规划》2006年第1期

科學發展篇

Scientific Development

# 全面实施城市总体规划，积极推进上海城市科学发展、和谐发展

2007年7月，上海市政府召开了市规划委员会全体会议，市规委会办公室主任、市规划局局长毛佳樑就近几年上海城市规划工作情况作了汇报。

为更好地宣传上海城市规划工作的开展情况和成果，以利指导市、区今后的规划实践，《上海城市规划》刊登了报告全文。

2001年5月，国务院批复《上海市城市总体规划(1999—2020年)》。2003年10月，上海市委、市政府召开了第五次城市规划工作会议，为新时期加强上海城市规划工作作了明确部署。

近几年来，在上海市委、市政府的领导和建设部的关心下，在各区(县)政府、相关部门和社会各界的大力支持下，上海城市规划工作牢固树立科学发展观，认真研究新时期社会经济和城市发展的规律，努力探索符合上海特点的城市规划管理新模式，不断深化城市规

市政府召开上海市规划委员会全体会议（2007年7月）

在市规委会全体会议上作工作汇报（2007年7月）

划编制和管理。将2004年作为“规划编制落实年”，重点加快各类规划编制，健全规划体系；将2005年作为“体制机制完善年”，重点强化“四个体系”“六项机制”建设，建立规划管理长效机制；将2006年作为“规划管理深化年”，积极推进规划理念、工作和机制创新。今年以来，围绕“规划管理提高年”的目标，以规划管理效能为核心，不断提升规划服务于全社会发展的能力。市规划委员会各成员单位全力协作，紧密配合，深入实施城市总体规划，促进城市全面、协调和可持续发展。

上海市政府召开规划委员会全体会议，是进一步加强城市规划工作、提高规划决策的科学性和民主性，推动上海城市科学发展、和谐发展的一次重要会议。我代表市规委会办公室，对近几年上海城市规划工作作简要汇报。

## 一、积极进取，全面贯彻实施城市总体规划

近几年，市规划局认真贯彻上海市规划工作会议精神，按照上海市委、市政府的部署，中心城坚持"双增双减"、郊区加快推进"三个集中"，进一步加强城市总体规划与"十一五"发展规划、土地利用总体规划和各专业系统规划相衔接，不断深化落实城市总体规划。

2005年初，上海市规划局牵头，会同江、浙两省建设厅，完成了长三角综合交通规划研究，并建立了两省一市规划联席会议制度，配合建设部完成了相关专题研究，积极推进长三角城镇群规划编制，促进区域协调、联动发展。

2006年8月，《上海市城市近期建设规划（2006—2010年）》编制完成，经市政府批准后报建设部备案。

### （一）坚持城乡统筹，深化完善市域城乡规划体系

深化完善市域城乡规划布局，把人口调控、产业发展、基础设施建设、资源利用、环境保护等要素整体纳入规划体系，是贯彻落实城市总体规划的重要内容。在认真总结"十五"期间"一城九镇"试点城镇和郊区规划建设经验的基础上，深入调研、试点推进，不断完善市域城乡规划体系，并明确了基本框架，即1个中心城、9个新城、60个左右新市镇、600个左右中心村。市域城乡规划体系的确立，使上海城市规划由城镇向农村地区延伸，实现了市域范围内规划全覆盖。

### （二）坚持"双增双减"，推动中心城健康持续发展

中心城是体现上海繁荣繁华和历史文脉特色的核心区域，坚持"双增双减"方针，统筹兼顾人口规模、建设总量、功能提升和生态环境容量等要求，推动中心城健康、持续发展是一项必须长期坚持和不断推进的艰巨任务。

经过市、区共同努力，按照"双增双减"工作的总体要求，妥善处理

376个历史遗留项目(已获计划立项、土地批租和规划批文的建设项目)。目前,已有245个项目重新审定了建筑设计方案,已批建筑总量共减少约420万平方米,总体降幅17.5%以上。新批项目按新标准执行,根据批准的规划,严格控制建筑容量。同时,加大对重点地区公共绿地和公共空间的建设和管理力度,中心城在原规划基础上新增公共绿地约140万平方米。

### (三)坚持“三个集中”,推进社会主义新农村建设

郊区发展体现综合经济实力,必须在“集约”上做文章,积极推动“三个集中”。重点推进新城、新市镇的建设,稳步推进试点中心村的发展。

社会主义新农村建设,坚持“由点到面,由单一到综合,由农业生产到农村地区社会经济协调发展”的原则,以农民为主体,大力发展现代农业,让农民真正得实惠。重点推进金山廊下镇、嘉定毛桥村等9个试点先行区规划建设,加强对相对集中的江南民居的保留改造。目前,嘉定(华亭)现代农业园区毛桥村一期改造已完成,二期改造正按规划推进。坚持政府引导、规划先行,以发展生产、保护生态、改善生活为目标,通过修桥筑路、埋设管道、疏浚河道、修缮建筑、增设煤卫、完善配套,综合整治初见成效。毛桥村已被农业部列为全国新农村建设35个示范村之一。

## 二、求真务实,初步建立科学合理的规划体系

城市规划工作服务于社会经济发展全局,是政府调控城市空间资源、指导城乡发展与建设、维护社会公平、保障公共安全和公众利益的重要公共政策之一。结合上海城市发展的特点,初步建立了“纵向到底、横向到边、覆盖城乡”的规划体系,确保城市规划有效实施。

### (一)构建层次清晰的纵向规划网络

根据《上海市城市规划条例》,实施上海城市总体规划,从纵向层次上看,按照中心城和郊区两条主线,从上至下,分为五个层面。

中心城规划体系，第一层面是上海市城市总体规划（含中心城总体规划）；第二层面是6个分区规划，明晰各个分区发展目标，对总体规划的总量进行分解；第三层面是242个控制性编制单元规划，进一步明确建筑总量、用地性质、公共服务设施等指标；第四层面是控制性详细规划。以上四个层面是规划编制与审批管理。第五个层面是按经批准的规划实施项目管理。郊区规划体系自上而下，也有五个层面。

## （二）建立覆盖全面的横向规划分类

城市规划是一项多目标的系统工程。从横向分类上看，分为中心城规划、郊区规划、产业布局规划、专业系统规划和重点地区规划五大类。

### 1. 中心城规划

目前，中心城6个分区规划和242个控制性编制单元规划已全部编制完成，并获市政府批准。整单元控制性详细规划已经批准或编制完成的，占需编制总量的60%以上，卢湾、静安、徐汇等区实现了控制性详细规划全覆盖。

控制性编制单元规划是新创设的规划环节，也是对网格化管理理念的探索和实践。经过普查，中心城共有4391个街坊，已划分为242个控制性编制单元。一般一个街道分为2—3个规划单元，浦东、浦西和内外环线之间有所区别。按照建设和谐社区的要求，点面结合，有序推进社区公共服务设施建设。目前，长宁区华阳街道、徐汇区湖南街道等10个试点社区公共服务设施控制性详细规划已编制完成，并落实了责任主体。原先缺少的公共服务设施正在陆续改造和建设中，到今年底可基本建成。

同时，为指导全市社区公共服务设施的建设，进一步加强城市规划网格化管理，市规划局会同市民政局、市房地局等五个部门，制定了《关于加强社区公共服务设施规划与管理的意见》，2006年2月已经市政府批转。新修订的《城市居住地区和居住区公共服务设施设置标准》，已于2006年4月经市标办批准实施。

### 2. 郊区规划

包括郊区规划纲要、区县域总体规划和新城总体规划等。在市农委、市规划局、市发改委、市房地局等相关部门的参与下，市政府于2004年11月制定并下发了《关于切实推进“三个集中”，加快上海郊区发展的规划纲要》。目前，宝山、嘉定、松江等9个郊区区（县）域规划纲要已全部编制完成并经市政府批准。

郊区9个新城中，7个新城（或主城区）总体规划已通过批准；61个新市镇总体规划中，42个已经编制完成并通过批准；600个左右中心村（行政村）总体布点规划方案已经完成，正进一步深化细化。同时，去年制定了郊区新市镇和中心村规划编制技术标准，并开始试行。

3. 产业布局规划

按照先进生产力和先进文化的发展方向，统筹城市三、二、一产业的功能定位、发展规模和用地布局。

按照城市产业发展的整体要求，先后编制完成了《张江高新技术产业园区中区总体规划》《临港产业园区规划》《长兴岛造船基地总体规划》等重大产业布局规划。

大力推进现代服务业，编制完成《中心城现代服务业集聚区规划方案》和《郊区现代服务业集聚区规划方案》。

贯彻国家宏观调控政策，积极做好重大工程配套商品房和中低价普通商品房规划工作。同时，按照建设资源节约型城市的要求，通过编制规划，合理布局，郊区大型居住区和产业园区净容积率平均提高20%—30%。

科教文卫体方面，编制完成《杨浦知识创新区发展规划纲要》，提出大学校区、产业园区、文明社区“三区融合、联动发展”理念，以创新为动力，加快地区全面发展。同时编制完成了《上海百个博物馆选址规划》《上海市公共卫生中心规划》等。《全市文化设施布局规划》正在深化，世博会文化设施规划研究已经完成，并落实到世博园区的规划方案中。

4. 专业系统规划

统筹城市市政基础、公共服务、生态环境等专业设施的发展能力和用地布局。进一步加强城市总体规划的综合平衡、统筹协调作用，发挥各专业主管部门的优势，强化与各专业系统规划的衔接。

市政基础设施规划方面，《上海市地下空间概念规划》已编制完成并经上海市政府批复，明确了总体布局，制定了开发导向和空间分层协调原则，确定了中、近期建设重点。在完成本市第三次交通大调查的基础上，先后编制完成了《上海市城市轨道交通网络深化方案》《长三角地区城市间综合交通规划研究》等。

公共服务设施方面，编制完成《上海市菜市场布局规划纲要》《上海市公共厕所布局规划纲要》，正在推进各区（县）菜市场、公共厕所的规划落地。认真落实市政府实事工程，完成了全市838条同名道路整治工作。

历史文化风貌保护方面，中心城区12片约27平方公里的历史文化风貌区保护规划，已全部编制完成并经市政府批准。全市已有四批经批准的优秀历史建筑，共632处，计2138幢。相关管理和技术规定已提前编制完成。对144条历史风貌道路和街巷，采取多种方式进行总体规划、分类保护，对其中64条道路进行原汁原味的保护。

郊区确定了32片历史文化风貌区，约14平方公里保护范围，保护规划编制工作正全面展开。金山枫泾镇、青浦朱家角镇分别于去年和今年被列为“国家级历史文化名镇”。

环境景观方面，编制完成《上海城市雕塑总体规划》《上海市中心城部分重点地区户外广告设施规划》《上海市景观水系规划》等。

**5. 重点地区规划**

如世博会地区规划、黄浦江两岸和苏州河沿线规划、虹桥综合交通枢纽规划等。

全面推进世博会地区规划建设。世博会园区总体规划和控制性详细规划已编制完成，正开展世博会园区后续利用规划研究。深化浦东核心区演艺中心、中国馆等主要场馆建筑布局方案，配套规划工作正在深入推进，部分项目已按规划陆续启动。

加快黄浦江两岸和苏州河沿线地区综合开发。黄浦江两岸地区实现了中心段和南延伸段的规划全覆盖，黄浦江岸线规划纲要和岸线专项利用规划已经完成。苏州河滨河地区控制性详细规划已经市政府批准，实现了规划全覆盖。

大力推进虹桥综合交通枢纽建设。《虹桥综合交通枢纽地区结构规划》已编制完成并经上海市政府批复，规划建设国际一流的现代化大型综合交通枢纽（26平方公里），使虹桥航空港、京沪高速铁路、长三角城际铁路、城市轨道交通与城市地面交通网络紧密衔接。目前，轨道交通、道路、水系等专项规划已经确定，功能拓展区（范围约60平方公里）规划研究已经完成。

加快建设崇明生态岛。按照《崇明三岛总体规划》，围绕建设现代化生态岛区的总目标，坚持三岛功能、产业、基础设施联动，分别建设崇明综合生态岛、长兴海洋装备产业岛和横沙生态休闲岛，努力把崇明县建成环境和谐优美、资源集约利用、经济社会协调发展的现代化生态岛区。

## 三、探索实践，深化完善规划管理体制机制

建立分工明确、市区协调的管理体制和运作机制，是确保规划落地、提高规划效能的重要保障。

### （一）健全市区协同管理体制

贯彻规划决策、执行、监督“三分离”和规划编制、审批、执行“三分开”的工作原则，进一步规范市和区县规划管理的三个层面：上海市规划局以前瞻性、全局性的规划编制和审批为主；区县规划局按照批准的规划、法规规章和技术标准进行建设项目审批和项目管理；上海市规划局加强全市的规划检查和执法监督。

积极推进“市管、区管、市区共管”的管理模式，细化了市区分工，明确了运作机制、操作界面和管理规程，进一步形成管理合力。

## （二）加强规划法制建设

上海城市规划工作会议后，市人大修正了《上海市城市规划条例》，市政府及时修订了《上海市城市规划管理技术规定》，自2003年12月1日起执行，构成了规划法规的核心内容。

加强规范性文件制定，包括制定了规划审批、项目管理、监督检查、信息公开等方面40余个规范性文件。《关于本市城市规划的审批分类及程序的规定》已经市政府批准，明确了全市规划审批的工作程序，细化了工作界面，为进一步提高规划依法行政水平、促进规划科学决策提供了重要保障。

强化导则管理。按照"导则先行、系统管理"的要求，开展北外滩城市设计，通过对建筑功能、城市轮廓线、地下空间等8个方面的系统研究，建立评价体系，形成城市设计导则，实施项目管控。同时，制定了道路规划红线审批、产业园区规划管理、中心城变电站结合非居住建筑试点规划管理等导则，加强前置化、主动性管理。

## （三）强化规划依法行政

认真落实建设部、监察部关于开展城乡规划效能监察的要求，对2003年以来城市规划的编制与审批、行政许可、政务公开、廉政勤政等内容开展重点检查，促进依法行政。

严格执行规划管理"四条高压线"，加大违法建设查处力度。建立完善规划管理日常巡查制度，对建设项目规划实施开展全过程管理，积极推进建设领域稽查工作，加强与相关管理部门的衔接，依法行政，严肃查处违法违规建设行为。全市规划系统实施14位统一编码制度，建立信息平台，市区联网、实时监测。

大力推进信息公开和规划宣传。目前，经批准的控制性编制单元规划已全部公开，控制性详细规划公开工作正有序推进，把听取市民意见作为必备程序。建立规划信息公开受理点，方便市民查阅各类规划信息。加强规划宣传，完善市、区两级规划系统新闻发言人制度，积极推进规划宣传到街道、进社区，拓展公众参与渠道。

### （四）完善规划管理运作机制

建立规划管理长效机制。在全系统建立健全了“四个体系”和“六项机制”：规划管理技术支撑体系、规划业务协同管理体系、紧急和突发事件处置体系、人才培养和保障体系；加快完善信息共享机制、市区建设项目会审机制、建设项目规划实施全过程管理机制、规划实施后评估机制、干部队伍岗位责任分级负责机制和“三个文明”建设协调发展机制。从制度上完善管理，提高规划管理水平。

同时，建立了世博会地区、虹桥综合交通枢纽地区以及驻沪部队规划信息共享平台，以点带面，推进规划工作信息化管理。

完善规划科研工作机制，构建“科学研究、技术支撑、管理创新”三位一体的科技工作格局，对城市发展和安全有重大影响的项目加强超前研究。积极开展城市规划实施后评估工作，为规划决策提供科研依据。

近年来，在市委、市政府的领导下，上海城市规划工作逐步实现了四个方面的转变：从比较传统和被动的管理，转向更加主动和前置的管理；从偏向中心城区和局部地区的规划管理，转向更加注重市域全覆盖、系统化的规划管理；从偏重形态规划和项目管理，转向更加注重与社会经济发展规划和各项专业规划紧密结合的综合管理；从比较依靠个人素养、知识、能力进行管理，转向更加注重严格依法行政、提高干部队伍整体素质的实施管理。

但是，审视多年来的规划管理工作，仍然存在着许多不足和薄弱环节，主要体现为：城市规划编制的宏观性、前瞻性还需进一步提高；规划监管和执法力度亟待进一步强化；规划公开和公众参与工作，还需面向社会进一步深化；要加强政风行风建设，进一步促进干部队伍作风转变。

## 四、坚持科学发展观，不断把城市规划事业引向深入

当前，我国正进入新的发展战略机遇期，上海正处于认真落实“四个率先”、加快建设“四个中心”的关键时期，既面临着办好一届成功、精彩、难忘的世博会等重要的历史性机遇，同时也受到资源环境约束、城乡发展

不平衡等的制约和挑战。城市规划工作，要清醒认识城市发展面临的新情况、新要求，在实践中，要坚持以科学发展观为统领，认真贯彻党中央和市委、市政府的重大决策，切实做到“四个更加突出”。

### （一）更加突出保障公共利益的政策特征，努力维护城市的长远利益

要充分发挥城市规划的引导和调控作用，切实保障社会公共利益。上海人口众多，土地、能源等资源比较短缺。要把握宏观性、注重前瞻性，正确处理保护与开发、当前与未来、需要与可能、资源环境条件与经济社会发展的关系，聚焦城市发展的瓶颈和制约因素，统筹人口承载力、资源支撑力、生态环境和社会承受力，加快资源节约型、环境友好型城市建设，促进城市全面、协调、可持续发展。

### （二）更加突出“以人为本”的工作本质，切实保障人民群众的根本利益

科学发展观的核心是“以人为本”。要坚持服务人的全面发展，加强城市公共空间管理、健全社会公共服务体系，合理安排市政基础设施和教育、文化、医疗等公共服务设施布局，加强住房、轨道交通、社区建设等的规划工作。

要关注民生，把广泛倾听群众意见、加大规划公众参与度和社会透明度，作为提高规划管理水平的重要抓手，主动接受社会监督，营造和谐生活，建设和谐社区，创建和谐城市。

### （三）更加突出统筹协调的总体要求，促进城市又好又快发展

城市规划工作，涉及城市社会、经济、文化、环境等多方面内容，是一项综合性、协调性很强的工作。要结合《城乡规划法》的颁布实施，坚持又好又快发展，加强城市总体规划与经济社会发展规划、土地利用总体规划以及各项专业系统规划的有机衔接，注重城市形态优化和功能完善的有机统一，统筹局部与整体、发展与保护、地上与地下等关系，科学配置各类资源，推进城市健康、有序发展。

## （四）更加突出依法行政的管理内涵，不断提高规划管理水平

依法行政，是实施规划管理的基本原则和重要保障。要加强规划法规建设，完善技术标准和规划导则，深化分类指导，强化主动和前置管理。要加强监督检查，严格执法，坚决依法查处和制止违法建设行为，维护规划的严肃性，提升市、区管理合力。要认真落实行政执法责任制，增强服务意识、责任意识和大局意识，进一步提升干部队伍的综合素质。同时，要认真按照市规划委员会运作机制，做好相关工作，充分发挥专家咨询委的作用，大力推进规划公开和公众参与，不断提高规划管理的科学性和民主性。

建设上海现代化国际大都市的战略目标，城市规划工作光荣而艰巨。我们要以邓小平理论和“三个代表”重要思想为指导，牢固树立科学发展观，坚持和发展有中国特色的社会主义，深入贯彻上海市第九次党代会精神，求真务实，与时俱进，扎实开展各项工作，为加快实现“四个率先”的目标、推进上海“四个中心”建设，做出应有的贡献！

原载于《上海城市规划》2007年第4期

科学发展篇 Scientific Development

# 加快推进中心城旧区和旧住房改造工作

旧区改造是改善人居环境、提升城市综合功能的重要内容，是构建社会主义和谐社会的重要举措。上海的旧区改造任务十分艰巨，已被列入市委、市政府的重点工作之一。时任市委主要领导对闸北区彭浦一村的旧房改造十分重视，在市规划局呈交的工作专报上作出批示，要求闸北区政府和相关部门推进落实。本文系市规划局工作专报的主要内容。

住房问题是重要的民生问题。加快推进旧区和旧住房改造，切实改善居民生活水平，既是上海实施旧区更新、改善城市环境质量、提升城市综合功能的重要内容，也是促进城市健康、协调、可持续发展，构建和谐社会的重要举措。

“十一五”期间，上海明确了“中心城区完成成片二级旧里以下房屋改造400万平方米和旧住房综合改造2000万平方米以上”的目标任务。面对新形势、新要求，上海市规划系统要按照市委、市政府的总体部署，积极会同市房地局等相关部门和区县政府，认真探索，把推进旧区和旧住房改造工作作为落实科学发展观、提升规划管理水平的重要抓手，努力做好各项规划工作。

## 一、基本情况

上海城市发展历史悠久，人口密度高，旧区改造任务十分艰巨而复杂。20世纪90年代以来，在历届上海市委、市政府的高度重视下，在各区县政府、各有关部门的共同努力下，上海旧区改造步伐进一步加快，以“365”危棚简屋拆除为基础，一大批旧区得以改造，一批功能齐全、配套完善、环境优美的新型居住区相继建成，人民生活水平和生活质量显著提升。进入21世纪，上海进一步加大力度，加快推进旧区改造各项任务，积极探索旧区改造新途径、新方法。

通过近二十年的努力，上海旧区和旧住房改造工作取得了明显成效，大大改善了人民群众的居住条件。但由于旧区改造量大面广、涉及资金投入多，还有相当一部分旧区和旧住房需要改造。

上海旧区和旧住房改造工作，大体上可以分成三类。一是中心城卢湾、静安、黄浦等区开展的二级旧里以下的旧区改造，通过土地“招拍挂”，按规划建设商品住房，改善居住条件，完善配套设施。二是中心城杨浦、虹口、普陀、闸北等区开展的老公房综合改造，针对20世纪50年代以来建设的旧公房，通过拆落地重建、成套率改造等，提高生活居住水平。三是郊区新城、新市镇开展的旧住房改造。

以闸北区彭浦一村小区为例，在20世纪50年代至70年代，按照职工“就近工作、就近生活”的原则，结合市区工业分布，上海建设了一大批工人住宅新村，如彭浦新村、曹杨新村等，改善了人民群众的居住条件。但随着建设年代的日益久远和上海城市经济社会发展，彭浦一村等旧住房已不能满足人民群众逐步提高的居住需求，亟须进行改造。该小区所住居民多为彭浦工业区企业职工，居民总户数1998户。房屋为混合结构老公房，共有非成套房屋40幢，总建筑面积76684平方米。其中，"倒便器"房屋10幢，建筑面积16186平方米，居民560户，厨房2户或3户合用，卫生间8户合用；非成套合用老公房30幢，建筑面积60498平方米，居民1438户，厨房、卫生间为2户或3户合用，一些影响居民生活的"急、愁、难"问题依然存在。2002年，结合共和新路高架沿线整治，对沿路8幢房屋进行了"平改坡"改造。几年中，结合小区一体化管理，对小区道路、管道、绿化等进行了整治，居民生活环境有了一定改善。但小区大部分房屋结构老化、上下水管道腐蚀严重、居民打雨伞如厕的现象仍然存在，居民要求改造的呼声十分强烈。

## 二、工作思路和规划设想

面对新任务，规划部门要针对当前旧区和旧住房改造工作的特点，立足实际，因地制宜，实事求是，积极探索旧区和旧住房改造工作的新思路、新方法，切实把旧区改造各项规划工作落到实处。

### （一）工作思路

要务实开拓、积极探索"多种形式改造、多元资金投入、多项政策组合、多个安置选择"的工作思路，结合实际，分类指导，积极推进。

在改造形式上，"拆、改、留"并举，通过多种方式实施改造，针对旧住房的实际情况，合理确定"拆、改、留"范围和比例，科学确定改造方式，如拆落地新建、旧住房成套率改造、"平改坡"综合整治等。在资金投入上，强调政府主导的同时，鼓励"政府投入、社会支持、市场运作"的多元化资金投入模式，积极吸收社会化资金，多方面、多渠道筹措改造资金。在政策制定上，根据保障性住房和商品住房的不同属性，在供地方式、房型选择、配套标准、分配方案、财税等政策方面，多项组合，区别对待，分类指导。在安置方式上，满足不同收入阶层居民的实际诉求，采用"货币安置、实物安置"等多种方式，提供原地回搬、异地安置等多种选择方案。要通过科学的规划、合理的政策制定，把旧区改造任务真正落到实处。

### （二）规划设想

在具体推进工作中，规划部门坚持政策聚焦、各方协同、市区携手，把握三个原则。

一是重点聚焦400万平方米二级旧里以下旧区改造工作，同时加快推进中心城旧住房改造任务。根据不同情况，在推进旧住房成套改造、综合整治等工作的同时，积极探索旧住房拆除新建等改造新模式。

二是加快推进保障性住房建设。保障性住房建设是旧区和旧住房改造工作有序推进的重要保证和有力支撑。上海市规划局已会同市房地局等部门，在各区、县政府支持下，积极开展保障性住房规划选址工作。在全面梳理中心城可开发用地的基础上，研究中心城保障性住房的规模、供地方式和配套政策，逐一复核，确保规划落地。

三是不留下新的“后遗症”。在保障旧区和旧住房改造的住房安全、房屋质量和居住水平等前提下，因地制宜，加强地区公共服务配套和市政配套设施建设，方便群众生活，提高生活质量，避免“二次改造”，不留新的“后遗症”。

## 三、区别对待，分类指导，加快推进旧住房改造工作

旧住房改造是改善居民生活条件的一项重要工作，总体可分为综合改造和拆除新建两种基本形式。

### （一）旧住房综合改造

旧住房综合改造，是对城市规划予以保留、建筑结构较好但建筑标准较低的住房进行改造并完善配套设施的工作，改造内容包括：将厨卫不独用的旧住房进行成套率改造；对涉及扩建或加层的旧住房进行“平改坡”综合改造；增加居住小区停车场（库）、物业管理用房、小区公共配套设施等；

对旧住房、设施、环境的综合整治，等等。上海市规划局已会同市房地局制定了《上海市旧住房综合改造管理暂行办法》并经市政府批转。此类旧住房综合改造，以房地部门为主，市规划局积极配合，各项工作正在积极推进。按照有关规定，旧住房综合改造范围内，如条件具备，允许24米以下的建筑加层、扩建1—2层；加层后，底层可作为社区公共服务设施；不得减少原住户房屋居住面积。

### （二）旧住房拆除新建

旧住房拆除新建，是针对建筑结构较差、环境和配套设施不齐、仅靠综合改造难以满足居住要求的住宅小区而实施的建设行为。在符合城市规划和区域可持续发展要求的基础上，按照“规划引导、因地制宜、拆一还一、区域统筹”的原则，以规划建造经济适用房为主，妥善做好居民回搬工作。同时，部分增量住房作为廉租住房，为区域保障性住房提供房源。如闸北彭浦一村小区、杨浦佳木斯路163弄地块等。

旧住房拆除新建也分为两种类型。一是“拆一还一、原地回搬”，以原住房建筑面积为计算基础，满足居民回搬要求。二是“异地安置、区域统筹”，参照旧区改造模式，动迁旧住房小区居民，建设小户型保障性住房，异地、就近安置动迁居民。

## 四、因地制宜，区域统筹，探索推进旧住房拆除新建工作

旧住房拆除新建，必须坚持市区携手、以区为主、市民参与、共同推进，以切实改善居民的居住水平和生活质量为目标，在规划编制、方案设计、运作机制等方面加强协调、探索推进。以彭浦一村旧住房拆除新建工作为例，在具体推进中，可归纳为“占地不多规划好、房型不大功能全、社区配套保基本、因地制宜环境美”四项要求。

## （一）占地不多规划好

坚持高水平规划、高质量建设是旧住房拆除新建的重要出发点。实施拆除新建的旧住房小区，大多建筑密度较高、人口密度较大，不同时期建筑质量相差较大。要坚持“以人为本”，根据旧住房小区不同的情况，科学合理地确定改造方案。在实施方案编制中，重点把握三个环节。

一是突出区域统筹，合理确定拆除地块范围。结合市政基础设施建设、轨道交通站点综合开发以及闲置厂房、仓库、零星用地利用等，与周边相邻地块进行综合改造，提高土地利用率，促进可持续发展。同时，妥善处理彭浦一村拆旧建新与彭浦新村其他小区旧住房综合改造的关系，妥善处理彭浦新村改造与全区旧住房改造的关系，先易后难，试点推进。

二是突出科学规划，合理确定改造建筑容量。加强旧住房改造与控制性详细规划的衔接，在满足区域发展要求的基础上，统筹考虑地块使用性质、功能布局和建设容量，满足地区建设总量控制要求和相关法规规范要求。同时，兼顾环保、节能、绿化等方面设计要求，适当提高小区道路标高，解决积水等问题。

三是突出合理布局，集约节约使用土地。通过编制详细规划，合理确定规划参数，优化城市空间布局。为减少对周边已建成住房采光、通风、日照等方面的影响，新建建筑以多层、小高层为主，鼓励采用点式、短板式等占地相对灵活、土地使用率较高、对周边影响较小的建筑形式。同时，以停车库、自行车库等为主，开发利用地下空间，完善小区配套设施。

## （二）房型不大功能全

旧住房拆除新建地块，现状户均建筑面积约为40平方米，拆落地重建后，按照“拆一还一”原则，参照经济适用房标准，户均建筑面积按照50—60平方米控制，并适当考虑居民分户的可能性。以彭浦一村为例，现户均建筑面积37—38平方米，规划改造后户均建筑面积按55平方米控制，厨、卫独用，套数由现在的1998户增至2100—2200户。据初步估算，除满足地区改造、居民回搬等要求外，可基本实现增量住房5%—10%，作为廉租房使用。

新建住宅房型设计强调功能完善，独立成套。考虑居民实际要求，新建住宅建筑每户适当增加1—2平方米的储藏空间，并增设1个北向工作阳台。同时，对建筑空间布局、节能环保、内外环境等方面要精心设计，注重与周边已建成地区的整体协调，使旧住房地块改造后整体环境品质有较大提升。

### （三）社区配套保基本

旧住房拆除新建，要加强地区公共服务配套及市政配套设施建设，且有别于一般的商品房小区。旧住房拆除新建地块，要遵循实事求是、资源共享、拾遗补阙的原则，整合资源，集约使用土地和配套设施。充分保障社区卫生、文化、商业等基本配套功能，医院、学校等公共设施可在更大范围内统筹解决。

### （四）因地制宜环境美

旧住房是城市整体风貌的组成部分，也是上海城市发展不可缺少的历史文脉，要正确处理好发展与保护的关系。在重建过程中，结合小区现有风貌统筹考虑，实现建筑风貌与文化要素的紧密结合。以彭浦一村为例，小区内有一幢具有历史故事和人文特点的公共建筑，规划拆除后按原貌重建，保留并作为彭浦新村建设成果展示、参观接待等功能。对小区内原有成片、成规模的绿化植树，尽可能予以保留，维护原有的环境特色。

## 五、依法行政，机制创新，突出阳光规划审批工作

旧住房改造工作，是一项与老百姓切身利益密切相关的民心工程。在实施推进中，要坚持“以人为本”、尊重民意，突出回搬方案公正、规划透明公开、方案及时公示。

一是回搬方案公正。旧住房拆除新建工作，原有住户原则上就地回

搬。居民回搬工作，以原住房建筑面积为计算基础，回搬方案要体现公开、公平、公正。对希望建筑面积增大、居住环境有更大改善而不愿意回搬的居民，可结合周边地区经济适用房、商品房的建设，按照有关动迁政策安排。如彭浦一村旧住房改造中，对有这类要求的居民，规划建议结合彭浦十期经济适用房建设，进行综合考虑。

二是规划透明公开。规划透明公开是促进政府职能转变和管理创新、提高规划管理效能的重要抓手。要按照《城乡规划法》的总体要求，严格执行旧改项目的规划调整和审批程序，同时要在旧住房改造事前征询制度的基础上，积极推进规划的公众参与，广泛征求居民意见。在控制性详细规划编制中，涉及旧住房改造地块规划功能布局、建筑容量、公建配套等内容的，要充分听取居民意见，科学确定方案、阳光审批规划。

三是方案及时公示。旧住房改造实施方案的确定，要积极推进全过程公开，特别是房型选择、与周边建筑相邻关系、市政配套（如变电用房、垃圾房）等居民比较关心的事项，保证居民的知情权，确保居民意见落到实处。

加快新一轮旧区和旧住房改造工作，是贯彻党的十七大精神、落实科学发展观的具体体现，也是构建和谐社会的一项重要内容。上海市规划系统将按照市委、市政府的工作部署，积极会同市、区有关部门，认真总结，努力创新，加快推进，为上海加快建设“四个中心”、建成现代化国际大都市做出应有的贡献。

原载于《上海城市规划》2008年第3期

科學發展篇

Scientific Development

# “50万伏变电站”规划建设，让上访群众从担心到放心

随着上海经济社会的快速发展，城市的供电、供水和排水系统的能力也在不断提升。由于投资和建设的体制机制等客观因素，城市公用设施的建设，往往存在一定的滞后性。例如，有些城区的居住社区、办公楼宇陆续投入使用，但相应的供电配套设施才开始投资建设，一旦处理不当，就会引起各方面用户的不满。

在市规划局工作期间，局长毛佳樑就面临这样的难题。当时各区正在全力以赴推进旧区改造和新区建设，城市用电经常处于供不应求的局面，电力部门承担的设施建设任务十分繁重。为有利于解决供电难的问题，市规划局和市供电局建立了两局联合协调机制，由双方局领导或相关部门负责人牵头，每季度一次互通情况，共同解决工作中的难题。如市规划局根据中心城区建设情况，及时编制了变电站布局规划，将22万伏及以下的变电站分为已经建成、规划在建、已规划未建、实际空缺共四大类，梳理了上海中心城区所需要规

杨浦区虹杨变电站地上办公楼实景（2019年）

划建设的各级各类变电站的数量与布局，以及分期建设的时序安排。规划涉及的变电站共有88座，其中已建、在建的将近一半，其余的要陆续落地实施。在向副市长杨雄汇报该规划时，得到了市领导的肯定和支持。又在相关区政府的关心和市供电局、电力公司的全力配合下，市、区规划局积极推进中心城区各级变电站的规划落地。

2006年，市供电局希望在静安区北京西路规划新建一座全地下50万伏变电站，得到了市规划局的全力支持。这是市中心首座超大容量、多电压等级、全地下全数控的变电站，规模列全国同类工程之首，也是世界上第二座同容量的全地下变电站。它的建成不仅保障了世博园区的供电需求，还可极大地缓解浦西内环线以内电力供应日趋紧张的局面，有效改善中心城区电网结构。

位于杨浦区和宝山区交界处的虹杨50万伏变电站，主要为虹口、杨浦两区服务，早在《上海城市总体规划（1999年—2020年）》中就已确定了规划选址。然而，由于市政设施投资和建设的滞后性，虹杨变电站真正落地实施时，规划选址地块旁边已建成了一个大型住宅社区。由于该居住区规划设计方案中没有标注变电站的规划位置，因此，变电站的建设引起了当地居民的强烈反响。居民经常到市政府、杨浦区政府和市规划局上访，毛佳樑局长、刘海生副局长就多次接待了该居住区居民群体上访。居民表示，大型变电站辐射大，对人体有害。其中一些居民情绪十分激动，坚决反对在附近建造大型变电站。市主要领导也十分关心这些上访事件。

有了此前静安地下50万伏变电站的实践经验，市规划局提出了建设全地下变电站的方案：虹杨变电站与当地社会经济发展、市民生活密切相关，必须加快建设。但为了解决居民提出的实际问题，减少群众顾虑，希望参照静安变电站的形式，将地上设施改为全地下，其中就涉及供电部门要增加投入资金、延长建设工期等诸多难题。在市领导的关心下，市规划局与市发改委、市电力部门充分沟通，新方案得到了时任市发改委主任蒋应时和市供电局局长周永兴的大力支持，并且争取到了国家电力总公司的帮助，同意新增资金将变电站改为全地下设置。

然而，这一方案没有完全消除当地居民的担忧，很多居民并不相信全地下设施能够完全隔离辐射。恰在此时，市供电部门在其他地区申请建设办公用房，市规划局在咨询了相关专家后，与电力部门进行认真讨论，切实了解到地下室内变电站对地面上的人群不会产生辐射影响。此后，决定将供电部门申请的办公用房建在虹杨地下变电站的顶部。同时，为尽量拉开和居民楼的距离，由市规划局沈人德副总工带队，咨询上海隧道设计院和上海电力设计院的专家，合理布局地下各类配电设施，将变电站从正方形调整为南北长、东西短的长方形，使变电站与最近居民楼之间的距离达到78米，中间布置公共绿地。这个方案得到市发改委、建交委等部门的支持，供电部门也十分赞同。随后，居民来访时，市规划局会同杨浦区政府介绍了新方案，并逐渐得到了广大居民的理解。2014年6月4日，《新民晚报》刊登了一篇供电部门的报道《变电站，没你想象的那么可怕》。上访群众从担心到放心，由此缓解了一项群体性的矛盾。

虹杨变电站于2013年开工建设，2018年底竣工并投入使用，变电站顶部的办公楼也迎来了供电部门的上班职工。50万伏变电站与非居住建筑相结合，在全国电力行业内成为首创。

# 坚持科学发展观，全面贯彻落实城市总体规划

科学发展 Scientific Development 篇

2008年6月，上海市城市规划管理局党委书记、局长毛佳樑应邀在中国浦东干部学院为中共中央组织部108期经济管理研究班学员授课。本文根据授课内容整理，有删减。

城市规划，对今天在座的各位书记、市长来讲，关系太密切了。我的体会是，要做好城市规划工作，就要做到“三个一”：一个总体规划、一支规划队伍和一套运作机制。第一，一定要有一个符合国家政策导向、结合当地发展目标、既有前瞻性又有可操作性的城乡总体规划。一般来说，每个城市的总体规划的年限是二十年，这二十年里可能有很多变化，要有一个总体目标和发展蓝图，这非常重要。第二，要有一支开拓务实、高效廉洁、熟悉业务的规划干部队伍。第三，要完善规划编制和管理的体制与机制。这需要各级党委和政府领导的重视，如果没有领导的重视，编制的规划可

能就是图上画画、墙上挂挂。

由于各个城市的情况不同，所以我想今天更多的还是从体制、机制的角度，以上海的城市规划为案例，作一些介绍。近两年，每次我介绍完以后，各位书记、市长都希望能留一些时间互动，这对我也是一次很好的学习和交流机会。

## 一、上海的基本情况

《上海市城市总体规划（1999—2020年）》于2001年5月经国务院批准，规划期限到2020年。总体规划明确了上海在21世纪城市发展的总体目标、战略方针和布局框架。在2003年10月召开的上海市第五次规划工作会议上，市政府主要领导要求全市规划系统努力探索符合上海特点的特大型城市规划管理模式，以健全规划体系、管理体制、运作机制为抓手，深入实施城市总体规划，初步形成一个"覆盖全市、层次清晰、有明确发展目标"的城乡规划体系。今年国家《城乡规划法》实施以后，对每个城市来说，都要结合当地情况，深入贯彻落实，促进城乡的全面、协调、可持续发展。

上海市域土地总面积6340平方公里，是全国四个直辖市中面积最小的一个，天津11000多平方公里，北京16000多平方公里，重庆更大，80000多平方公里。上海也是一座国家历史文化名城。到2007年末，全市常住人口1858万，其中户籍人口1370万左右。上海共有19个区县，分为18个区和1个县。其中崇明县陆域总面积1400平方公里左右（包括原属宝山区的长兴岛和横沙岛），超过上海总面积的五分之一。十年前，市发改委和市规划局就做了"三岛联动规划"。为什么呢？因为崇明岛的发展方向是建设生态岛，几任县委书记、县长上任的时候，市领导就和他们谈话，要做好三件事：第一是做好规划，第二是管好土地，第三是努力让老百姓生活水平有所提高。但是困难不少，为什么？因为崇明岛的定位是生态岛，不能引进一般的工矿企业和产业项目。当时，市领导就在研究这三座岛能不能联动发展。现在将长兴岛作为产业岛，既能为上海造船产业提供发展机遇，又能增加一定的地方税收和工作岗位。横沙岛作为旅游休闲岛，预留了发展空间。所以，崇明县就从一座"本岛"，演变成了今天的"三岛"。

上海中心城区是外环线以内的地区，约660平方公里；内环线以内大约是110平方公里，是上海最核心的区域。现在的中心城区，大约占全市土地的10%，居住了上海将近60%的人口。按照"城乡一体、协调发展"的方针，上海以中心城为主体，其中浦西的外滩和浦东的小陆家嘴地区构成了上海的中央商务区，南京路、淮海路、人民广场、城隍庙、新客站等地区是市级公共活动中心。根据城市总体规划，全市共有四个副中心。最早建成的是徐家汇和浦东花木地区。最近，位于杨浦区的江湾—五角场副中心正在加快建设。去年，市政府又批准了真如副中心规划。这样，上海逐年建成了"多心、开敞"的空间发展格局。

整个上海不能简单地分成市区和郊区，它其实是一个"城市群"。上海中心城约有1000万人口，就是一个特大型城市；郊区共有9个新城，其中，规划人口规模小的是30万—50万人，大的是80万—100万人，这样全市就形成了一个"城市群"。在党中央和国务院的亲切关怀下，十多年来，上海的城市功能不断提升，城乡面貌发生了巨大变化。上海的很多发展都离不开兄弟省市的支持和帮助。特别是20世纪90年代以来，上海抓住了浦东开发开放的契机，进入了快速发展的高潮期。21世纪以来，整个上海城市的集聚和辐射功能得到了充分发挥，产业结构进行了重大调整，大力发展现代服务业，积极推进高新技术产业，产业布局进一步优化。现在，上海优先发展第三产业，积极调整第二产业，稳定发展第一产业。同时依托科技，坚持二产和三产共同推进。上海郊区占了全市约90%的土地，所以上海的先进制造业和生产性服务业集聚区的发展潜力大多在郊区。

加快枢纽型、功能性、网络化重大基础设施建设，一是推进以航运中心为重点的"三港"建设，即空港、航运港和信息港；二是推进以长三角区域发展为重点的"三网"建设，包括高速公路网、轨道交通网和内河航道网。

近年来，上海城市环境得到了明显改善，市民生活质量有了显著提高。到去年底，上海人均居住面积是16.5平方米，如果按建筑面积计算的话，大约是32平方米。

这些年，通过苏州河几轮“三年行动计划”的实施，苏州河水和周边绿化环境都得到了明显改善。2006年，上海已跨进“国家园林城市”行列。现在上海的人均公共绿地面积是12平方米。

上海中心城目前居住了近1000万人口，每平方公里居住人口大约是15500人。上海的目标是到2020年，中心城区人口能够控制在950万人左右。人口密集区域，人气足、市场旺，但环境、交通承受能力有限，所以交通拥堵等问题同时存在。如何解决好这对矛盾，就需要中心城、新城的联动发展，发挥大容量轨道交通的引导作用，促进产业结构和人口布局的优化调整。

一个新城的建设，不仅需满足居住功能，还应该有产业支撑和完善的文化、教育、医疗等服务设施。这样，全市才能真正形成“城市群”。同一件事情，如果用不同的视角、不同的理念去看待，发展的结果就不一样。二三十年前，老百姓把上海中心城称为“市区”，把周边称为“乡下”，宝山区居民把到南京路去称为“进城”。以往郊区的卫生、教育等公共服务设施配置确实比较薄弱，现在理念不同了，全市范围内相当于有几个50万、80万甚至是100万人口的城市。那么，产业发展、公共服务、市政基础设施包括公共交通设施等就应该按照大、中型城市的功能定位来合理配置。

## 二、充分发挥城市规划的引导与调控作用

树立和落实科学发展观，城市规划是重要的载体和抓手。要充分发挥城市规划的引导和调控作用，统筹人口、产业、环境、基础设施与各类资源等要素，推动城市全面、协调、可持续发展。

城市规划是政府调控城市土地和空间资源、指导城乡发展与建设、维护社会公平、保障公共安全和公众利益的一项重要公共政策。

## （一）城市规划工作必须做到三个“始终坚持”

一是始终坚持全面发展。要着眼于社会、经济、文化和环境综合效益的体现，坚持城市形态优化和城市功能完善的有机统一。

二是始终坚持协调发展。要注重经济和社会协调、城乡协调以及人与自然的和谐发展，满足人民生活和城市发展的需要。我们反思了一下，发现原先对郊区的定位认识不够。所以，现在上海的郊区，近郊的发展比想象中的要好，远郊比想象中的要差，特别是很多基础设施建设还没跟上，老百姓看病、看戏和出行还很不方便。这次全国人大通过的《城乡规划法》有一个很大的亮点，就是要进一步推动城乡统筹协调发展。

三是始终坚持可持续发展。立足当前、谋划未来，既要考虑当前建设的需要，又要满足城市未来发展的需求，要为子孙后代留有充分的余地。

## （二）城市规划工作要紧密结合实际，切实提高三个方面能力

一要提高服务于经济社会发展的能力。上海城市规划工作，要在中央对上海城市发展的战略要求上、在全国发展的大格局中、在长三角区域发展的总体部署中，进行思考和谋划，充分发挥城市规划的引领作用，切实提高服务经济社会发展的能力。城市规划，既要有一个长远的目标，同时也一定要结合实际，具有可操作性。

二要切实提高统筹协调、科学发展的能力。上海城市规划工作，要围绕建设“四个中心”和现代化国际大都市的战略目标，统筹各类城市发展要素。上海只有6000多平方公里的土地，其中还包括了2000多平方公里的保护农田，实际建设用地不能超过3000平方公里，产业发展用地面临着土地资源匮乏等因素的制约。同时，上海还面临着环境容量、水资源等方面的制约。如何实现上海社会经济又好又快发展，切实转变经济发展方式，注重节约和集约使用土地资源，规划部门要努力学习和提高科学发展的能力。

三要切实提高“以人为本”、促进和谐社会建设的能力。城市规划工作，要坚持“以人为本”，做到发展为了人民、发展依靠人民、发展成果由人

民共享，要把实现好、维护好、发展好广大人民群众的根本利益，作为城市规划工作的根本出发点和落脚点。这就要围绕解决教育、住房、交通、环境等人民群众关心的问题，创新思路、推进落实，使发展成果真正体现在改善民生上。

### （三）求真务实，准确把握城市规划工作的科学内涵

城市规划工作，简而言之，管理的核心内容就是土地利用和空间布局。以往谈到土地利用，大多是说地面上的，比如建楼、建工厂，要集约和节约使用。其实，对一个城市来说，城市空间、地下空间都非常重要。从本质上讲，城市规划是一项保障社会公共利益的重要政策，要加强城市公共空间管理，健全社会公共服务体系，推进城市可持续发展。在市委、市政府的领导下，规划管理部门没有自身的利益。如果说有利益的话，那么就是两句话：一是城市的长远利益，二是老百姓的公共利益。

要通过规划的编制和实施，对城市的目标定位、城乡空间布局、经济建设、社会发展等要素进行综合部署和有效管理，从而提升城市功能，塑造城市形象，促进城乡可持续发展。

## 三、上海城市规划体系

### （一）城市规划体系

2001年5月，国务院批准了《上海市城市总体规划（1999—2020年）》。2003年10月，上海市人大对《上海市城市规划条例》作了修改。我们在贯彻实施城市总体规划的过程中，按照中心城和郊区两条主线，从上至下，分为五个层面。

第一层面是城市总体规划，包括中心城总体规划。总体规划主要是明确一个城市的定位、规模和发展方向，以及城市空间布局的综合部署。所以，总体规划不是直接管项目审批的。

从中心城来讲，第二层面是分区规划，就是对总体规划控制要素的分

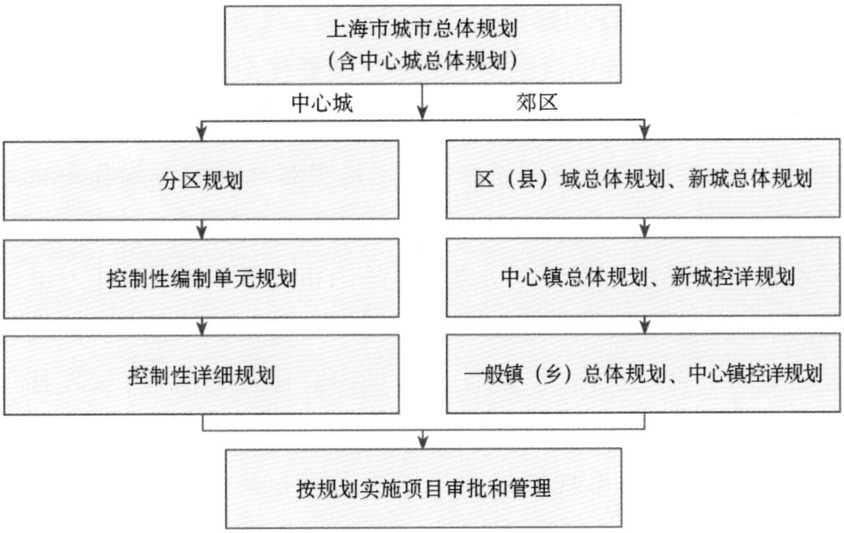


上海城市规划编制体系示意图

解。中心城由6个分区组成，每个分区大致是100平方公里，这样就能进一步明确各个分区的功能定位和发展方向。

第三层面是242个控制性编制单元规划。单元规划进一步明确了用地性质、建筑总量、公共服务设施等指标。上海是座特大型城市，单元规划是一个关键，是上海规划编制中新增的一个环节，起到承上启下的作用。有了这个层面的规划，就能具体落实各项规划要素，统筹配置各类资源，也为下一步控详规划的编制起到规划任务书的作用。这次国家《城乡规划法》把控制性单元规划也纳入规划编制体系之中。

第四层面就是控制性详细规划。控详规划对各项规划控制要素作了具体规定，项目审批就有了可靠的依据。以前规划编制完成以后，可以按照批准的控详规划进行项目审批，这是一种常规渠道。还有一种是因为来不及编制控详规划，就按照技术规范来进行项目审批，但这是“只见树木，不见森林”的做法，容易产生后遗症。

第五层面就是按照经批准的控规实施项目审批和管理。应该说，前面讲的四个层面是规划管理，第五个层面是项目管理或者说是建筑管理。

上海的城市规划管理体制是“两级政府、两级管理”。上海19个区、县的规划局局长是由各个区的区委书记、区长任命的。在这种情况下，规划业务怎么操作呢？市领导十分关心，我们是把规划编制权和监督权放在市局，项目审批权更多地放到了区县局，其实对规划的编制和审批是更加严格了。

刚才介绍的控制性编制单元规划，是由市规划局会同各区、县政府联合编制，报市政府批准的。控制性详细规划由各区县政府编制，由市政府委托市规划局审批。这样，既能使上海城市总体规划落地，又发挥了各区县政府的积极性。在项目审批方面，现在各区、县规划局审批的数量占全市总量的93%—94%，市规划局审批的大致在6%—7%，做到了规划审批向上集中，项目审批重心下移，市、区（县）两级管理，形成了工作合力。

郊区规划体系也是如此，分为五个层面，但内容更丰富，因为还有不少国家级、市级产业园区等规划的编制和审批。

## （二）城市规划分类

刚才讲的是上海纵向的城市规划体系，现在再介绍一下横向的城市规划分类，大致可以分为五大类。每个城市可能不尽相同。

### 1. 中心城规划

上海中心城面积660平方公里。市规划局在2003年7月起通过现状普查，界定为4390多个街坊，共划分为242个规划编制单元。一般来说，一个街道分为2—3个编制单元。一个编制单元占地小的2平方公里左右，大的3—5平方公里。

目前，中心城6个分区规划和242个控制性编制单元规划已基本编制完成，还有少量地块正按照法定程序开展规划公示，听取公众意见。

中心城中央商务区和4个城市副中心等主要公共活动中心规划已经全部编制完成。例如1.7平方公里的小陆家嘴地区，十年前就编制了规划。应该说，总体上实施得很不错，高楼林立，与老外滩地区的建筑隔江相望，相得益彰，体现了上海改革开放的窗口形象。老外滩的建筑主要是20世纪二三十年代建造的，建筑单体不是很高，建筑主体以石材为主。每一座楼各具特色，结合在一起十分协调，像一首抑扬顿挫的交响曲。小陆家嘴地区的高层建筑，大多是世界上著名的设计事务所设计的，如金茂大厦是由SOM公司设计，环球金融中心是由KPF公司设计，他们对高层建筑设计有丰富的实践经验，其中也引进了现代建筑的许多新理念。

2. 郊区规划

包括郊区规划纲要、区（县）域总体规划和新城总体规划等。2004年，市政府下发了《关于切实推进"三个集中"，加快上海郊区发展的规划纲要》。"三个集中"即人口向城镇集中、产业向园区集中、土地向规模经营集中。同时，各区（县）编制了区（县）域总体规划，并报市政府批准。

目前，全市9个新城总体规划中有8个已编制完成，61个新市镇已完成44个，600个左右中心村（行政村）的总体布点规划方案已完成。中心村完成布点规划以后，每年要对实际操作的中心村做好进一步深化、细化，但未必要把所有的中心村规划一下子编制出来。历史上，上海的行政村最多的时候有3000多个，现在还有1800多个，其中在农村地区的有900多个，5户以上的自然居民点还有3万多个。一个中心村一般都有若干个自然居民点，但如果自然居民点布局太分散，那就不利于市政、教育、卫生、文化等设施的建设。要通过规划编制，使农民居住相对集中，尽量避免重复建设和盲目建设。

3. 产业布局规划

按照先进生产力和先进文化的发展方向，统筹城市三、二、一产业的功能定位、发展规模和用地布局。特别是在经济转型期，面临着产业结构优化、调整，就要积极做好规划分析、预测和布局工作。

过去，大家对上海了解比较多的可能是东、南、西、北四大产业基地。东面是浦东张江高新技术产业园区，南面是金山石油化工产业基地，西面是嘉定汽车制造产业基地，北面是宝山精品钢基地。嘉定区就是把汽车城建设作为区域的发展重点，包括发展汽车及零部件出口基地，建立汽车文化市场，开设汽车学院和风洞试验中心等，通过汽车产业平台来带动区域经济发展。最近，上海市政府又规划布局了两大产业基地。一个是长兴岛船舶制造和海洋装备产业基地；另一个就是临港新城先进制造业基地。目前，已编制完成了《张江高新技术产业园区中区总体规划》《临港产业园区规划》《长兴岛造船基地规划》《漕河泾高科技园区规划》等重大产业布局规划。

大力推进现代服务业发展。上海发展有一条“短腿”，就是现代服务业。与北京相比，上海在现代服务业方面的差距较大。这几年上海正在努力推进，全市的第三产业比重基本上达到50%以上，中心城占80%左右。围绕城市功能提升，规划形成沿黄浦江、苏州河，以及延安路至世纪大道共三大服务业聚集带，建设长风生态商务区（普陀）、赵巷商务区（青浦）等20个现代服务业集聚区。例如，虹口区结合区情，紧紧围绕国际航运中心建设，积极发展现代航运服务业。在编制规划的时候，我们深深感觉到，对一些有历史文化底蕴的百年老厂和仓储码头，要创新理念，物尽其用。这既是一个城市历史建筑风貌的体现，也能推进现代服务业的发展。

再举一个例子，大家可能去过卢湾区（已并入黄浦区）的“新天地”，为什么境内外游客对“新天地”都很认同呢？外国游客说，这是因为有中国的文化元素在里面，有上海石库门建筑，有令人怀旧的里弄风情；国内游客感觉到，这个地方蛮洋气的，上海传统的石库门里弄建筑与内部现代化服务设施融为一体，环境好、人气足。应该说，“新天地”也是海派文化旧区改造中的一个有益探索和成功案例。

同时，根据市领导要求，积极开展中心城区甲级商务楼宇规划研究，从区域布局、工程规模、建设时段入手，进行全面梳理，包括已建、在建、已竣工和已规划等多种情况，提出相应的对策建议报市政府。通过这项工作，合理调控中心城区商务楼宇的建设时序和项目总量，明确发展导向，进一步优化空间布局，积极推进楼宇经济和总部经济的有序发展。

贯彻国家宏观调控政策，积极做好廉租房、经济适用房等保障性住房规划建设。按照建设资源节约型、环境友好型城市的要求，合理编制规划。中心城降低开发强度，近郊提高大型居住区和产业园区的容积率。同时，制定相关规范和实施细则，主动做好规划引导工作。

在科教文卫体方面，如杨浦区委、区政府提出了“知识杨浦”的概念，编制完成了《杨浦知识创新区发展规划纲要》。杨浦区有一个特点，就是百年老厂多，有国棉十七厂、上钢二厂等。百年高校也比较多，有复旦大学、同济大学、上海理工大学等。以往学校是学校，工厂是工厂，城区是城区，全区一百多万人口，但是经济发展后劲不足。现在区政府和市规划局联合编制了“三区融合”的发展规划，提出“大学校区、产业园区、文明社区”联动发展，以创新为动力，加快地区经济社会全面发展。历史上，上海中心城区一般不编制区域总规，而是通过分区规划、单元规划来指引城区发展。杨浦区通过这个“三区联动”规划，充分发挥了对区域社会经济发展的引领作用。

同时，市规划局正在深化编制《全市文化设施布局规划》。我们认为，世博园区规划不仅应该关注举办世博会的六个月，也要更多地考虑“办博”以后如何通过“世博效应”，进一步提升城市功能，特别是文化、展示、旅游等功能。另外，市规划局还组织编制完成了《上海百个博物馆布点规划》《上海市公共卫生中心规划（金山）》等。

2003年“非典”疫情爆发之后，上海市政府即刻要求市规划局开展公共卫生中心的规划选址和规划编制工作。市规划局会同市规划院利用周末两天时间，马不停蹄地完成了规划选址。第二天深夜12点，市委副书记殷一璀专题听取了市规划局、市卫生局和金山区政府的工作汇报。此后，在市、区各部门合力推进和金山区的大力支持下，位于金山区山阳镇的市公共卫生中心作为市政府“一号工程”抓紧规划建设，同年8月开工，2004年11月竣工交付使用，市政府主要领导出席了落成仪式。

4. 专业系统规划

重点是统筹城市市政基础、公共服务、生态环境等专业设施的发展能力和用地布局。

全面推进上海国际航运中心和航空枢纽建设。国际航运中心建设方面，以上海港为中心，江苏、浙江港口群为两翼，加强集疏运体系建设，发挥整合优势，逐步形成沿海港口群的分工协作。在交通部和浙江省的大力支持下，上海建设了洋山深水港。洋山属于浙江省域，上海临港新城通过东海大桥和小洋山连接起来，桥长32.5公里。航空枢纽建设方面，分别编制完成了浦东国际机场和虹桥国际机场总体规划，初步形成“一市两场、协调发展”的格局。加快推进信息港发展，提升上海信息技术设施的建设水平和综合服务能力。

在高速公路网方面，目前全市已初步形成“两环”“十一射”的高速公路布局形态。同时，加快与长三角的对接，更好地服务长三角地区。

在公共交通方面，进一步加快以轨道交通为骨干的公共交通体系规划建设。对上海来说，市民的出行主要依靠公共交通，公共交通还是要依托大容量的轨道交通。到2007年底，全市共运行8条轨道交通线，总长234公里（其中3号线、4号线有10公里是并轨运行）。另外，还有从浦东机场到龙阳路车站的30公里磁悬浮线路。现在在建的轨道交通线有7条（包括部分延长线）。估计到世博会召开的时候，上海的轨道线网总长度能达到420公里左右。到2012年，规划轨道交通线网总长约570公里，这是基本网络。远期规划的轨道交通线网总长将超过900公里。轨道交通发展到一定程度后，更重要的是管理，同时要依靠网络系统和换乘枢纽，进一步提升整体效能。

一般来说，上海每十年进行一次大规模的交通调查，最近的一次是2004年开展的。在市政府领导的直接指挥下，市规划局对上海重点的道路、交通状况进行全面调查：公共汽车、轨道交通的人流量有多少，最高峰的时候出行人数有多少，平时上、下班路况怎么样，什么地方容易堵车等。对这些问题我们花了一年左右的时间进行调查，通过数据分析，集思广益，逐步形成了对全市交通状况的一些认识和判断。在这个基础上，对全市的道路交通，特别是轨道交通系统又进行了梳理和深化。在调查的时候，也发现了一些细节问题。比如，轨道交通站点旁边明明有一些社会停车库，但是地下不能连通；周边有一些公共建筑，但是没有对应设置出口；轨道站点周边的道路标高不一致，给今后的连通留下了“后遗症”。发现这些情况以后，市规划局就组织编制了《中心城轨道交通车站及周边地区控制规划》，经市政府批准，并通过制定相关的规划管理规定，首先保证轨道交通车站的交通功能，规范站点周边地区的开发，确保车站配套设施落地。同时，对于如何使地铁站点和周边地区更好地衔接也作了一些考虑，比如规定了排风口必须结合公共建筑设置，不能和居住建筑结合等。

目前，市房地局正会同市规划局探索发放"地下建筑产权证"。地面建筑的产权证很清晰，一幢楼多少面积，都能讲清楚。但是发地下建筑产权证的时候，涉及规划方面还有许多新的问题要研究。比如，地下既有空间范围的规定，也有深度的规定。这样一来，以往传统的管理模式就跟不上了，所以我们提出要创新理念，要精细化管理。一方面，现在上海有100多个车站项目在进行规划审批，一个车站一般有三四个出口，每个出口涉及不少建筑，规划上不能出一点问题；另一方面，一些探索性的工作也要积极稳步推进。

进一步加快推进综合交通枢纽建设。比如在中环线建设中，就有一些"边角料"地块，大小不等，以前很容易上一些"短、平、快"项目。市规划局对中环线的17处"边角料"实行了控制，留下这些土地作为一些区域内的中、小型交通换乘枢纽，承担停车和换乘功能。在市政府领导的关心和市交通局的支持下，各区对17个地块全部进行了规划编制，其中5个"P+R"停车场已由区里负责开工了。除中环线外，市规划局考虑：能不能扩大范围，在轨道交通建设、外环线建设中，做一个覆盖全市的综合交通枢纽布局规划呢？后来，市规划局会同市交通局编制完成了《上海市客运综合交通枢纽布局规划》，市政府已于2006年11月批复。全市共规划了4大类共145处交通枢纽，世博会召开以前将完成60处。所以，城市规划首先要多考虑土地利用与公益设施的联动。

在铁路规划方面，逐步形成对外五个方向，以京沪、沪杭为主轴向外辐射的枢纽格局。铁路客站规划形成"四主、三辅"的布局，"四主"为上海客站、上海南站、虹桥枢纽站和浦东客站，"三辅"为上海西站、安亭站和松江站。

在地下空间规划方面，与世界上一些国际大都市相比，上海还有差距。

在市领导的重视下，市规划局编制了《上海市地下空间概念规划》，首先设置一个“游戏规则”，明确地下空间开发规范，建立浅表层（0到–15米）、中层（–15到–40米）、深层（–40米以下）的分层开发原则。这样，地下空间开发也能有序推进。在开发建设的时候，也会碰到地下管线问题。如果没有管线资料，今后就会很被动。所以，市规划局规定，如果工程项目地下资料不齐全，就不能竣工验收。目前，上海正在为中心城的重点地区和一些新城的核心区域编制地下空间近期建设规划，结合轨道交通站点、民防工程和市政设施等项目建设，因地制宜，实现与城市功能发展的衔接。

重大市政基础设施方面，先后组织编制了金沙江—上海80万伏高压走廊、静安50万伏世博（全地下）变电站、青草沙水源地、白龙港、竹园污水厂（改扩建）等重大市政基础设施的规划，以及上海内河航运“一环十射”骨干网架水系蓝线的规划等。现在上海饮用水源大部分是从黄浦江上游来的，但是由于诸多原因，上游的水质有时会有问题。青草沙水库在长兴岛，经过水务、环保等方面专家的十年论证，2008年已经开工。预计到2010年，青草沙水库能基本建成，此处水质较好，可以解决全市1000多万人的饮水问题。

这里我讲一个工作中的教训。最近有群众集体上访，杨浦地区有一个50万伏的虹杨变电站，老百姓不让建，为什么呢？这个地区1995年就规划了变电站，但是一直未开工，因为供电部门是按照国家电网批准的计划，逐年投资实施建设的。特别是2000年以后，周边住宅小区陆续建起来了。现在小区边要建一个变电站，老百姓就集体上访。市委、市政府主要领导十分关心，指示区政府和市规划局一定要把这件事处理好。虹杨50万伏变电站高约20米，老百姓认为，变电站一是对住房有影响，二是对人体有辐射。但是不建的话，虹口、杨浦部分地区的用电就不能保证。后来，我们会同杨浦区政府、市发改委和市电力公司领导进行商议，最理想的办法是把变电站放到地下。但是全地下的话，成本可能就要增加一个多亿，国家电网公司很难同意，因为毕竟要大量增加资金投入。同时，市电力公司也明确答复，不管在地上还是地下，室内变电站对外不存在辐射的问题。恰在这时，市供电部门在其他地区申请建设管理用房，我们考虑可否在地下变电站上建造管理用房。因为电力公司在其他地方建房，也要动迁，要投资。放到地下变电站上盖以后，有两个好处：一是资金能够有所平衡；二是能让老百姓看到，现在的变电设施既在地下，又在室内，电力部门的管理人员每天在变电设施上面工作，对人体是没有影响的。而且调整后住宅楼与变电站至少有七八十米的距离。这样，在国家电网和市电力公司的支持配合下，虹杨变电站调整为全地下设置。同时在变电站上规划建设了管理用房，这件事情就逐步平息了。闵行区也发生了类似情况，老百姓不让高压线在居住小区前面铺设。这两件事向我们提出了警示，市规划局抓紧做了全面调查，发现中心城660平方公里范围内，规划的22万伏及以下的变电站共有88个，其中将近一半已经建成或在建，另外一半尚未开工，还会有许多不确定因素。我们会同市电力部门抓紧编制了中心城区电力设施建设的专项规划，明确了每一个变电站用地的四至范围，预计建设时间，做到了规划落地，并向社会公示，让市民事先知晓。规划工作如果做得深入、细致，就有利于社会稳定；否则，就有可能引发一系列矛盾。

市规划局开展了城市安全战略规划、中心城应急避难场所布局规划、直升机场和紧急升降点布局规划、中心城公共停车场（库）布局规划等。我们还会同市安监局对危险品工厂和仓库进行了梳理，编制了相关规划，发现存在不少居民住宅和危险品仓库犬牙交错的情况。目前，大部分工厂和仓库根据规划要求正在有计划搬迁。

在历史风貌和优秀建筑保护方面，经过十多年的发展，上海已基本建立了“面、线、点”三个层面的保护体系。在“面”上，上海中心城有历史文化风貌区12片，约27平方公里；郊区有32片，约14平方公里。在“线”上，目前中心城区有144条历史风貌道路和街巷，采取多种形式，分类保护，对其中64条一类风貌道路原汁原味地加以保护，被老百姓称为“永远不拓宽的道路”。在“点”上，经市政府批准，市房地局累计公示全市优秀历史建筑共四批，有632处，计2138幢。

记得在2004年，市规划局到虹口区局工作调研。会议结束后，听区局领导说，最近山阴路有一段道路要拓宽。我们听后吃了一惊。在大家的印象中，山阴路路幅不宽，环境幽雅，周边有不少历史文化名人的故居。我就问为什么拓宽？他们回答说道路经常堵车，要局部拓宽。我说不行。上海作为历史文化名城，是由众多风格迥异的建筑和风貌不同的道路组成的。这些具有历史文化内涵的道路、街坊，尺度宜人，沿街的建筑、风貌和绿化所构成的空间形态和生活场景，特别发生在其间的名人轶事，是独一无二的。这条路如果拓宽了，那原来的历史风貌和文化气息肯定会受到损害。事后我及时向市政府主要领导作了汇报，领导十分重视，当即要求我们采取措施，加强管理。市规划局立即组织市规划院在中心城区开展调查，在历史风貌区梳理出140多条风貌道路，并及时向市政府汇报。市规划院抓紧在2005年编制了《上海历史风貌道路保护规划》。此后，在市相关部门的支持配合下，市规划局制定了《上海市风貌保护道路（街巷）管理若干意见》，并报经市政府批准。这既是城市历史文化底蕴的延续，也是城市文化品味的提升。新建是发展，保护、保留也是发展，而且是更具文化内涵的发展。我们认为，道路的畅通，不在于某一段路的拓宽，而在于整个道路网络系统的有效利用。当然，山阴路后来也成为了上海64条“永不拓宽的道路”之一。

针对风貌保护区内的历史建筑，市规划局组织同济大学等院校开展了规划编制工作，要求做到保护规划的全覆盖，并强调要具有可操作性。在规划中，把建筑分成保护建筑、保留建筑、一般历史建筑、应拆除建筑和其他建筑五大类，并提出了相应的规划控制要求。对风貌区内的一般历史建筑，原则上也要求予以维修保留，就像一场大戏，当然要有著名演员，同时也需要群众演员配合。对优秀建筑的保护一定要做到规划“落地”，可实际操作。就像城市绿地建设，如果编制了规划却没有“落地”实施，便仅仅是“图上画画、墙上挂挂”，最终只能是“塑料花”。在实践中，我们深切感受到，没有大树的城市是没有历史根基的城市，没有优秀建筑的城市，很难说是有文化底蕴的城市。

环境景观方面，大力推进城市雕塑建设，充分发挥城市雕塑的文化标志作用，制定了《上海市城市雕塑总体规划（2004—2020年）》。目前，市、区的一些城市雕塑项目正在逐年推进。如上钢十厂老厂房经保留改造建成了上海城市艺术雕塑中心。这里原先是钢铁厂车间，改造后定期展示城市雕塑作品，老百姓可以免费参观。虽然说上海是一座历史文化名城，但是在城市雕塑方面还有很多发展空间。我受建设部副部长宋春华（曾任吉林省长春市市长）邀请，参观过长春市的雕塑公园，印象深刻，雕塑对于城市精神、城市文化都有很好的展示作用，增添了城市风采，同时对市民形成一种审美上的引导。

积极推进户外广告设置阵地规划。原先上海的广告设置不是很规范，铺天盖地。北京为迎接奥运会，这方面整治工作做得很好，所以在“迎世博600天行动计划”中，上海市规划局编制了《户外广告设施设置阵地规划》。规划借鉴北京的整治经验，结合上海当地的控详规划，对户外广告的设置划定了禁设区、控制区和展示区，明确了相应的管控要求，关键是落实到了相应地区的控制性详细规划之中。目前，规划已上报市政府。

同时，还编制完成了全市的景观水系规划、中环线（浦西段）的景观规划等。

5. 重点地区规划

重点地区是对城市未来发展、功能提升、环境改善、形象展现有着重要影响的区域。重点地区规划主要包括世博会地区规划、黄浦江和苏州河沿线规划、虹桥综合交通枢纽规划和大型主题乐园规划等。

全面推进世博会地区规划建设。世博会园区总体规划、控制性详细规划已编制完成，规划红线范围是5.28平方公里，按照“园、区、片、组、团”五个层面积极推进规划落地。此外，红线范围外有1.4平方公里的协调区。因为红线范围外有不少二三十年前建造的老公房和一些近年新建的商品房，拆除的代价实在太大，所以这些建筑要予以保留，作为“协调区”。红线之内房屋全部拆除。浦东部分主要是新建场馆。浦西主要是江南造船厂、南市电厂地区，部分历史建筑予以保留、改造，举办世博会时作为企业馆和城市最佳实践区，会后规划以文化设施为主，包括工业博物馆等。现在，浦东的永久性场馆都在建设之中，分别是中国馆、主题馆、世博中心和演艺中心，其余都是临时性展馆。另外还有全长一公里左右的“世博轴”。

加快黄浦江、苏州河沿线地区的综合开发。黄浦江两岸综合开发是上海21世纪发展的重点和亮点，根据上海市委、市政府“百年大计、世纪精品”的要求，坚持高起点规划、高水平开发，重塑上海城市的功能和形象。目前，黄浦江两岸地区的结构规划、控详规划、岸线规划纲要和岸线专项利用规划都已编制完成，两岸的核心地区已实现了中心段和南延伸段的规划全覆盖。同时，各类规划正在全力推进实施。

苏州河沿线地区的规划编制得比黄浦江地区晚了一点，等到规划完成的时候，大部分土地已被基本开发。苏州河沿岸原先大多是棚户简屋，土地出让合同中，基地边界划到了苏州河边。开发建设后，两岸高楼林立，水环境和绿化环境都不错，但对两岸的高楼大厦，老百姓提意见了，说不应该再叫“苏州河”，而是要叫“苏州沟”了。我们反思了一下，这方面规划控制确实做得不够。而且苏州河沿岸步行不能走通，物业公司称部分滨河地带属于“私家住宅，闲人免进”。通过和相关区政府的共同协调、推进，现在苏州河沿岸的公共通道约80%已经实现贯通。

积极开展北外滩地区城市设计试点。虹口北外滩地区进行了大规模的改造，当时虹口区领导很着急，希望滨江的楼宇能够尽早开工建设。我们认真作了研究，认为在规划上要想得再深一点。北外滩地区的高楼大厦，既有历史上已建的，也有现在在建的，还有按照规划将来要建的，相当于“三代同堂”。在市政府领导的支持下，市规划局会同区政府做了城市设计。通过“拍集体照”方式，从建筑轮廓线、外墙色彩、公共绿地、道路交通、地下空间等八个方面进行了系统分析和研究后，问题就暴露出来了。比如，原先滨江规划里面有个居住社区，地下桩基已完成。我们认为必须要对滨江第一层面的住宅进行调整，要么是宾馆，要么是办公楼，使黄浦江滨江今后能让市民走通。黄浦江两岸规划中体现了一个主要理念，就是“还江于民”。像黄浦江岸线这样宝贵的公共资源，应该让老百姓共享，而不应该成为一个居住区的专有空间。通过市、区规划局协调，开发企业很支持，把第一层面住宅改为宾馆。又比如北外滩地区的地下空间，当时互不连通，区政府就要求所有的开发商对地下空间开发和交通组织做了调整，现在地上、地下空间都能连通了。

大力推进虹桥综合交通枢纽的规划建设。虹桥综合交通枢纽的建设，正好遇上了国家航空和高速铁路战略发展的有利契机，大致可以分为三个阶段。

第一阶段：从2003年下半年起，铁道部会同上海市政府积极推进京沪高速铁建设，这对上海城市发展是个有力的推动。当时铁道部希望利用铁路外环线的七宝货站原址，规划建设京沪高速铁路的上海终点站。市规划局在实地踏勘的时候，发现周边地区已建有"万科城市花园"等一批大型居住区，实际操作受到很大制约，希望能优化选址。

第二阶段：大约在2004年初，国家民航总局会同上海市政府开展了上海航空枢纽战略研究，并形成了共识。上海要加快亚太地区航空枢纽建设，形成以浦东机场为主、虹桥机场为辅的"一市两场"的格局。2004年11月，国家民航总局正式批复《上海航空枢纽战略规划》。根据机场分工，再加上空管水平的提高，市规划局对虹桥机场原保留的两条跑道的间距进行了调整，由1700米缩短到约365米。这样，在机场西侧就省出了大约7平方公里的土地。当时市领导就考虑，能否把对外大交通统筹组合在一起，形成一个综合交通枢纽。市规划局会同市相关部门经过深入研究，建议把高铁车站放在虹桥空港的西侧。市政府和铁道部沟通，马上得到了铁道部的支持，最终确定把初步选址的高铁车站北移5公里，规划在虹桥机场西侧。根据京沪高铁和江苏、浙江城际铁等长远发展的需要，规划共预留了铁路30股道。另外，市内规划6条轨道交通线（包括机场磁浮联络线）进入虹桥综合交通枢纽。这样就把虹桥航空港、京沪高速铁、长三角城际铁、市域轨道交通以及城市道路交通网络紧密衔接起来，使虹桥成为一个大型综合交通枢纽。市政府和铁道部多次深入会谈，签署了部市合作协议。在此基础上，市规划局在2005年上报了虹桥综合交通枢纽的结构规划，市政府于2006年2月批复，明确虹桥综合交通枢纽范围为26平方公里。

第三阶段：到了2007年上半年，市领导要求市规划局在更大范围内对虹桥枢纽地区进行功能研究和规划控制。经过和市发改委、市建交委等相关部门的共同踏勘调研，规划将周边闵行、青浦、嘉定、长宁共60平方公里的用地作为拓展区。从2008年开始，市规划局对整个86平方公里的虹桥商务区开展了结构规划研究，以利于更好地服务于长三角地区。当时研究的功能定位：一是上海城市的综合交通枢纽，二是上海西部现代服务业集聚区，三是面向长三角的商务区。市委、市政府主要领导多次听取了市规划局的工作汇报，对世博会园区、虹桥综合交通枢纽和商务区规划非常重视和关心，并提出了明确的工作目标。

大力推进洋山深水港区建设。2007年上海港货物吞吐量为5.6亿吨，集装箱2615万标箱。在浙江省政府的支持下，洋山深水港作为后起之秀，为上海国际航运中心的建设注入了新的动力和活力。

临港新城作为上海国际航运中心的重要组成部分，依托洋山深水枢纽港和国际航空枢纽港，发展为以现代装备产业为主体的国家级先进制造业基地、以物流产业为核心的国际生产服务业枢纽和以海洋文化为特色的滨海新城。

## 四、全面贯彻实施城市总体规划

城市总体规划是一定时期内城市功能、发展目标、建设规模、土地利用、空间布局以及重点建设项目的综合部署和实施措施，是城市建设与发展的重要依据。

上海第一个经国家批准的城市总体规划是在1986年。1990年浦东开发开放，对上海发展是个重大历史机遇。第二个城市总体规划是20世纪90年代中、后期编制的，2001年5月经国务院批复，要求将上海建设成为“经济繁荣、社会文明、环境优美的国际大都市和国际经济、金融、贸易和航运中心之一”，是指导新世纪上海城市发展的纲领性文件。

为深化和完善上海城市总体规划，根据建设部的要求，结合上海

“十一五”发展规划，上海又编制完成《上海市城市近期建设规划（2006—2010年）》。2006年9月经市政府批复同意，并按程序上报建设部备案。近期建设规划注重反映上海城市近期重大建设动态，与“十一五”国民经济和社会发展规划、土地利用总体规划衔接。

## （一）坚持区域联动，加强与长三角地区规划的衔接

要服务服从于国家发展战略。在市政府重视和建设部的关心下，建立了长三角地区规划工作联席会议制度，基本形成了区域规划工作合作机制。重点加强高速铁路、城际轨道交通、能源通道等区域性设施的衔接控制以及与高速公路、内河航道的互联互通。

积极配合国家有关部委就长三角地区经济社会发展的专题调研，认真参与建设部组织的“促进城镇健康发展”专题研究。同时，会同江苏省、浙江省建设厅完成《长江三角洲城市间综合交通研究》，配合建设部完成《全球化时代长三角国际竞争力空间协调研究》等9项专题研究工作，全面开展《长三角城镇群规划》编制工作。

## （二）坚持城乡统筹，深化完善市域城乡规划体系

要把人口调控、产业发展、基础设施建设、资源利用、环境保护等要素纳入规划体系。在原先试点城镇的基础上，逐步形成了上海城乡规划体系的基本框架，我们把它称为“1966”，即1个中心城、9个新城、60个左右新市镇和600个左右中心村，做到了市域范围内规划的全覆盖。说句实在话，我们以往对中心城研究比较多，对郊区考虑还不够深入。

中心城主要是完善功能、体现繁荣繁华的区域，要进一步完善和强化金融、贸易、信息、交通、管理等功能，大力发展现代服务业。

新城是郊区各区县的政治、经济、文化中心，也是中心城人口向郊区疏解和郊区人口向城镇集中的主要方向。根据上海城市发展方向，全市规划建设9个新城，人口约540万，规划有一半左右的郊区人口能够住在新城。其中规模较大的3个新城，松江、嘉定和临港新城，到2020年人口规模将分

别达到80万—100万。影响一个新城形成和发展的主要有四大要素：第一要有产业依托，第二要有大容量的轨道交通，第三要有人口集聚，第四要有生态宜居的环境。这四个要素缺一不可。

新市镇是郊区的行政管理、公共配套、社会服务等各项功能的基本载体。上海在历史上乡、镇多的时候，加在一起有200个左右，后来逐步归并，现在还有110多个。其中，非城市化地区的城镇有90个左右。新市镇的发展要充分利用市域高速公路节点和轨道交通站点，依托各自已有的基础设施和发展优势。今后的目标是逐步归并为60个左右相对独立、各具特色的新市镇。资源条件好、发展潜力足的新市镇，人口规模可适当增加。

中心村就是行政村，它是郊区农民生产、生活和居住的基本单元。市规划局充分考虑了基本农田保护、林地建设，按照合理的耕作半径，合理布置中心村。全市规划600个左右中心村，远期农业人口在120万左右。考虑到农业生产特点和户均耕地面积的差异，中心村规模可因地制宜，建设相对集聚，集中生活。近郊地区务工人员比较多，规模可以大一点，远郊地区规模应小一点。特别要强调的是，“600个左右中心村”的建设在规划上是一个长期控制和引导的过程，需要花十几到二十几年的时间，不可能一蹴而就，不能急。重要的是，有了市域中心村的总体布局规划，就有可能避免重复建设和盲目建设。尤其要避免大拆大建，对具有地域特色的江南水乡，希望更多的还是要保留、改造。

### （三）坚持“双增双减”，推动中心城持续健康发展

中心城是体现上海繁荣繁华和历史文脉特色的核心区域。根据上海市第五次规划工作会议提出的“双增双减”方针（增加公共绿地和公共空间，减少建筑总量和建筑容积率），统筹人口规模、建筑总量、生态环境容量等要求，推动中心城健康、可持续发展。

中心城“双增双减”方针，要与资源节约型、环境友好型城市建设相结合，与深化实施上海城市总体规划相结合，与郊区的城镇建设、联动发展相结合，这是一项必须长期坚持和不断推进的艰巨任务。

## （四）坚持“三个集中”，推进社会主义新农村建设

郊区发展，是上海新时期建设的重点。要体现郊区综合经济实力，在“集约”上做文章，积极推动“三个集中”。到2020年，郊区规划常住人口约1050万人，城市化水平超过85%。按照中央建设新农村的要求，关键在稳定和发展农业，让农民生活水平逐年有所提高，真正得到实惠。新农村建设千万不能搞成“农民新村建设”，也不仅仅是建楼、刷墙，关键在推进经济、社会的协调发展。

上海共有9个新农村试点先行区。农民住房的建设主要分为四种类型，即保留改造、环境整治、置换搬迁和整体新建，我们希望多一些保留改造的工程。比如嘉定区华亭镇毛桥村，在整治过程中，镇、村出点钱，老百姓自己也出点，对室外、室内进行了改造。室外主要是修桥筑路、疏浚河道、修缮建筑等，同时违章建筑也一并拆除。室内改造，一是增设煤气（上门提供煤气罐），二是增加卫生设施。老百姓都很赞同，认为房子还是老房子，邻居还是老邻居，但是大家生活条件改善了，环境变美了，生活质量提高了，这就有利于和谐社会的建设。现在，毛桥村已被农业部列为全国新农村建设35个示范村之一。

## （五）坚持“以人为本”，加强与民生密切相关的规划工作

关注民生，切实解决人民群众最关心、最直接和最现实的利益问题。城市规划工作要注重增加公共服务设施总量，着力优化服务设施的配置结构和空间布局，切实提高公共服务水平。

积极推进旧区改造和保障性住房建设。围绕“十一五”确定的旧区改造任务，在试点工作基础上，制定了《关于加强本市保障性住房项目规划管理的若干意见》，明确工作原则、布局要求，适度提高开发强度，合理调整停车泊位、服务配套等规划指标，并对各区加强分类指导。

加快推进郊区大型居住社区规划建设。贯彻落实市委九届六次全会精神，结合轨道交通站点规划，积极推进中低价位普通商品房的规划和建设。

扎实推进社区公共服务设施建设，按照“点面结合、试点先行”的工作方针，先后编制完成10个试点社区的公共服务设施控制性详细规划。以完善社区卫生服务中心、社区事务受理中心、社区文化活动中心为重点，有序推进社区公共服务设施建设。至2005年底，原先缺少的公共服务设施已陆续建成。为加强城市规划网络化管理，我们会同市民政局、市房地局等部门，制定了《关于加强社区公共服务设施规划与管理的意见》，于2006年2月经市政府批转下发，2006年4月新修订的《城市居住地区和居住区公共服务设施设置标准》经市标办批准实施。

进一步加强全市公共服务设施规划，统筹安排科、教、文、卫、体及养老等各类公共服务设施，在规划中合理预留，禁止随意转变使用性质。例如，近年我们在中心城做了两个布局规划被老百姓戏称为“进、出口规划”，这就是《上海市菜市场布局规划纲要》和《上海市公共厕所布局规划纲要》，在网上公示，也请了人大代表、政协委员、里委干部和市民群众共同参加讨论，老百姓很认可。其实，每个区原来都有室内菜场，但是后来有的卖熟食，有的变超市，有的甚至又回潮成为“马路菜场”了。所以，这个纲要规划中特别写了一句话，明确菜场产权属于当地政府，而不是副食品公司。如果产权属于企业，企业转制了，或菜场由个人承包了，菜场的大众性质可能就变了。现在，这两个规划经市政府批准后，正在各区逐步落地，有的已开工建设。

推进与老百姓生活密切相关的其他规划工作。比如作为市政府实事的“同名道路”整治，上海同名道路共有800多条，仅“育才路”全市就有13条，“人民路”有12条。各区经过梳理，区分不同类型，或取消，或更名，或加前缀，现已全部整治完毕。对市政地图的测绘和出版，市规划局会同市测绘院也作了规定，基本地图每年出一次，专业地图两到三年出一次，让老百姓能及时了解最新的道路交通等信息。

## 五、不断完善规划管理体制机制

建立分工明确、协调运转的管理体制和运作机制，是确保规划落地、提高规划效能的重要保障。

## （一）健全市区协同管理体制，提升市区管理合力

贯彻规划决策、执行、监督“三分离”和规划编制、审批、执行“三分开”的工作原则，深化完善市、区协同管理体制。规范市和区规划管理的三个层面：一是市局以前瞻性、全局性的规划编制和审批为主，二是区、县局按照批准的规划进行建设项目审批和管理，三是市局加强对全市的规划检查和执法监督。

积极推进“市管、区管、市区共管”的管理模式，细化市区分工，明确运作机制、操作界面和管理规程，形成管理合力。

## （二）完善规划管理运作机制，推进科学规范管理

一是进一步明确了全市各类规划的报批分类和审批程序。2005年，市政府发布了《关于本市城市规划的审批分类及程序的规定（试行）》。二是完善市规划委员会运作机制。深化了市规划委员会工作方案，调整并增加了一批规划咨询专家，更好地发挥市规委会在重要规划方案上的决策协调作用和专家的决策咨询作用。2007年8月，《上海市规划委员会运作规则》由市政府正式批准。三是强化规划和各系统的协同管理。如完善军地双方规划协同管理机制，市规划局相关处室每季度一次赴上海警备区后勤部现场办公，加强对部队系统建设项目的规划管理。

## （三）强化规划法制建设，确保规划有效实施

贯彻实施《城乡规划法》，注重技术规范和管理规范的制定。近年来，市规划局先后制定了包括规划审批、项目管理、监督检查、信息公开等方面的40余个规范性文件，进一步明确了全市规划管理的工作程序，细化了工作界面，提高了规划依法行政水平。

同时，深入开展城市规划效能监察，对全市19个区、县局以及市局派

出机构，积极开展全面检查。

记得有一次，向市政府主要领导汇报工作结束后，我谈了自己的一些思想体会。我说，在落实新一轮总规和推进重点项目过程中，市规划局同志一定要多听取区县领导和第一线工作同志的意见，规划局千万不能“朝南坐”；规划部门在抓好规划落地和工作管理的时候，也不能完全“朝北坐”，要维护好已批规划的权威性。规划部门在工作中应该“朝正面坐”，要按照规章制度和批准的规划抓好实施，加强管理。

## （四）加快信息化建设，深入推进“阳光规划”管理

控详规划批准以后，就能开展项目审批，在运作过程中，可能有些合理的调整，但必须防止那些不合理、不规范的操作出现。怎么办？通过实践，我们积极推进“阳光规划”电子政务信息系统管理。

“阳光规划”管理的基本框架是“一条主线”“两个平台”和“三大体系”。“一条主线”就是让各类规划透明、公开；“两个平台”，一个是用于信息共享和业务审批的内部平台，一个是为公众服务的外部平台；“三大体系”，一是规划和项目审批体系，二是内外信息发布体系，三是综合监控体系。

“阳光规划”管理大致分为三个阶段。第一阶段从2004年初开始，基本上花了一年时间。一是对各类规划信息，包括地理基础信息进行存储，市、区形成统一平台。二是系统编码，2004年对全市所有基地进行了统一编码。一个项目进来，就发一个“身份证”，共14位数。这个“身份证号码”在全市是唯一的。

第二阶段从2005年初到2007年底，花了三年左右的时间，主要做了两件事。一是规划信息入库，既有基础地理信息、法定规划信息，也有项目审批信息，并做到动态维护。二是统一发证，按照基地“身份证号码”，明确项目在什么地方、项目内容是什么。

我请教过几位城建区长：区里对市局意见最大的是什么。他们问：您要听真话还是假话？我说，当然听真话了。他们告诉我：第一，项目申报，你们快的时候半个月、一个月就批出来了，慢的话半年、一年也出不来；第

二，最好能把申报要求和内容一次性告诉我们。我听了以后，认为提得很好。所以说，要充分发挥市局和区局共20个业务窗口的作用。业务受理窗口应该像电源插座一样。为什么插头一插进去电灯能够马上亮？不是插座的本事大，而是因为它后面有电厂、电网和整个电力系统的支撑。窗口的本领再大，也不可能把所有问题都解决。窗口以什么作为依托？以市局、区局各个业务部门，全系统的管理人员为依托。窗口收件后，相关处室应该在一定时间内做好研究，一次性告知所需资料。

规划项目审批和海关报件不一样，有些建设单位提出网上办结，我们认为不行。网上登记、网上下载、网上告知都可以，但是不可能都在网上办结。为什么？一个建设项目的审批，我们必须实地去看，既要看周边环境，也要了解对老百姓的居住生活有什么影响。在这种情况下，项目报建人太重要了，否则我们需要的材料他不知道，他送进来的东西也不是我们要的。后来，市规划局连续几年举办了报建人培训班，每个开发企业指定一个报建人，由市规划进修学院进行培训，向报建人介绍项目建设的基础知识，明确什么材料该报，什么材料不必报。培训效果蛮不错的，既提高了效率，也消除了不少误会。

第三阶段是推进建设公开透明的"阳光规划"审批平台。2008年1月1日开始试点，通过电脑将申报件与控详规划指标自动比对，指标一致的可以发证；如果不一致，就发不出许可证。目前，我们已在浦东新区、卢湾区（今已并入黄浦区）和静安区局试点，到10月底能够实现全市覆盖，11月1日开始在全市推行。对建设工程规划许可证和综合竣工验收，都需要进行核对。

"阳光规划"就是以信息资源共享为突破口，规划审批全方位公开、全过程监督，真正做到公众参与。规划越公开、越透明，认真按照程序办理，管理部门的压力就越轻。如果编制一个规划，越是保密，只有几个人知道，今后的麻烦就越多。与其让矛盾暴露在项目审批的时候，还不如在规划编制、项目审批之前加强协调。当时我们的一些经办人员对规划公开也有过一些顾虑，现在大家都理解了。强化规划审批的法定程序，既是对公务员的一种工作要求，其实也是对政府管理部门干部队伍的一种必要保护。

## （五）坚持规划公开，不断加大公众参与力度

主动公开信息，各类规划批准以后，就在网上公开，既方便了公众了解，又增强了社会监督。比如最近老外滩地区改造，市政府领导非常重视，多次实地踏勘，听取关于综合改造规划的汇报。外滩的中山东一路是上海南北主干道，有11条快车道。市建交委和市规划局一起调查分析后发现，在外滩通过的车辆中70%以上是过境车辆，有的到老南市区（今已并入黄浦区），有的到虹口区、杨浦区。大家认为，外滩道路的主要功能不应该仅仅是交通，而应该为整个外滩地区服务。外滩地区作为著名的历史文化风貌区，与浦东小陆家嘴地区共同构成了浦江两岸交相辉映的城市景观。但因为是交通要道，真正能让游客停留的活动场所不多，公共空间也比较小。那么，过境车道能不能从地下走，留给市民更多的地面活动区域？大家分析以后，认为完全有可能。外滩地区通过综合改造，既解决了过境交通矛盾，又能在地面留出更多空间为市民和游客服务。市政府为综合改造规划召开了新闻发布会，并进行了网上公示，让社会各界人士提意见。老百姓也好，专家也好，包括一些外国游客都提了不少很好的建议。

## （六）注重三个“更加突出”，促进科学和谐发展

最近，我们学习了兄弟省市的规划经验以后，切实感到上海自身还有许多地方需要改进。比如，现在郊区规划的编制和审批应该多有一些逆向思维，以前我们关心的总是这里能建多少楼，那边能盖多少厂房，这里容积率能提高多少。现在呢，首先要弄清楚哪些是基本农田，哪些是生态林地，哪些是河道水系，这些是不能动的。所以，在规划编制中要更加关注环保节能和资源节约的要求。

一是更加注重突出保障公共利益的政策核心。城市规划有一个特性，就是要保障公共利益，维护城市的长远利益。一个城市，要使土地、资源和环境等几个方面有机结合。比如旧区改造，既要加快进度，又要和整个城市的承载能力，包括动迁房的先期建设、道路交通、公建配套等各方面衔接好。

二是更加注重突出“以人为本”的工作本质，切实保障人民群众的根本利益。因为科学发展观的本质和核心是“以人为本”，涉及人们日常生活、教育、文化、卫生等需求，所以要把“以人为本”的理念渗透到城市规划中。但这方面的教训不少，比如，以前规划局审批项目的时候也要求公示，建设单位也都公示了，但是效果怎么样呢？有的房产公司讲得多的就是房型怎么样，小区环境怎么样，却没有对周边规划要建变电站的地块进行说明。把市政用地标示为绿化用地。老百姓买房以后，一住进来，矛盾就集中出现了。我们作了反思，以前批文中往往对规划审批的建筑讲得很多，但是对周边情况，特别是对老百姓的影响却基本不提，这叫“见物不见人”。什么原因？因为行政管理部门只关注批准的项目本身。今后旁边还有变电站、高压线，这些应该要告诉老百姓的，却都没有讲，也没有规定必须公示。我们现在规定，建设单位公示的时候必须明确标示出新建项目的周边情况，特别是变电站、高压线和污水厂等市政项目，避免矛盾的产生。规划部门如何从老百姓的根本利益出发，是需要在每个项目中认真考虑的。一个管理部门希望在老百姓的心中“要有地位”，那么必须自己在工作中“要有作为”。

三是更加注重突出统筹协调的总体要求，推进城市又好又快发展。城市规划与土地利用、空间布局、社会、经济、文化以及生态环境密切相关，工作中就要讲统筹协调。记得在2005年，建设部总规划师陈晓丽陪同国务院法制办领导来上海调研，我和海生局长一起参加。当时法制办领导问及上海市发改委、规划局和房地局三个规划之间是怎样的关系。我回答道：市发改委制订的是经济社会发展的“总体目标”，规划局注重的是城市建设发展的“空间坐标”，土地利用规划重点是管控“用地指标”，三者既有联系又各有侧重。陈总十分赞同这个观点。我们在编制各类规划的时候，既要考虑经济发展，同时对社会事业、市民生活、环保生态等方面也要充分关注。市、区规划管理部门领导的头脑中一定要有一根弦。要统筹考虑局部与整体、当前与长远、需要与可能的关系，会同有关部门，科学有效配置各类资源，推进城市有序发展。

在建设现代化国际大都市的过程中，我们深刻感受到，科学发展观对规划部门来说太重要了。规划工作就是要讲统筹、讲协调、讲和谐。我们对一些薄弱环节也作了认真分析，不断吸取经验教训，使城市规划更好地为城市发展、为构建和谐社会服务。

## 六、正确处理“五个关系”

当前，我国正进入新的发展战略机遇期，上海也正处在全力落实“四个率先”、加快建设“四个中心”的关键时期，任重而道远。面对城市发展的新要求、新情况，上海城市规划工作要坚持科学发展观，正确处理“五个关系”，充分发挥城市规划的调控和引导作用。

### （一）正确处理“规”与“划”的关系

“规”是规矩，是规范，没有规矩不成方圆；“划”是筹划、策划，解决的是法规、规范、规矩落地问题。“规”需要依托法律法规的支撑，比如《城乡规划法》《城市规划条例》；“划”，更多的是依靠体制、机制的运作，提高工作效率。城市规划工作，不能单纯就“红线”而谈“红线”，而要依据法规、规范，统筹考虑社会效益、经济效益和环境效益，谋划城市发展全局，服务经济社会发展大局。在城市发展中，既要有“规”，又要有“划”，两者相辅相成，缺一不可。

### （二）正确处理近期建设与长远发展的关系

城市规划是实现城市发展目标的重要手段，是对一定时期内城市经济和社会发展、土地利用、空间布局以及各项建设的综合部署。要把握宏观性，注重前瞻性，既要服务近期建设，又要关注长远发展；既要立足当前，又要放眼长远，为城市可持续发展留有充分的余地。当近期建设和长远利益存在矛盾时，应服从长远发展，切不能急功近利，给未来留下缺憾。对于一个城市来说，千万不能留下难以逆转的后遗症。

## （三）正确处理经济建设与社会发展的关系

城市规划是一项保障社会公共利益的重要公共政策。要坚持服务经济发展，优化城市空间布局，促进产业结构调整，转变经济发展方式。同时，坚持以服务人的全面发展为核心，使“以人为本”的理念融入、渗透到城市规划之中。要加强城市公共空间管理，健全社会公共服务体系，加大规划公开和公众参与的力度，切实维护人民群众的根本利益。

## （四）正确处理资源承载与经济发展的关系

城市规划工作涉及城市社会、经济、文化、环境等多方面内容，是一项综合性、协调性很强的工作。既要遵循经济规律，又要遵循自然规律；既要加快经济发展，又要讲究生态环境效益。要充分考虑土地承载力、资源支撑力和社会承受力，注重土地集约节约利用，加强环境保护和生态建设，积极推进资源节约型、环境友好型城市建设，实现上海城市经济、社会、环境协调发展。

## （五）正确处理保护与发展的关系

城市规划工作，既要促进地区开发建设、弘扬时代精神，又要体现历史文化底蕴、延续历史文脉。新的建设是发展，保留、保护也是发展，而且是更具文化内涵的发展。要用最严格的保护制度，更加主动的保护举措，保护历史风貌区和优秀历史建筑，凸显上海历史文化名城与现代化国际大都市相互交融的独特魅力。

收录于“中浦院书系·大讲堂系列”《快速城市化进程的城市规划和城市管理》

（人民出版社，2012年）

科学发展篇

Scientific Development

# 城市总体规划是一门“政治经济学”，要突出重点、抓住根本

2011年4月，国家住建部规划司开展了“城市总体规划编制办法改革与创新”课题研究。其中，上海市规土局、上海市规划院承担了“城市总体规划的定位和作用的研究”与“总体规划批后的动态评估维护管理机制的研究”两个专题。

2011年7月，为进一步推进课题开展，市规划院举办了“上海市城市总体规划回顾与展望”专家座谈会。本文根据发言内容整理。

## 一、城市总体规划的编制要突出重点，抓住根本

总体规划不同于一般性的专业规划，也不是区域控制性详细规划的叠加。一个城市的总体规划包括以下四点：一是要明确城市的性质、定位和发展目标；二是要确定城市规模和总体布局；三是要明晰产业的发展方向；四是各类资源和设施的合理、有效配置，包括

综合交通、基础设施、住宅建设、社会事业等发展目标。城市总体规划是城市发展的总纲，既要得到各个相关专业规划的支撑，又要指导和协调各个专项规划的实施。

城市总体规划，不仅仅是一项技术、业务工作，更是一门“政治经济学”。所以，城市总体规划要对城市发展起到提纲挈领的作用，不必面面俱到。特别是要明确哪些是刚性的规划要素，如城市发展目标、人口和用地规模、空间布局和功能分区；哪些是不能突破的，比如基本农田保护、生态环境和资源承载力等。同时，城市总体规划也要为各类专业规划、下一层面规划留有一定的空间。

## 二、城市总体规划批准以后，重在认真贯彻实施

在市委、市政府的领导下，《上海市城市总体规划（1999—2020年）》（以下简称“2001版上海总规”）在编制过程中，全市人民参与大讨论，凝聚了社会方方面面的智慧和共识。特别是结合市委、市政府“迈向21世纪

上海区域规划示意草图（1959年）

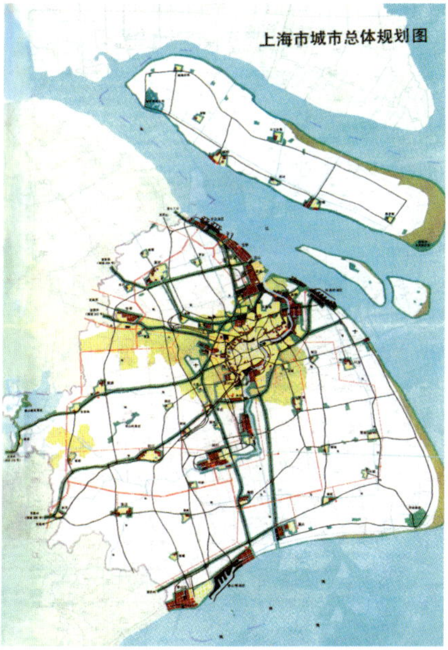


上海市城市总体规划示意图（1986年）

的上海”课题研究，确立了上海建设“四个中心”和现代化国际大都市的战略目标，成为指导21世纪上海城市发展的纲领性文件，对上海的城市规划、建设和管理起到了重要的引领和管控作用。

2001版上海总规立足长三角乃至全国视野，从原先注重中心城区660平方公里，扩展到市域6340平方公里，坚持城乡统筹发展。在总规实施过程中，进一步通过分区规划、单元规划、控详规划等，使总规明确的发展目标和各类控制要素层层落地。同时，不断完善规划管理的体制机制，市、区携手，持之以恒，逐年推进，使规划蓝图逐步变为美好的现实。

一个城市总体规划的实施，是一个承上启下的历史过程，也是一个可持续发展的进程，不可能一蹴而就。

## 三、城市总体规划实施到一定阶段，要适时开展评估工作

2001版上海总规是在20世纪90年代开始调研和编制的。2001年5月经国

上海市域城镇体系规划示意图（2001年）

上海市域用地布局规划示意图（2017年）

务院批准后实施，至今已有十年时间，上海的城乡建设取得了明显成效，同时也面临新的形势、新的任务。当年总规编制的时候，没有黄浦江两岸地区的综合开发，更没有世博园区规划；没有虹桥综合交通枢纽，更没有面向长三角的虹桥商务区。上海在落实国家战略的时候，需要对总规进行局部修改和完善，所以上海自2006年至2008年开展了总规中期评估，并及时向建设部领导作了汇报。

中期评估目的主要有三个：一是梳理、分析总规实施以来的成效，以利于提高城乡建设的综合效能；二是做好基础性工作，为总规修编做好充分准备；三是为编制近期建设规划提供最新资料和数据，并按程序向国家住建部报备。中期评估就像是一个人的全身体检，通过全方位的分析、诊断，能客观地评价总规实施过程中的成果和不足；能了解到一个好的规划是否得到了很好的实施，还是规划本身有一定的欠缺，需要今后进行改进和完善。

应该说，规划评估的出发点是坚持城乡可持续发展的大目标、大框架，避免走弯路。因此，评估工作自身的定位要准确、清晰，要认真汲取规划实施过程中的经验和教训。比如交通出行，上海是以公共交通为主，公共交通中以轨道交通为主。目前，规划成效已逐年显现。特别是在世博会期间，上海的城市交通经受住了严峻考验，得到了境内外的高度评价。上海近期的轨道交通基本网络是13条，远期将达到21条，在进一步加快城乡统筹发展的过程中，我们的轨道交通网络是否还要作进一步完善？中心城的人口应该严格控制，新城的人口规模要结合产城融合，有序扩展。上海作为一个城市群，新城的公共服务设施不能再简单地按照郊区卫星城的等级来配置，而是应该以大、中型城市的标准来规划。

又如城市安全，越是现代化的大城市，越是要重视城市安全问题。同时对于市政基础设施的建设、地下空间的开发利用，以及地下管线的竣工验收，这些管理工作都需要跟上去。所以，除了城市总体规划要做中期评估外，对于已批准的控详规划，在实施过程中也需要开展常态化的评估，其中还包括规划数据库的更新和维护，这些都是非常重要的。

原载于《上海城市规划》2011年第4期

科學發展篇 Scientific Development

# 坚持“开门做规划”，让更多公众参与

2014年5月6日，上海市委、市政府召开了第六次规划土地工作会议，启动了新一轮城市总体规划的编制工作。2016年8月，上海新一轮城市总规成果草案向社会出示。两年多来，规划编制充分体现了“开门做规划”的特点。

2016年9月，《新民周刊》记者黄祺以“开门做规划”为题，对上海新一轮城市总规编制公众参与咨询团团长毛佳樑进行了专访。

**《新民周刊》记者** 这一次总体规划，公众的参与贯穿始终。请问这一轮总规编制过程中，公众参与咨询团最早是在什么时候开始工作的？

**毛佳樑** 在市政府领导的关心下，2014年4月，上海新一轮城市总体规划编制领导小组办公室已开展公众参与咨询团的筹建工作，并多次组织公众咨询团成员对《工作方案》《议事规则》《操作规程》等文件进行讨论，为咨询团的成立和实际运作做了充分的前期准备。

2014年5月6日，上海市第六次规划土地工作会议召开，启动了上海市新一轮城市总规编制工作，市主要领导作了总结讲话，并明确提出“开门做规划”的工作要求。

同年6月17日，上海新一轮城市总体规划公众参与咨询团正式成立。市政府召开会议，蒋卓庆副市长、黄融副秘书长为咨询团每位成员颁发了由杨雄市长签发的聘书。此后，咨询团成员从不同视角参加了专题讨论、各类活动等，正式开展了相应的咨询、顾问工作。

**《新民周刊》记者** 本轮上海总规编制中的公众参与，主要分哪些形式？

**毛佳樑** 根据市领导提出的“开门做规划”的要求，上海正在有序开展新一轮城市总体规划的编制工作，目前成果草案已公示结束。本轮总规的公众参与有多种形式，大致可分为四种类型。

（1）宣传与普及。市总规编制领导小组办公室充分应用媒体平台，及时向公众发布、宣传与总规相关的信息和知识。例如在《解放日报》《文汇报》等主流媒体上进行了总规编制工作的宣传和介绍；组织公共论坛、艺术节、展览等活动，宣传总规的相关信息；市规划协会会同上海四大规划设计院在《新闻晨报》开设“上海城乡规划百题”专栏，普及城乡规划知识，一周两期，连载一年，最终结集成书。

（2）汇聚民智、呼应民声。针对普通民众开展一系列公众宣传、情况传递和意见咨询的公众参与实践，如开展“城市愿景”问卷调查，举办“上海2040”概念规划设计竞赛，总规《纲要》概要向社会公众公布，总规《草案》成果向社会公示，广泛听取社会各界的意见和建议等。

（3）加强与区县和相关部门的沟通。编制单位通过和各区县政府、街镇调研座谈，听取管理人员和市民诉求，获取第一手资料；与相关职能部门沟通、交流，共同推进各个专项规划的编制。

（4）专家咨询。在总规编制前期准备和编制过程中，充分吸收各相关专业领域专家的意见和建议。举办多期总规论坛、开展多种形式的专题咨询会、评选优秀成果等。其中,公众参与咨询团围绕总规纲要、成果草案召开十多次集体会议,座谈讨论并形成具体咨询意见和建议。

**《新民周刊》记者** 公众咨询团是第一次出现在上海总规编制工作中吗?有些什么作用?

**毛佳樑** 在上海前两轮的城市总体规划编制过程中,都有公众参与工作的探索和实践,取得了较好的成效。

"公众参与咨询团"这一模式,确实是首次在上海城市总体规划编制中引入,在全国范围来说也是首次。作为一项重要的创新举措,市政府、市规土局领导非常重视,对本次总规的编制具有积极的推动意义。

公众参与咨询团是公众参与工作的一个重要组成部分,汇集了各方民智,其核心工作内容和作用可概括为三个方面。

(1)及时了解总规编制的各阶段工作,包括总规编制的基本情况、工作进展和编制成果。

(2)积极反映社会各界的意见和建议,起到纽带和桥梁的作用。如开展总规宣传、信息沟通等,体现全过程的公众参与。同时,借助公众咨询团成员在各自领域的优势和影响力,通过成员自行组织或参与的一些活动,广泛倾听民意、汇聚民智。

(3)围绕总规编制中的重大问题、关键环节提供咨询意见。重点参与战略议题征询、战略研究报告、总体规划纲要和总体规划编制成果等,针对重点问题和重要环节提出书面意见,并提供给总规编制办公室。

市规土局局长庄少勤、副局长徐毅松、总工俞斯佳等多次听取了咨询团的意见和建议,并一起进行了深入探讨。

**《新民周刊》记者** 公众参与咨询团的成员有哪些?

**毛佳樑** 公众参与咨询团的成员,是由市人大、市政协和市规划协会共同推荐,经上海市规划委员会确认的,共聘任了15名成员。

这些成员具有较高的社会知名度,能积极反映各领域的民声和民意,代表全社会一定范围内不同行业的不同诉求,包括市人大代表6名、市政协委员6名、市规划协会专家3名。既有规划建设的专业人士，也有其他领域的专家；既有党政机关、企事业单位领导，乡镇街道社区的基层干部，也有文化教育、高校和研究机构的教授学者和技术人员。

公众参与咨询团的每一位成员都是满怀着历史责任感和对上海的深厚感情，努力完成这份工作和任务的。

**《新民周刊》记者** 公众参与咨询团工作有哪几个阶段？具体对哪些内容进行了讨论？

**毛佳樑** 自公众参与咨询团成立以来，根据市委、市政府的要求，在总规编制办公室的统筹安排下，积极、努力地开展研讨和咨询工作。根据总规编制推进节点，大致可分为三个阶段。

第一阶段：战略研讨阶段（2014年6月—9月）。

咨询团成员分别参加了上海总规编制11场战略研讨会、“上海我的2040”愿景调查、“2040城市未来与我”市民论坛、上海2040高峰论坛——“世界城市日”系列论坛等活动。

此外，部分咨询团成员还依托各自社会影响力开展相关工作，如通过团市委、街道居委会发放公众调查问卷；作为评委参与大学生规划设计竞赛等。

第二阶段：总规《纲要》编制阶段（2014年9月—2015年8月）。

总规《纲要》是确定总规的重大原则、目标、定位等关键问题的纲领性文件，也是编制总规成果的核心内容。

公众参与咨询团针对《纲要》编制的一些重大问题，开展了深入广泛的讨论和专业咨询，专题讨论、研究《纲要》初稿和修改稿。既有宏观层面，也有专项规划、表达形式等方面的内容。

咨询频率几乎每月一次，基本实现“实时跟踪、及时咨询”的目的。意见和建议主要聚焦上海城市性质、功能定位、人口规模、城镇体系、城乡空间布局、产业发展研究、综合交通体系、城市安全等方面，并形成书面建议上报市规土局。这一阶段的集体咨询会议频率较高、针对性较强，为《纲要》的编制提供了社会各方的有力支撑。

2015年8月24日至26日，国家住房城乡建设部在上海召开《纲要》

审查会，原则通过了《纲要》，我和老局长夏丽卿及部分成员参加了会议。

第三阶段：成果编制及草案公示阶段（2015年9月—2016年8月）。

部分成员参与了今年年初的总规初步成果专家咨询会；公众参与咨询团召开三次会议，对总规的初步成果进行了讨论，并提出了主要意见和建议。

在草案公示期间，咨询团成员各自组织座谈会，听取、汇总不同领域的民众意见。

咨询团提出的意见和建议，在《纲要》和成果中得到了体现和采纳。

**《新民周刊》记者** 您认为公众参与规划为什么非常重要？

**毛佳樑** 城乡规划是政府调控城市空间资源、指导城乡发展与建设、维护社会公平、保障公共安全和公众利益的重要公共政策之一。

习近平总书记指出："规划科学是最大的效益，规划失误是最大的浪费，规划折腾是最大的忌讳。"这对规划工作提出了更高的要求和期望。我的学习体会是，科学的规划也是重要的生产力。做好城市规划，既要注重城市的长远利益，引领城市健康发展，也要保障老百姓的根本利益，守住底线管控。

《城乡规划法》强调城乡规划制定、实施全过程的公众参与，确保公众享有知情权、参与权、表达权和监督权。

在上海市第六次规划土地工作会议上，时任中共上海市委书记韩正特别强调，"要使新一轮城市总体规划的编制过程，成为凝聚市民共识的过程，让规划更好地呼应民声、汇聚民智"。市长杨雄指出，要坚持"开门做规划"，着力研究、妥善解决总规编制中七个方面的重大问题。

本轮总体规划的公众参与工作，充分听取各方面的利益诉求，汇聚社会各界人士的智慧，凝聚广大群众的力量，更有利于提升规划的科学性、合理性和可操作性，有利于实现"一张蓝图干到底"。对公众参与咨询团全体成员来说，这也是一次非常难得的学习和参与经历。

部分内容原载于《新民周刊》2016年第40期《我们的城市，大家来规划》

科学发展篇

Scientific Development

# 新形势下对上海市城市规划行业协会发展的思考与探索

行业协会的健康、有序发展，与政府机构改革和职能转变、加强社会组织建设和创新社会管理的总体要求密切相关。在新形势下，深入学习、理解和把握好国家与地方的方针政策，符合发展改革导向，进一步促进行业协会的创新、转型和提升，是地方行业协会面临的重要课题。

2017年初，中国城市规划协会会刊《城乡规划》杂志创刊号特邀毛佳樑会长结合上海的工作实践，介绍上海市城市规划行业协会发展的认识与体会。

国家历来十分重视社会组织工作，特别是改革开放以来，我国社会组织不断发展，在繁荣社会事业、创新社会治理等方面发挥了积极作用。2016年8月，中共中央办公厅、国务院办公厅联合发文，对改革社会组织管理制度、促进社会组织健康有序发展提出了明确的目标，要求充分发挥社会组织服务国家、服务社会、服务群众、服务行业的作用，努力走出一条具有中国特色的社会组织发展之路；要激发社会组织的内在活力和发展动力，促进社会组织真正成为提供服务、反映诉求、规范行为、促进和谐的重要力量。

国家"十三五"规划也对行业协会提出了新要求，为行业协会发展开创了新的天地。规划行业协会要站在新起点，认清新形势，把握新机遇，实现新发展。中国城市规划协会在原有工作的基础上，提出要进一步加强行业管理和服务，以促进行业健康发展。地方规划协会也必须加强学习、提高认识，进一步明确定位和职责，不断提升创新能力和服务水平。

## 一、基本概况与历史责任

### （一）协会的基本概况

上海市城市规划行业协会成立于1999年9月，主要由在上海从事城市规划设计的相关单位自愿组成，是实行行业服务和自律管理的非营利性社会团体法人。协会的登记管理机关是上海市社会团体管理局，行业主管部门是上海市规划和国土资源管理局。协会的工作范围，主要包括行业调研、技术培训、学术交流、咨询服务、编辑出版、国内外信息技术交流及注册规划师培训管理等内容。

协会现有151家会员单位，下设16个分支机构，会员单位大部分为规划设计单位。目前，在上海注册的规划设计单位125家，其中甲级资质34家、乙级72家、丙级19家。

### （二）机遇与挑战

当前，规划行业的发展，既有机遇也有挑战。党的十八届五中全会提出了要以"创新、协调、绿色、开放、共享"的发展理念为引领，描绘好城乡发展的宏伟蓝图。中央城镇化工作会议、中央城市工作会议召开，提出了要尊重城市发展规律，坚持做好"五大统筹"，城市规划行业迎来了发展的春天。

城乡规划具有政府公共政策属性。在新形势下,如何进一步学习和贯彻中央会议精神,结合城乡规划的发展目标和任务做好协会工作,确实面临新的挑战。上海正处于“创新转型发展”的关键时期,上海新一轮城市总体规划的编制和实施、城市综合功能的提升以及城乡空间结构的优化,对规划行业的历史责任和工作内涵都提出了更高要求。

## 二、工作职责和主要内容

### (一)协会的工作职责

上海市城市规划行业协会紧紧围绕全市城乡规划工作,坚持履行“服务、自律、代表、协调”的职能,发挥政府与行业之间的纽带作用,落实城乡规划的法规和技术标准,规范市场秩序,维护行业的合法权益,增强会员单位的市场竞争力,促进本市城乡规划事业的不断提升和发展。

目前,上海市城市规划行业协会主要发挥三个方面的作用:一是受行业主管部门的委托,发挥规划行业管理和服务的组织作用;二是发挥联系政府管理部门和会员单位乃至整个规划设计市场的桥梁和纽带作用;三是发挥促进全行业健康、有序发展的平台作用。

规划行业协会既要做好行业服务、行业自律,也要作为会员单位的代表,客观反映会员单位的合理诉求,发挥行业内在的协调作用,真正成为规划设计单位的“行业之家”。

### (二)主要工作内容

近年来,上海市城市规划行业协会主要开展了五个方面的工作:一是持之以恒地开展行业自律和诚信创建活动,认真履行社会责任,不断提升规划设计队伍整体素质和综合竞争力,这是协会办会的宗旨;二是积极主动完成政府部门向协会购买服务的事项,这是协会工作的重点;三是全力以赴做好对会员单位的服务工作,这是协会发展的核心;四是积极开展注册规划师的教育培训和城乡规划重点课题的研究，这是规划行业的特色；五是不断加强协会自身的建设，这是协会做好工作的基础。

## 三、实践与探索

### （一）紧紧围绕城乡规划的中心任务和重点工作

上海市城市规划行业协会按照协会章程，坚持"政会分开、依法依规、自主办会"。依据政府职能转移和购买服务等指导性目录，上海市规土局已把一部分行业管理的职能转移到规划协会，如规划编制单位的资质预审、行业发展调研、全市优秀规划成果评选等。此外，根据行政审批制度改革和推进行业诚信建设的需要，协会全面配合市规土局推行建设工程项目审批中的"告知承诺制"工作。

根据上海市委、市政府工作部署，协会还积极配合做好援疆、援滇规划专家顾问组的后勤服务和保障工作。同时，根据中国城市规划协会的部署，认真组织全国规划评优申报、开展注册规划师培训、协助举办全国性学术论坛（如复旦城市规划论坛）等工作。

多年来，协会承担了两年一届的优秀规划设计评优工作。这项活动已成为各省市城乡规划最新成果展示和检阅的平台，并逐步成为行业可持续发展的一个重要抓手。上海规划协会悉心组织评选活动，通过特邀专家的点评、作品集的汇编出版，向行业推介和展示优秀规划设计成果的创新和亮点，进一步促进会员单位之间的学习、交流，以利于不断提升规划设计队伍的整体水平。

行业协会充分发挥桥梁和纽带作用，配合政府管理部门，做好与兄弟省市的规划沟通工作。特别是在上海新一轮城市总规的编制过程中，上海规划协会，会同浙江、江苏两地的规划协会、学会，积极推进三地城乡规划工作的沟通和协调，探索建立江、浙、沪规划编制的协同机制。此外，行业协会还积极配合上海新一轮总规编制，受市政府、市规土局的委托，做好总规编制公众参与咨询团的服务和保障工作。

## （二）工作内容“有所为、有所不为”

协会工作的开展要正确定位，把握好一个“度”。“有所为”，就是积极推进一些前瞻性的规划研究，以及规划实施的中、后期评估工作。根据市规土局的委托，近年来上海规划协会针对城乡规划的重点和难点，开展了全市控详规划的实施评估、综合竣工验收实施评估等课题。

同时，建立规划行业的定期跟踪和评估机制。上海规划协会已开展了行业诚信建设回顾与展望的调研工作，对规划设计单位诚信守法、服务自律等情况进行跟踪评估。目前已逐步完善了企业诚信资料库。

“有所不为”，即规划协会不涉及、不参与工程项目的审批，不影响、不干扰政府管理部门的行政审核工作。

## （三）课题研究“虚实结合、有冷有热”

规划协会既要注重不断学习中央倡导的先进理念，善于抓住城乡发展和市民群众关心的热点、难点问题，主动开展调研工作，服务行业发展。同时，上海规划协会又开展了一些城市发展中的“冷思考”，如上海作为特大型城市，针对人口规模、结构和分布，开展人口预测和合理管控的课题研究，注重长远发展和底线控制，该课题获得了市决策咨询二等奖。

2014年5月，上海召开了第六次规划土地工作会议，正式启动了上海新一轮城市总规的编制工作，市委、市政府主要领导在大会上提出了“开门做规划”的工作要求。上海规划协会联合市规划学会，与上海规划院、同济规划院、复旦规划院和浦东新区规划院，筹划“上海城乡规划百题”宣传工作。同年5月27日起，“上海城乡规划百题”正式在《新闻晨报》、大申网等媒介设立专栏，每周两期连载、历时一年多时间，主要内容为“规划知识的普及、面向公众的交流、公共政策的宣传、热点问题的解读”，进一步加强了社会公众对城乡规划的认识、了解和参与。此后，协会以连载的106篇文章为基础，编辑出版了《上海城乡规划百题集》。这项公益宣传活动获得了较好的社会评价。

### （四）工作节奏"有张有弛、注重实效"

上海规划协会结合当前城乡规划工作中的重点和热点，每季度定期举办一次学术报告会，面向广大规划工作者，以利于交流与互动。

进一步突出行业特点，做好行业调研、行业统计和信息沟通等工作。针对会员单位在发展中面临的难点问题进行调查研究，把会员单位的合理诉求，反映给业务主管部门。目前，上海规划协会已开展了全市城乡规划行业的调研，希望进一步摸清行业"家底"，更好地服务广大会员单位，并形成《上海市城市规划行业白皮书》。

进一步做好行业协会的联络，促进会员单位之间的交流合作。上海规划协会定期召开会员单位座谈会，并依托网站、会讯，搭建好与规划设计单位、规划工作者之间广泛交流的平台。近年来，根据行业发展实际，与上海规划学会等联合组织开展了两年一届的"十佳青年规划师"评选活动。

## 四、结语

行业的发展，离不开广大会员单位的鼎力支持和帮助，这体现了行业的凝聚力。会员单位是协会的主体，协会要充分尊重和调动广大会员单位、分支机构的积极性，形成合力，共同推进全行业的健康发展。

新形势下，行业协会的发展在于改革创新；政府推进职能转变，其核心是处理好政府与市场、社会之间的关系。作为市场经济的有机组成部分，上海市规划行业协会将坚持改革、积极探索，继续为会员单位做好各项服务工作，更好地发挥政府与市场之间的桥梁和纽带作用，努力为上海城市规划行业的可持续发展做出应有的贡献。

原载于《城乡规划》2017年第1期

科学发展篇

Scientific Development

# 进入新时代，落实新总规

2017年12月15日，《上海市城市总体规划（2017—2035年）》（简称“2035总规”）获国务院批复。毛佳樑作为一名上海城市规划工作者，在《上海市城市总体规划（1999—2020年）》（简称“2001版总规”）的实施过程中担当重任，如今又以公众参与咨询团团长的身份，全过程、深入地参与了2035总规的编制。

2018年3月，上海市规划和国土资源管理局（以下简称“上海规土局”）总规处副处长范宇对上海市城市规划行业协会会长毛佳樑进行了专访。

**市局总规处** 从2001版总规到2035总规，您认为新一轮总规的编制背景发生了哪些变化？

**毛佳樑** 我是2003年4月到任市规划局的，时任市长韩正同志给我下达任务，第一项工作就是要抓紧落实国务院批复的2001版总规。同年10月，市委、市政府召开了上海市第五次规划工作会议，明确了城市发展的总体思路和推进总规落地的各项工作部署。自2001版总规批复实施以来，直到2014年第六次规划土地工作会议的召开，我主要有四点体会。

经过十多年的努力拼搏，上海“四个中心”的建设成效明显。在推进2001版总规实施过程中，上海坚持改革开放，全力推进浦东开发开放，城市功能不断拓展，产业转型发展，城乡空间布局优化，人民群众生活质量持续改善，有力地提升了城市综合竞争力。2001版总规对上海基本建成“四个中心”框架，推进社会主义现代化国际大都市建设，确实起到了引领和调控作用。

进入21世纪，上海承担了诸多国家战略和国际重大活动。如2010年世博会由国家举办、上海承办。这对上海的发展是难得的机遇，城市功能以及市政基础设施、轨道交通、生态环境建设，都跃上了一个新的台阶。又如黄浦江两岸综合开发，推进了上海产业结构调整，加快了中心城区现代服务业的发展，江南造船厂、振华港机厂等大型企业搬迁到崇明长兴岛，使上海的海洋装备产业获得了更大的发展空间。当时市规划局组织编制了两轮“近期建设规划”，经市政府批准后报建设部备案，以利于把新形势下的国家战略部署更好地落实到总规实施之中。同时从2005年起，对2001版总规做了第一次评估，为后续的总规修编工作做了铺垫。

中央提出新发展理念，中央城镇化工作会议、城市工作会议相继召开，对上海的城乡规划和建设工作提出了更高要求，如城乡统筹、绿色发展、“以人为本”、乡村振兴等，对促进城乡规划工作理念转变、认识提高，影响深远。同时，国家相关部门积极推进城市总规编制改革，开展“多规合一”及空间规划等试点工作。从行业发展的角度来说，规划管理和编制队伍也亟须加强学习，改变传统思维方式，促进工作机制创新发展。

面对资源、环境等多重制约，对标世界先进城市，需要有新总规来引领上海的新发展。在经济社会和城乡发展进程中，上海受到了水、电、气等资源的制约，道路交通和环境容量也都有限。同时涉及人口规模、城市安全等要素，建设用地规模已接近“天花板”。在这种情况下，解决瓶颈的出路不是头痛医头、脚痛医脚，而是必须站高望远，要有一个新总规来引领，坚持前瞻性、系统性、可操作性相结合，统筹解决。

同时，要加强对区域的协调，更好地促进长三角城市群协调发展。对标纽约、伦敦、东京等世界级城市，我们在一些硬件和软件上都还有差距。当今城市的发展，也需要加强与全球先进指标的接轨。

**市局总规处** 您如何看待上海2035总规?

**毛佳樑** 上海自1986年起，经国务院批准的三个城市总体规划，对城市发展的定位目标和发展方向，总体上是一脉相承的。在历届市委、市政府的重视下，承前启后，持续推进，这就有利于上海到2020年基本建成"四个中心"和社会主义现代化国际大都市框架，为今后向更高的目标发展奠定基础。当然，在规划实施过程中，由于多种因素和管理上存在的不足，也出现了一些问题和短板，需要引起重视和改进。

1. 2035总规是党的十九大后第一个获批的超大城市总规，得到了党中央、国务院和市委、市政府的充分肯定，新版总规明确了上海面向未来、面向全球的发展方向、功能定位和目标任务，充分展示了作为"排头兵、先行者"的追求和责任。同时，作为长三角城市群的核心城市，要更加主动地承担国家使命，服务"一带一路"建设、长三角一体化、长江经济带发展等国家战略目标。新总规描绘出上海未来的宏伟蓝图，有利于凝聚人心、振奋信心，为落实新发展理念，实现"两个一百年"奋斗目标奠定基石。

2. 新总规坚持目标导向、问题导向，体现了对标世界先进城市的自信和决心。这次总规提出要努力建设卓越的全球城市，既有建设"创新之城、人文之城、生态之城"的明确目标，又有"构建多元融合的15分钟社区生活圈"等以人民为中心的实在内容。我们要认真解读新总规提出的发展蓝图，不能就规划来看规划，而是要立足新时代、新目标、新内涵，把先进理念和上海发展实践紧密结合，对标国际最高标准、最高水平，努力实现上海自身发展，同时又能更好地代表国家参与全球的合作与竞争。

3. 新总规作为国家推进总规改革的探索试点，坚持理念创新、机制方法创新，不是面面俱到，而是突出重点，把握城市的核心功能、指标体系，强调刚性管控、弹性适用，重在“管用”。

4. 新总规编制中注重多部门协作，开门编规划，更加重视公众参与的广度、深度及方式的创新。特别是建立了由市人大代表、政协委员、行业专家共15名成员组成的公众参与咨询团，全过程了解和参与新一轮总规的编制工作，充分传递和沟通社会各界的意见和建议，反映民意、汇集民智。咨询团围绕总规编制中的重大问题，提出的针对性意见和建议，在规划成果中得到了广泛的采纳和体现。

5. 在体制、机制、法制三个层面形成支撑和保障。一是市、区联动，形成合力，通过管理体制创新，推动总规的层层分解和落地；二是加强了与市相关部门的合作，推动各类专项规划的深化、完善；三是聚焦近期重点区域、重大项目建设，编制好“行动计划”；四是强化督查工作，有利于“一张蓝图干到底”。

**市局总规处**　那么您对2035总规有哪些建议?

**毛佳樑**　规划编制的目的在于实施，规划成果的生命在于质量，好的规划也是生产力。现在要通过新一轮总规的实施，把高质量发展和高品质生活作为新一轮总规实施的切入点，全力保障规划成果的落地实施。要持之以恒，逐步把批准的规划变成美好的现实。

2018年初，市委、市政府召开了实施新一轮总规的动员大会，李强书记、应勇市长作了总体部署。目前，上海已制定了一个全面推进总体规划的实施意见，这项工作太重要了。“实施意见”的制定和贯彻，就是一个统一思想、形成共识和不断提高规划执行力的过程。要进一步宣传新总规、解读新总规，充分发挥市、区两级的积极性，让更多的部门和市民共同参与到落实新总规的实践中来。主要有四个方面的建议。

第一是突出重点，加快“五个中心”建设。要大力推进城市综合功能和核心竞争力的提升，努力建设卓越的全球城市和具有世界影响力的社会主义现代化国际大都市。要紧紧围绕国家战略，全力推进上海科创中心建设和自贸区制度创新。当前，各区都在开展新一轮总规编制，要体现和落实好上海新总规的核心内容和刚性指标。同时，要深化和优化市域综合交通、生态环境、公共服务等各项专项规划。专项规划既是城市总规的重要组成部分，又是编制下一层面规划的专业指导。

第二是解决难点，坚守底线控制。要进一步落实四条底线，特别是用地规模和城市安全等。首先要在思想上高度重视，要有法制、机制、人员的保障。管理上需要上下联动、远近结合。市局对区局要做好分类指导，如推进建设用地减量化、盘活存量低效用地等，切实把行动计划落到实处。

第三是体现特点，弘扬城市精神和风貌特色。上海是中国共产党诞生地，也是国家历史文化名城，要加强对历史文化风貌和自然环境的整体性保护。中心城区要通过点、线、面结合，认真实施历史文化风貌保护规划，不断提升城市特色和文化品质。当前，上海郊区正在努力塑造各具地域特色的乡村风貌，但是既有产业支撑、经济活力，又能体现江南水乡的特色村庄还不多，这正是上海需要精心规划和打造的，需要在乡村振兴战略中全力推进。

第四是提升亮点，坚持“以人为本”，更加注重生态文明、绿色发展。要通过城市“更新”“双修”（生态修复、城市修补）等多种形式，从老百姓身边最需要的事做起，建设宜业、宜居、宜游的美好家园，切实提升广大市民的幸福感和获得感，更好地向世界展示社会主义中国改革开放的蓬勃生机和窗口形象。

收录于《上海2035——迈向卓越的全球城市》（上海科学技术出版社，2018年）

科學發展篇

Scientific Development

# 注重提升城市功能和推进产业发展

## 关于浦东新区总规修编的几点建议

随着原南汇区并入浦东新区，面临新形势，浦东新区新一轮总规的调整势在必行。2011年6月，浦东新区政府、上海市规划和国土资源管理局举行了《浦东新区总体规划修编（2011—2020年）》全国专家研讨会。本文根据发言内容整理。

本次总规修编非常及时，也很有特点。在全市“创新驱动、转型发展”的大框架下，浦东新区对原有两个区域总规进行了实施评估，并在此基础上进一步做好整合和修编工作，这对今后大浦东地区在新形势下的新发展，具有深远意义。结合浦东综合配套改革试点，我对这次总规修编和今后的推进实施，谈几点意见和建议。

## 一、本次总规修编体现了前瞻性、统筹性和操作性的结合

### 1. 这次总规修编，十分注重前瞻性

作为国家级综合配套改革试点区，浦东新区站在全市的高度，更加注重金融中心、航运中心核心区的建设，集聚优势，加大推进力度。总规进一步明确了"一轴三带"的空间格局，完善浦东新区的功能定位、总体布局和产业发展。通过国家级和市级产业园区的示范效应，推进产业的联动发展，有利于促进产业的能级提升和转型发展。大力发展服务经济，在更大范围内利用浦东新区的政策优势，推进各项改革先行先试。同时，不断优化城乡布局，积极推进市政交通、生态环境的协调发展，充分发挥规划的引导和调控作用。

### 2. 这次总规修编，重点突出统筹性

在修编中，进一步明确了浦东新区城镇体系规划，统筹城乡有序发展。重视交通体系规划，使原本隶属于两个行政区划的道路、交通形成了一个完整的综合交通网络。这也有利于区域内优势互补，进一步发挥大浦东地区的综合效能，更好地为上海、为长三角服务。

### 3. 这次总规修编，更加强调操作性

例如，通过梳理土地、优化空间布局，加强了土地的集约和节约使用，进一步明确了黄浦江滨江地区开发建设的规划目标，特别是对世博园区以及向南辐射地区进行了统筹规划，为黄浦江两岸地区的综合开发，为浦东新区的发展搭建了一个新的舞台。又如，以临港新城的综合开发建设为基础，大力推进先进制造业、战略性新兴产业的发展，这是浦东新区乃至上海今后经济发展的一个新的经济增长极。

当然，这次总规修编还有一些需要深化和优化的地方。要进一步明确临港新城的定位，不断提升新城的综合功能。迪士尼不仅仅是一个大型娱乐项目，更是一个带动旅游、文化、娱乐、宾馆等诸多服务产业发展的重要载体，要对周边的土地、产业、交通和环境进行相应的规划研究和整合。同时，要在市有关部门的支持下，尽快明确铁路浦东客站的选址，推进上海

"四主三辅"铁路枢纽中最后一个主客站的规划落地，以利于进一步完善铁路系统整体的网络建设。

## 二、临港新城的发展是城市的综合开发建设，不是产业园区大配套的延伸

目前，临港新城正在按规划有序推进开发建设，从原先的南汇边缘之地，逐渐成为上海航运中心和先进制造业的主战场。新城既要服务于航空港、深水港的建设，又要提供先进制造业和战略性新兴产业的发展空间，同时又是浦东新区一座具有综合功能的滨海新城，任重而道远。

临港新城的发展模式不是产业园区大配套的延伸，而是要站在新的起点，坚定不移地推进有产业支撑的新城建设。新城在建设初期往往人气不足，这就需要政策的支持和市、区合力的推动，需要认定目标、持之以恒，大力推进科技产业发展，不断增加就业岗位，同步配套道路交通等各类市政基础和城市公共服务设施。

历史上，上海新城的发展，比如嘉定、松江新城等，都是经过多年的开发建设才逐步完善起来的。新城在功能上与中心城区互补，在经济上互相促进，对于疏解市区人口具有重要的反磁力作用。一个好的规划，贵在坚持，重在实施。希望临港新城今后能依托上海和杭州湾，充分发挥沿江沿海的资源优势，不断增强集聚和辐射能力，逐步建设成为一个功能完善、充满活力、宜业宜居的上海新城。

## 三、加强产城融合，注重城市内涵式发展

产城融合不仅仅是一种规划理念，更需要我们在工作中去积极探索和实践。对于产业园区的建设，过去管理部门总是考虑产业园区的规划要很纯粹，与居住区以及教育、文化等公共服务设施之间要保持一定的距离，其实大多数产业园区的功能应该是多元的。同时，产业园区和城区之间，也

应该是融合的。我本人不太赞成在园区内建设过多的"花园工厂",工业用地要讲究经济效益,要注重资金的投入和产出。可按照标准建设绿地和市政配套设施,而不必在大草坪、大水面上大做文章。中心绿地和广场,包括一些商务楼宇、职工宿舍以及必要的文化、商业设施配套,应该在产业园区中相对集中布局。当然,一些有污染的工业园区和城区之间应该有足够距离的绿化隔离。

从更大范围来讲,有了产业园区的建设,就有了发展实力和就业岗位,有利于促进城市的经济发展。同时,产业园区的发展和提升,也需要城市功能的支撑,需要城市中的教育、文化、医疗以及市政基础设施的配套服务,创造就业、居住的良好条件,真正做到产城融合,推动社会经济的协调发展。

大型社区的建设,应该融入城市,成为城市中最有生机的一部分。浦东新区既需要大力推进金融中心、航运中心建设,同时也需要建造多元的,环境优美、配套齐全、交通便捷的居住社区,成为浦东新区乃至上海各类人才的宜居之地。而且对浦东新区来说,随着轨道交通的建设,大型社区也在逐步发展,今后轨道交通站点周边的用地要预先加强规划控制,多布局一些商、办、住综合体。

## 四、进一步优化产业园区规划,努力提高存量土地的使用效益

土地资源是可持续发展的重要基础,但目前上海的建设用地已超过了土地总量的40%,特别是新增工业用地的余地已经很小。在这样的背景下,上海城市要转变发展模式,必然会对城市存量土地的使用提出新的要求。

历史上,根据工业用地技术规定,上海产业园区的开发容量普遍不高,配套服务设施也不够齐全,一些乡镇工业用地还存在粗放型开发的现象。从产业园区发展趋势来看,随着电子、信息、生物医药等新兴产业的快速发

展，一些传统产业中的产品也在逐步淘汰，原有的园区规划与企业发展的要求已经不相适应。现在，浦东新区有些产业园区，对存量土地进行了分析、梳理，希望进行二次开发，这个问题值得重视和推进。

比如，有些产业园区，原有配套设施不全，或者已与发展目标不相适应，在综合评估后，可按程序重新编制或修改规划，报规划管理部门审批。同时，紧密结合产业园区新的发展趋势和要求，积极转型发展，推进总部经济和研发企业的落户。特别是要进一步完善市政基础、教育培训、生活服务等配套设施的建设，如增加商务办公、职工公寓、停车场地等，不断提升产业园区的综合效能。

通过对产业园区规划的梳理和完善，注重节约和集约使用土地。同时，不断优化布局，合理提高开发强度。这样，既可推动产业园区的转型发展，提升能级，又能进一步提高存量土地的使用效益，有利于上海产业用地的可持续发展。

原载于《上海城市规划》2012年第1期

# 推进城市更新，留住城市记忆

上海是一座充满历史气息、生机蓬勃的国际大都市，更是一座承载着温情和记忆的人民城市。在新时代、新发展的大背景下，在城乡建设和城市更新中，如何保留历史与记忆是一个值得我们深入思考的课题。

城市记忆是一种理性和感性相融合的群体性记忆，反映了一座城市深厚的历史文化底蕴和独特的地域特色风貌。想要留下城市记忆，除了做好城市更新的“形”，更关键的是要体现城市更新的“神”。

在工作思路上，推动城市更新需要妥善处理好三个方面的关系。一是城市发展与风貌保护的关系，两者相辅相成，并不矛盾。打好城区“留改拆”的组合拳，做好风貌保护的同时不断提升城市功能、推动产业转型、促进城乡发展，可以更好地保留城市记忆。二是成片更新与零星更新的关系，成片更新是大方向，零星更新可因地制宜，调动社会各方积极性，有利于解决生产、生活中的具体问题。在《上海市城市总体规划

（2017—2035年）》和各区总规的指引下，城市更新过程中可以将零星与片区统筹，做好更新设计的实施方案，既能有效地解决居民急难愁盼的问题，也能挖掘闲置资源并将之转型为高效利用的功能性设施或服务。要先易后难、点面统筹、远近结合、上下联动，积小胜为大胜，做到“面上守得住，点上有突破”。三是用情、用心和用力的关系，我们大家对上海这座城市充满了感情，在保护更新工作中应深入分析问题，合力解决困难，为更新工作做好积极探索。

在运作机制上，要通过创新实践加强更新行动计划的系统性和可操作性。历届市委、市政府领导对城市更新工作高度重视，各区领导也非常支持，广大规划工作者全身心投入，城市更新工作取得了阶段性成果。

2021年8月25日，上海市第十五届人民代表大会常务委员会颁布了《上海市城市更新条例》；2022年11月，上海市规划和自然资源局等四部门联合印发了《上海市城市更新指引》。面对新形势、新要求，城市更新工作更需要进一步落实新理念、新机制，在实际项目研究和实施中探索多种路径，在政策层面需要有所突破，在管理层面需要更加精细的协同，关注所涉及的政策、规划、产权、资金、运营等难点、痛点，提升精细化管理水平，形成政府协调推进、市场积极投入、各方主动参与的新格局。

《城市记忆：书写上海城市更新实践》
俞斯佳主编

本书从“城市记忆”的视角来观察城市更新工作的发展进

程，是一次很有益的尝试，是对近年来城市更新实践的一次梳理和回顾。相关专家也提出了许多有益的观点和建议，值得城市更新中管理者和参与者更多地讨论和思考。

城市更新应该坚持“以人民为中心”的目标导向。“人民城市人民建，人民城市为人民”，通过城市更新推动高质量发展。同时，也要以问题为导向，改善区域的生产、生活、生态的环境，让人民群众有更多的获得感和安全感。让我们大家共同努力，一步一个脚印，把城市更新工作做好，推进上海城市建设和管理工作的可持续发展。

本文为《城市记忆：书写上海城市更新实践》序言（同济大学出版社，2024年）

科學發展篇

Scientific Development

# 在长宁区“漫步番禺”城市更新研究会上的发言

2021年11月1日，长宁区政府主办了“漫步番禺”城市更新研究会。邀请了上海电影（集团）、瑞安管理（上海）公司等当地企业代表，上海历史风貌专家组组长郑时龄院士和相关专家参与研讨。长宁区委书记王岚、区长王伟到会并作发言。

各位领导、各位嘉宾、同仁，大家下午好！非常高兴今天来参加长宁区政府主办的“漫步番禺”城市更新研究会。听了设计团队和企业代表的介绍，我很受启发。

城市更新的概念由来已久，上海市的实践从“旧区改造”到“有机更新”；从“15分钟生活圈”到“社区微更新”，从“街道整治”到“美丽街区”，它的概念和内涵一直在拓展。市人大常委会今年8月份公布的《上海市城市更新条例》，把城市更新定义为“在本市建成区内开展持续改善城市空间形态和功能的活动”。除

“漫步番禺”城市更新研究会

了对空间形态的关注以外，更加强调城市功能的完善提升。可以说，“城市更新”工作的站位提升了，需要关注的问题和需要协调的方面越来越综合，对规划工作者提出了更高的要求。

在街区品质提升方面，上海市有过很多实践，如黄浦的商业街——南京东路，徐汇的风貌街——衡山路，杨浦的时尚街——大学路。长宁近两年也在“美丽街区”方面做了很多工作，新华路、愚园路的更新取得了显著的社会效益和环境效益，获得了社会各界广泛好评。去年开始，武夷路的更新工作也全面启动，一些项目陆续落地。《上海市城市更新条例》9月1日开始实施，我们今天就在研讨番禺路的城市更新工作，响应很迅速，时机非常好。

进入新时代，在新发展的大背景下，长宁区积极开展番禺路城市更新工作，一方面是要总结本区域此前的实践经验，同时把兄弟城区在城市更新方面成功的、适用的方法借鉴过来；另一方面还要坚持理念创新，因地制宜，要拓展工作思路、优化设计手法、创新实施机制。

刚才听了上海现代城市更新研究院的方案汇报，起的名称很实在，不是“城市设计”，也不是“环境整治规划”，而是“实施行动规划和运营策划”，我能感受到设计团队思路的转变，这和新的发展要求是契合的，下面我谈五点体会和建议。

第一，优化空间布局，有利于提升城区主体功能。番禺路是长宁区在中心城内很有特点的一条历史街道，见证了当地近百年的沧桑巨变。道路两侧既有优秀历史建筑，又有新建的商务楼、酒店和上海影城，更多的是充满烟火气的普通住宅，沿线建筑类型多、功能多元复合。我们关注到番禺路在区域路网中是南北走向的，前面提到的新华路、武夷路、愚园路都是东西走向。南北向的道路意味着区域内大多数建筑是立面朝南，比较多的建筑山墙就会面对着番禺路，那么这类建筑立面如何处理？这类街道的活力如何激发？需要有针对性的设计手法。另外，虽然番禺路红线只有20米左右，实际上也承担了不少过境交通的功能，是连接长宁、徐汇的一条重要道路。我听到设计单位在介绍方案时提到“后街漫步网络”的概念，说明这次行动规划点到了番禺路改造提升过程中的一个短板和要点，已经从关注“一条街”扩展到了“一个面”。番禺路这条主街当然重要，但对街道后面社区的活力塑造、功能提升更要重视。要从“线”到“面”，对整个街区空间环境的规划设计、布局优化加以综合考虑。

可以说，设计单位花了很多精力找出了腹地内需更新、改造的潜力地块。这些地块是分散的，有的在规划上是保护保留，有的需要更新改造，还有不少“丁”字路要梳理打通，如何使人流、建筑、道路和环境更好地互动联系，还要通过若干条东西向的支路延伸到街区的腹地，使人漫步其间，细细品味，形成既和谐又有魅力的空间，我觉得列出主题路径和慢行串联是个值得实践的办法。可以说，“漫步番禺”的定位还是很切合实际的。

第二，要坚持“以人为本”，把“人民城市”的重要理念渗透到城市更新全过程。要进一步加强区域道路交通网络和市政基础设施建设，不断完善公共服务配套，特别是解决道路拥堵的通病，要通过硬件建设和治理管理，努力提升区域环境整体质量和服务水平。要深入梳理服务对象，提高城市更新的综合效益。大致可以从三个方面进行考虑。首先，当地常住居民是区域服务的主体，要主动了解他们的所思所盼，在“老、少”，“住、行”等方面多下功夫。同时，鼓励当地居民发挥主人翁精神，吸引他们建言献策，参与社区活动，为大家增添安居乐业的幸福感。其次，在本区域工作的企业和单位职工设立有限目标，在方便通勤交通、解决早点午餐等便民事宜上，创造便利条件，增进他们的获得感。最后，为外来旅游、休闲人群创建一个安全、适宜的活动环境，包括简洁、明晰的导游标识，让游客有一种观赏、休闲和参与文化活动的喜悦感。

第三，积极推进项目落地，有利于提升产业转型发展。刚才设计团队介绍了空间上布局的设计方案，这些潜力地块在街区里承担什么职能，发挥什么作用，这是接下来必须要回答的问题，也是项目策划层面的关键。我们要充分尊重市场，关注社会各方的反馈动态，更要做好顶层设计，大的方向要把握住。本区域的文化内涵需要延续和发扬，要做好产业的引导和培育工作，要考虑到不同地块的错位发展。要把方案里提出的北部“文化产业+创意设计”、南部“电影产业+数字艺术”的定位进行优化研究，既服务于长宁区总体发展目标，也有利于挖掘当地的资源优势。现在先有一个框架性方案，后续就具体地块，请开发运营企业深入实地探讨，扬长避短，才能有的放矢。要依托产业支撑，增强经济活力。下一步还需要对逐个地块明确性质，可能还要克服不少困难，然后再优化为一张总图，这样就更具有可操作性了。

第四，创新体制机制，有利于项目落地实施。今天，区政府请来了各行各业的机构、公司，提供了很多新的思路。8月份，国家住建部发文要求探索可持续更新模式，推动由“开发方式”向“经营模式”转变，这就要求进一步加强政府“有形之手”、市场“无形之手”和公众“勤劳之手”的通力合作。

政府主管部门、街道里委、权属方、投资方和居民之间的协调，地块性质和功能之间的协调，建设时序、建筑风貌、街区风格等方面的协调，都需要建立一个运转高效的平台来统筹和推进，需要体制机制方面的创新和实践。方案里对投资方案、运营方案提出了初步的设想，要根据政府引导，积极发挥市场作用，设立平台公司保障长效运营。同时，针对本区域需保护、改造和新建的各类建筑，考虑到面广量大，功能和形态各有不同，建议组建一个总建筑师团队，以保障建筑设计的品质提升和建设质量管控，并有利于指导和发挥社区规划师的作用。大家共同用心、用力、用情，使城市更新工作更接地气。

第五，上海现代城市更新研究院提出了“永不落幕电影节”的构想，我认为很有创意。由此也引申出一些近期与远期畅想，跨界联动。一是充分利用上生新所、邬达克故居等本区域的文创基地，定期或不定期举办中外优秀建筑沙龙、讲座或摄影、油画等艺术展览。也可结合中外影视片，举办“银幕上的人与建筑”，开展丰富多彩的公众参与活动。通过精心策划、逐步完善，在上海形成具有专业影响力的特色文化讲堂。二是长宁、徐汇两地携手，路南路北融合发展。上海影城与上海交大，文化品牌与城市软实力，资源共享、优势互补。推进影视产业、设计创意与数字艺术，高科技、新技术交融组合。三是努力打造永不落幕的“白玉兰国际电影节”品牌，营造沉浸式体验，不求高大上，力求专业、特色和活力。努力创造一种有文化底蕴、雅俗共赏的艺术氛围，让人感到漫步在番禺路上，“精彩多多、好戏连台”。

番禺路城市更新工作有一个很好的起点，可谓“天时、地利、人和”，三者俱全。今天，区委、区政府主要领导亲自到场，一起参加研讨，足以显示对这项工作的重视和期望。通过今天的研讨会，在座的各位同行也进一步感受到肩负的社会责任，希望大家充满信心，踊跃参与。结合社会各方共同努力，为长宁区，为上海城市更新工作增添一张新的靓丽名片。

# 黄浦区工作期间

黄浦区人大、区政府、区政协换届会议期间合影（1993 年 4 月），前排左三为区委书记、区人大主任高寿成，左四为原区人大主任李景琳，左一为区长周太彤，右二为原代区长胡炜，右一为区政协主席陈志荣，左二为原区政协主席汪铭昌

在上海解放 45 周年纪念日，上海市人民英雄纪念塔广场全面竣工并向社会开放（1994 年 5 月 27 日），前排左五为原黄浦区委书记胡瑞邦，左三为区委书记陈志荣

黄浦区79号街坊土地使用权有偿出让合同签字仪式（1992年），后排右四为老市长汪道涵，左二为市房地局副局长张重光，右一为市土地局副局长顾华昌

黄浦区南京西路永新广场开工典礼（1993年11月），左二为区长周太彤，左三为香港著名实业家、永新集团董事局主席曹光彪，左一为区住宅办主任杨云中

黄浦区东海商业中心奠基仪式（1993年），左一为黄浦区城建党委书记吉汉平，左二为市规划局局长夏丽卿，左三为市土地局局长谭启坤，右一为市房管局局长桑荣林

向卫生部部长陈敏章（左二）、副市长谢丽娟（左三）汇报黄浦区大卫生综合整治工作情况（1991 年），右二为市政府副秘书长陈正兴，右一为黄浦区区委副书记顾家宁

在福州路旧改地块举行黄浦区图书馆新大楼开工仪式，副市长周慕尧到会祝贺（1994 年 12 月）

上海市首届郁金香花展在黄浦区人民公园举办（1994 年 4 月），左起为区建设局副书记张静、区建设局副局长朱鹤鸣、副区长张国洪、副区长沈立恭、本书作者、区人大常委会主任高寿成、区委书记陈志荣、人民公园主任李金莲、区长周太彤、区建设局局长陈希安

黄浦区房地局工作座谈会后历任局长合影(1988 年)，左一为区房地局副局长李小妹，左二为老局长殷友田，左三为黄浦区副区长胡炜，左五为区房地局局长余力

市、区综开办（住宅办）负责人会议后合影（1988 年），前排左一为市综开办主任王鹏，右四为市建委副秘书长沈冠军；后排左四为黄浦区住宅办副主任陈海生，左六为卢湾区住宅办主任高宝泉

# 市住宅局工作期间

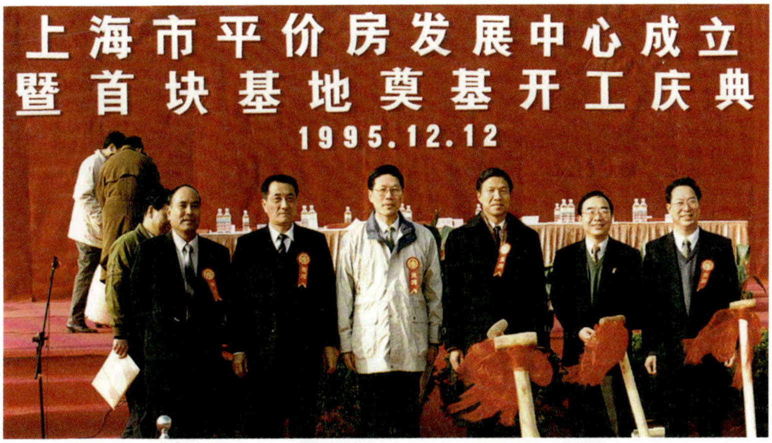


上海积极推进平价房建设，首块开发基地在宝山区开工(1995年12月)，左四为副市长夏克强，左三为市住宅发展局局长王文忠，左一为宝山区副区长孟忠伟

上海试点城镇——安亭新镇暨全市首个区域性共同沟开工仪式(2002年12月)，主席台左一为市民政局副局长谢黎明，左二为市规划局副局长吕民元

在市政府、市建委关心下，市住宅局举办“面向 21 世纪上海住宅发展战略国际研讨会”(1999 年)

市建委领导在浦东新区住宅小区调研（1998年5月），左一为市建设党委书记李春涛，左二为市建委副主任皋玉凤，左三为市建委副主任张载养

市政府副秘书长吴念祖（右一）带领市相关部门调研水环境整治工程（1999年），中间为市建委规划处处长顾金山

向市房管局老局长桑荣林请教业务（1998年）

建设部副部长刘志峰（左四）考察浦东“住友名人花园”（2001年），左一为局科技处处长李娟娟，左二为副局长顾国兴，右三为住友房产公司总经理金顺发，右二为建设部住宅与房地产司司长谢家瑾，右一为局办公室主任顾弟根

在创建示范居住区进程中，市住宅局局长王文忠（左四）率相关单位负责人赴厦门、合肥等地学习考察住宅建设时留影（1999年），左二为市经济适用房发展中心总经理王建中，左五为中环集团总裁周玉升，右二为闵行区住宅局局长张政，右一为市住宅局办公室副主任林宪成

市住宅局班子成员合影（2001 年），左一为局长助理黄永平，左二为副局长顾国兴，左三为党委副书记殷关福，左五为党委书记金鑫，左六为老局长王文忠，左七为副局长林应清

原建设部副部长谭庆琏（右二）参观黄浦江滨江新建住宅工程后，在卢浦大桥工地听取大桥建设情况介绍（2002 年 8 月），左一为市建工集团副总裁丁浩，右一为集团副总经济师尤卫平

与新成立的上海地产集团工作座谈后合影（2002 年 11 月），左五为地产集团董事长皋玉凤，左三为总裁白文华，右一为副总裁沈正超

市住宅局机关工作会议后合影（2003 年 4 月）

# 市规划局工作期间

上海市规划系统加强政风行风建设干部大会(2004年3月),市委副书记刘云耕,市纪委副书记、市纠风办主任李梅出席会议

市委副书记刘云耕在会上讲话

市规划系统党风廉政会议上,与各区、县规划局领导签订政风行风建设责任书(2005年3月),左为徐汇区规划局党委书记、局长夏颖秋

市人大主任龚学平(前排中)、副主任胡炜(后左二)、王培生(后左三)由卢湾区区长张载养(前排右一)、副区长马云安(前排左一)等陪同，视察卢湾区历史文化风貌区和优秀历史建筑(2004年)

市委常委、副市长周禹鹏(左二)，市政府副秘书长沈骏(左三)到市规划局听取规划工作汇报(2005年5月)

市委常委、浦东新区区委书记杜家毫(右一)，区长张学兵(右二)参观上海国际城市雕塑作品展(2004年6月)

建设部部长汪光焘（前排中）、建设部规划司司长唐凯到上海市规划局召开城市规划工作座谈会，副市长杨雄陪同视察市规划局窗口建设情况，右一为市规划局宣教处处长胡建东（2005 年 6 月）

上海市副市长、城雕委主任杨雄（右二）与原建设部副部长宋春华（左二）交流上海城市雕塑工作情况（2005 年 11 月），左一为市规划局副局长伍江

上海城市雕塑艺术中心开馆，建设部和市规划局领导与部分雕塑家合影（2005 年 11 月）

市规划局与上海警备区后勤部联合召开驻沪部队规划工作会议(2006年3月)

市委常委、常务副市长冯国勤在工作会议上讲话

上海警备区副司令员张先汉在工作会议上讲话

市委副书记殷一璀（前排中）参观上海“和平·繁荣”雕塑巡展（2005年9月）

副市长杨雄（右二）、副秘书长沈骏（右一）到市规划局指导工作（2005年9月）

市规划局一行赴崇明东滩湿地考察（2004年），左一为市规划院副所长韦冬，右一为市规划局综合处处长陈薇萍

上海市第九次党代会期间，市委副书记罗世谦（左六）与综合党委系统等代表合影（2007年5月），前排左二为市劳动保障局局长蒋卓庆，左五为市综合党委书记何卫国，右五为市建设党委书记甘忠泽，右三为市发改委主任蒋应时

市规划局机关干部赴南京路上好八连学习，听取指导员江成玖（左一）介绍连队成长史（2005 年 4 月），右一为市规划局党委副书记钟德浩，右二为副局长刘海生

在市规划局机关党委开展保持共产党员先进性教育活动中，为局机关全体党员上党课（2005 年 2 月）

市规划局开展中心城区现状普查，赴徐汇区工作现场慰问(2003年7月)

为进一步优化苏州河两岸环境，在沿岸地区实地踏勘(2003年7月)

上海市区、县规划局长城市规划管理专题研讨班合影(2004年5月)

市规划局召开"三代规划工作者话上海城市发展"座谈会(2005 年 2 月)

原市规划局党委副书记、局长张绍樑发言

原市规划局党委书记、局长夏丽卿发言

原市规划局党委委员、副局长孙平发言

原市规划局副总工程师柴锡贤发言

原市规划局党委委员、局总工程师耿毓修发言

市规划局区县处党支部书记、处长许健发言

与市综合工作党委书记何卫国（右三）、副书记李民权（右一）赴杨浦区调研江湾体育场等历史建筑的保护与利用（2007年3月），右二为杨浦区区委书记陈安杰

赴金山区工作调研，了解廊下现代农业产业园规划建设情况（2007年3月），左三为金山区委书记吴尧鑫，左二为区规划局局长张弘，右一为副区长陆建成

协调处理历史遗留项目会议（2005年）

副市长胡延照（左五）率团慰问酒泉上海航空试验队（2005 年 8 月），左一为市发改委副主任陈寅，左三为市房地局副局长林应清，左四为市政府副秘书长、市国防科工办主任徐建国，右二为闵行区区长陈靖，右一为闵行区副区长程向民

与市规划系统教育培训工作讲师团成员合影（2005 年 4 月），前排左一为市规划院总工苏功洲，左四为市局副总工谷士扬，右三为市局副总工沈人德，右二为市规划院副院长黄吉铭

长江三角洲城市群规划编制工作会议在上海召开（2005 年 11 月）

长江三角洲城市群规划编制工作会议合影（2005 年 11 月），前排左四为建设部规划司司长唐凯，左一为浙江省建设厅总规划师周日良，左二为建设部规划司副司长张勤，右三为江苏省建设厅副厅长张泉，右一为中国城市规划设计研究院院长李晓江

“京津沪渝穗五城市规划工作交流会”在上海召开（2006年12月），上海市副市长周禹鹏、建设部规划司副司长张勤与五城市规划局负责人出席

上海市规划系统新闻发言人培训班合影（2006年4月），前排右四为市政府新闻发言人、市新闻办副主任焦扬，右三为市规划局新闻发言人、副局长汤志平

市综合党委领导与市规划系统负责人合影（2005 年 3 月），前排左一为市规划局副巡视员严涧，左三为市综合党委书记赵效定，右三为副书记李明权，右二为副书记张世虎；后排左一为市测绘院党委书记陆洁中，左二市综合党委秘书长顾嘉禾，左三为市测绘院院长孙红春，左四为市规划院党委书记蔡淑君

“雕塑与城市对话——迎世博 2007 年上海国际雕塑年度展”开幕式（2007 年 3 月），右四为市人大副主任刘伦贤，右五为中国城市雕塑委员会主任陈晓丽，右三为市世博局局长洪浩，右二为市建交委副主任黄健之，右一为市绿化局原局长胡运骅

中国浦东干部学院现场教学工作会议合影留念（2008 年 6 月），前排左七为市委副书记、浦东干部学院第一副院长殷一璀，左六为市委副秘书长姜樑，左八为浦东干部学院常务副院长奚洁人，左九为本书作者

上海市委组织部、市委党校、市规划局共同举办市、区县领导干部城市规划管理专题研修班学员合影，市政府副秘书长尹弘（前排左六）出席开班仪式并讲话（2008 年 3 月），左三为奉贤区委常委、副区长张贵龙，右二为长宁区委常委、副区长赵慧琴

市规划系统在全市主要公共场所开展“城市规划，为了明天更美好”主题宣传活动，左二为市局法规处处长任芝浩（2005年6月）

赴静安区工作调研(2007年5月)，右二为静安区区委常委、副区长时光辉

走进上海人民广播电台直播室，接听市民关于城市规划工作的来电反映（2007年5月）

参加市政府新闻发布会，介绍上海近期规划和地下空间规划工作情况（2005 年 4 月）

在浦东干部学院介绍上海城市规划工作，与学员们互动交流（2006 年 5 月）

在上海城市规划展示馆，向浦东干部学院第四期中央和国家机关司局级干部研究班学员介绍上海城市规划建设情况（2007 年 10 月）

在上海北外滩地区规划编制进程中，市规划局组团赴英国伦敦实地考察金丝雀码头改造工程和泰晤士河两岸规划建设情况（2005 年 7 月）

在西班牙小城镇参观考察历史建筑和风貌保护工作后合影（2007 年 9 月）

上海市城市规划系统首届职工运动会开幕式在卢湾区体育馆举行（2005 年 4 月）

副市长周禹鹏、市综合工作党委书记赵效定、卢湾区区长沙海林等出席运动会闭幕式（2005 年 12 月）

参加网球比赛（2005 年 9 月）

上海市规划系统职工艺术展开幕式(2006年12月),副市长周禹鹏(左四)、市综合工作党委书记何卫国(左五)等出席

上海市规划系统职工艺术展现场(2006年12月)

市委常委、市委宣传部长王仲伟出席市规划系统职工文艺汇演

2007 年市规划系统举行职工文艺汇演，主持人在开幕式上（2007 年 12 月）

市局机关大合唱《心中的丰碑》

黄浦区规划局声乐演出

市规划院集体舞表演《青春的赞歌》

## 市政协、市规划行业协会工作期间

市政协主席冯国勤，副主席周太彤、钱景林、李良园等领导赴市规划国土资源局调研，局长冯经明（右一）介绍规划和土地管理工作情况（2011 年 12 月）

市政协副主席李良园（右五）率人资环建委赴贵州学习考察时合影（2012 年 12 月），左一为爱建房产公司总经理万雯娟，左二为市政总院副院长王育，左三为市政协副秘书长朱志诚，左四为市政协常委屠海鸣，左五为人资环建委主任谢玲丽，右二为市政府原副秘书长柴俊勇

市政协主席吴志明带队赴杨浦区开展“全市城乡中小河道综合整治”专项民主监督工作（2017 年 6 月）

上海政协委员—复旦讲坛开课合影（2009 年 5 月），前排左四为人资环建委主任孟燕堃，左五为复旦大学党委副书记刘建中，左三为人资委办公室主任乔明华，右一为人资委专职副主任孙钟炬

上海市援疆规划专家顾问组首次赴疆开展工作，同时被聘为自治区政府城乡规划工作顾问，新疆维吾尔自治区党委书记张春贤（左七）向规划专家组颁发聘书后合影（2010 年 10 月），左五为自治区党委常委、乌鲁木齐市委书记朱海仑，左六为自治区党委常委努尔兰·阿不都满金，右六为上海市政府副秘书长、市援疆指挥部第七批总指挥陈靖，右五为专家组成员、后任乌鲁木齐市委常委王扣柱

上海市援滇规划专家顾问组向云南省委书记陈豪（左九）工作汇报后合影（2018 年 5 月），左二为省住建厅厅长马永福，左七为省委常委、常务副省长宗国英，右二为省委常委、秘书长刘慧晏

规划专家组在新疆伊犁州考察时合影（2011 年 5 月），左二、左三分别为特邀专家张式煜、朱若霖

新疆维吾尔自治区住建厅在同济大学举办“规划建设管理干部研修班”合影（2016 年 5 月），右五为住建厅党组书记张鸿，右三为副巡视员杨开俭

规划专家组在新疆乌昌地区头屯河综合整治工程现场调研（2018 年 7 月），右五为自治区住建厅总规划师马天宇

根据上海市政府主要领导部署，为做好援助北川国家地震遗址博物馆规划编制工作，市规划局会同同济大学及项目工作团队，奔赴汶川等地开展实地踏勘（2008年8月），右二为同济大学常务副校长李永盛，右一为市规划局总师办主任夏建忠

会同市规划院、闸北区规划局赴对口援助的都江堰大观镇，慰问和推进灾后重建规划编制工作（2009年7月），后排左三为市规划院党委书记余亮茹，右一为闸北区规划局局长周伟良

赴西藏自治区拉萨市、日喀则地区考察调研规划编制和实施情况，右为曾十余次带队进藏的市规划院副院长张长兔（2009年8月）

市政协人资环建委考察上海示范居住区之一——普陀区万里社区合影（2011 年 4 月），左六为中环集团董事长周玉升，左八为人资环建委主任谢玲丽，右八、右七分别为老主任孟燕堃、徐海峰

市规划协会、市局干部学校、规划杂志社一行参观辰山植物园，市绿化局局长马云安（前排右三）介绍规划建设情况后合影（2010 年 8 月），前排左三为协会副秘书长姚浩雄，左五为常务副会长简逢敏，右四为名誉会长夏丽卿，右二为市局干部学校校长洪宗设

市规划协会一行参观青西郊野公园后合影（2018年8月），前排左二为副秘书长王剑，左三为常务副会长陈亚良，右二为市规土局村镇处副处长马秀英，右三、右四分别为原市规划局副总工蒋宗健、叶梅唐，后排右一为副会长牛小琦

与市建设党委老书记陈士杰（中）参观延安革命纪念馆时合影（2013 年 5 月）

《上海房地产业志》篇目审定会合影（2011年12月）
顾问：左七为原市地矿局局长张阿根，左八为原市土地局局长蒋如高，右六为原市房管局局长桑荣林，右五为原市住宅局局长毛佳樑
编纂人员：左六为原市住宅局财务处长黄炳康，右四为中华企业公司总经理盛新健（修志工作负责人），右三为原市住宅局办公室主任赵平

与市规划局老局长施宜（中）、夏丽卿（左）合影（2019年6月），施老于2015年荣获中共中央、国务院、中央军委颁发的“中国人民抗日战争胜利70周年纪念章”，并赴北京参加庆祝典礼（拍照时施老98周岁，夏局80周岁，作者70周岁，施老笑着说是“90后”“80后”“70后”合影）

与市建设党委老书记李春涛合影（2019年12月），李书记在住宅局成立后，提出新建住宅要创“无渗漏”工程

参加上海市委党校庆祝改革开放40周年实景党课"上海向何处去——城市规划绘蓝图"(2018年11月)，左一为同济大学唐子来教授，右二为主持人秦畅，右一为市委党校唐珏岚教授

应邀在复旦大学纪念改革开放40周年主题教育活动暨"改革开放亲历者"报告会讲课，当天恰逢十一届三中全会召开40周年纪念日(2018年12月18日)

“世界城市日”系列活动暨上海新一轮城市总体规划研讨会合影（2014年11月），左二为中国城市规划学会常务副理事长兼秘书长石楠，左四为市规土局局长庄少勤，左五为中国科学院院士郑时龄，右四为原市规划局局长夏丽卿

江浙沪城乡规划工作座谈会后合影（2014年12月），前排左六为江苏省规划协会理事长张泉，左八为江苏省住建厅副厅长张鑑，左九为上海市规土局局长庄少勤，左十为浙江省住建厅党组副书记、副厅长赵克，右二为市规土局总规处处长熊健

上海市规土局主办的第二期“SEA-Hi!”论坛演讲嘉宾合影（2015 年 10 月），左一为市规划院院长张玉鑫，左三为同济大学副校长伍江，左六为市政府副秘书长、浦东新区区长孙继伟，右二为市规土局总工程师俞斯佳，右一为市规划院副院长赵宝静

由自然资源部国土空间规划局、上海市规划和自然资源局等联合指导举办的 “2019 空间与未来”上海国际研讨会合影（2019 年 6 月），前排左五为市委常委、常务副市长陈寅，左六为自然资源部总规划师庄少勤，左四为市规划资源局局长徐毅松，左二为市规划资源局总工程师白雪茹

2018 世界城市日——上海论坛“卓越城市魅力水岸”合影（2018 年 10 月），前排左四为自然资源部空间规划局副局长孙雪东，左六为市政府副秘书长黄融，左七为中国城市规划协会会长唐凯，右五为市规土局局长徐毅松；后排左四为市规划院院长张帆，左五为市规土局副局长杨联萍，右四为市规划学会常务副理事长叶贵勋，右一为长宁区副区长陈华文

“创新、协同、共享”2019 世界城市日——上海论坛合影（2019 年 10 月），前排左五为市规划学会理事长伍江，左六为市规划资源局党组书记韩志强，左七为自然资源部空间规划局副局长张兵，左八为市规划资源局局长徐毅松

市政协之友社第六学习组参观考察上海舞蹈艺术中心合影（2018年6月），左一为马伊里，左三为沈建华，左四为杨洋海，左八为黄健之，左九为任先正，左十为孙钟炬，右六为朱志诚

原上海市住宅局部分老同事赴长兴岛学习参观，长兴岛开发办党组书记、主任许锦国（左八）介绍情况后合影（2019年5月），右六为原市住宅局副局长林应清，左七为原卢湾区住宅局局长陆志康，左六为市住宅科技公司总经理沈印龙，右四为原市住宅局组织处处长周逸华

# 同窗时代与知青岁月

上海电视大学（黄浦区房地局）82 级中文专业班毕业合影（1985 年 4 月），前排左六为班主任罗先高先生

复旦大学 93 级硕士学位证书颁发仪式合影（1996 年 7 月），前排左五为复旦大学校长杨福家教授，后排左八为上海市人大原副主任胡炜

“同甘共苦，难忘荒友情”——黑龙江省山河农场三分场下乡知青联谊会留影（2017年7月），左起为赵双生（当年为三分场一连副连长）、关呈凯（当年为三分场青年干事）、韩乃寅（当年与作者同在三分场一连，后任黑龙江省农垦总局党委副书记、副局长）、本书作者（当年为三分场宣传干事、二分场生产统计）、张月盛（当年为二分场青年干事）

黑龙江省山河农场三分场部分上海知青下乡50周年纪念合影（2019年9月）

上海市杨浦区房地局中等专业学校毕业下乡50周年同学联谊会合影（2019年10月）

# 书 法

“礼赞新辉煌，共筑中国梦”上海政协之友社庆祝中国人民共和国成立70周年、人民政协成立70周年书画摄影展留影（2019年9月）

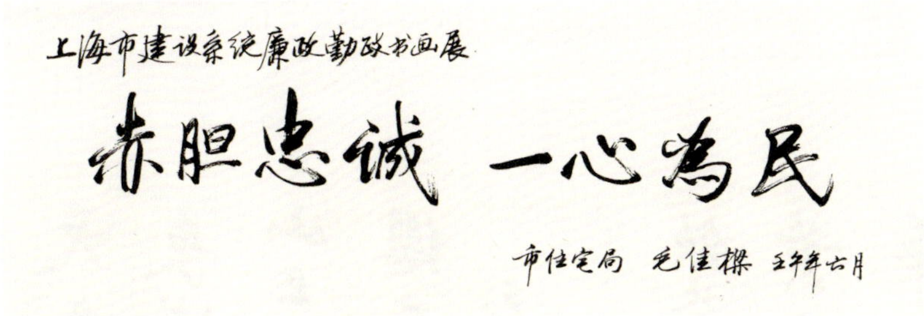


250mm×700mm

上海市建设系统廉洁勤政书画邀请展作品选(2002年)

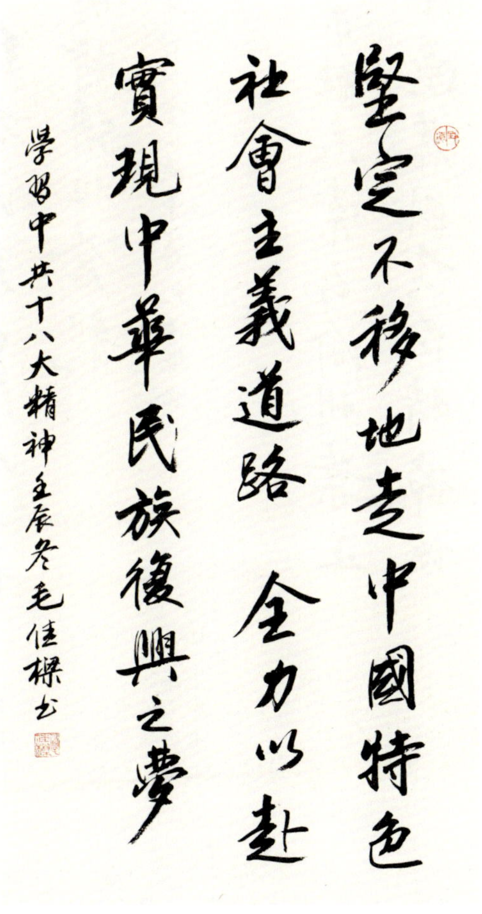


1000mm×500mm

“翰墨传薪”——上海市机关书法家协会
首届书法篆刻展作品集(2012年)

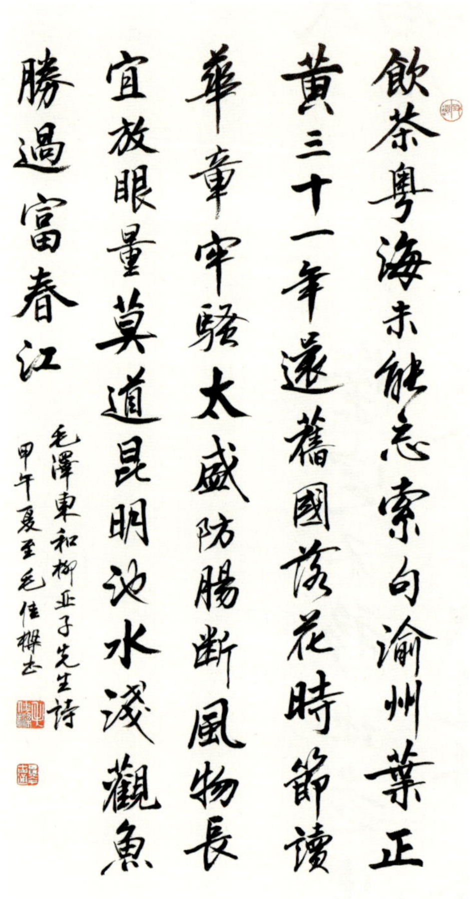


1380mm×690mm

上海市政协纪念中国人民政治协商会议成立65周年书法作品集（2014年）

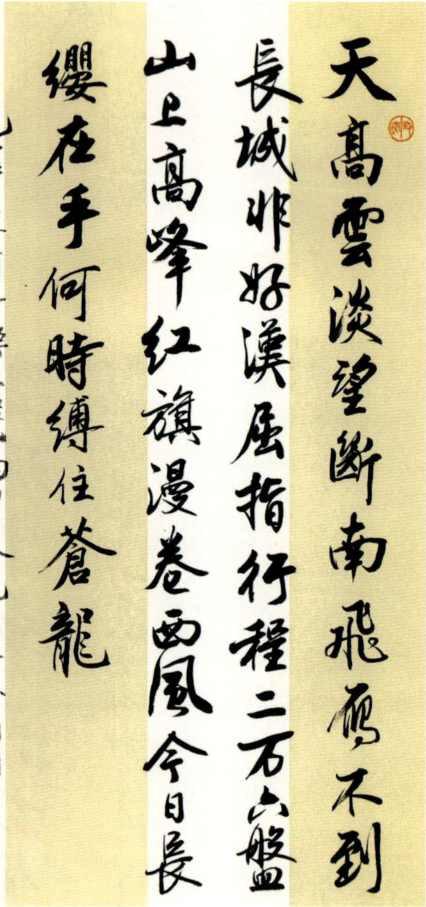


1000mm×500mm

上海政协之友社纪念中国共产党成立95周年
中国工农红军长征胜利80周年
书画摄影作品选（2016年）

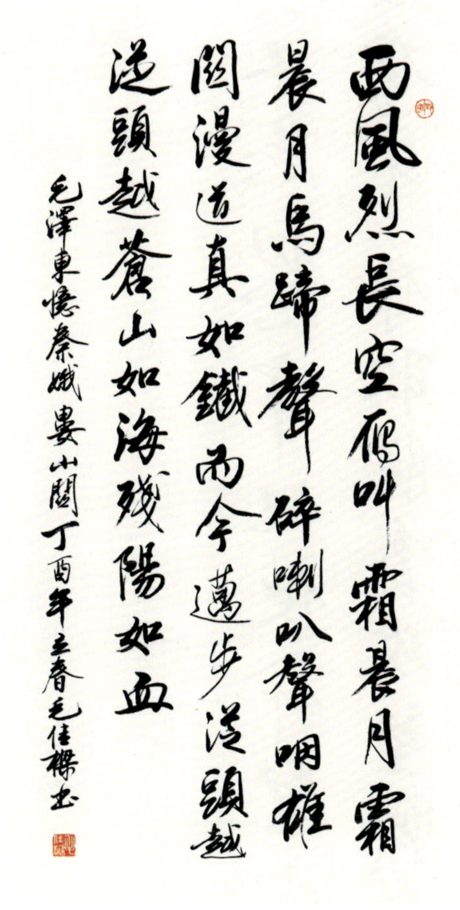


1000mm×500mm

“学习提高，团结联谊”——上海政协之友社成立 30 周年（2017 年）

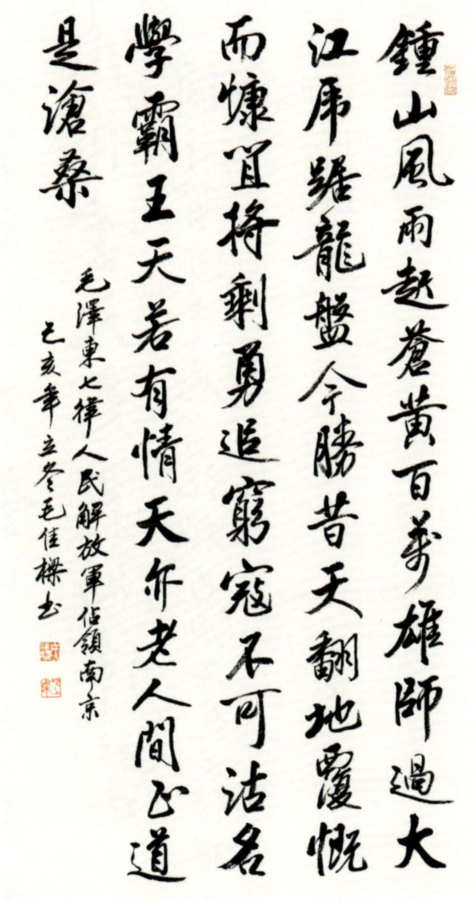


1380mm×690mm

“迎新年·贺新春”——上海政协之友社书画作品集（2019 年）

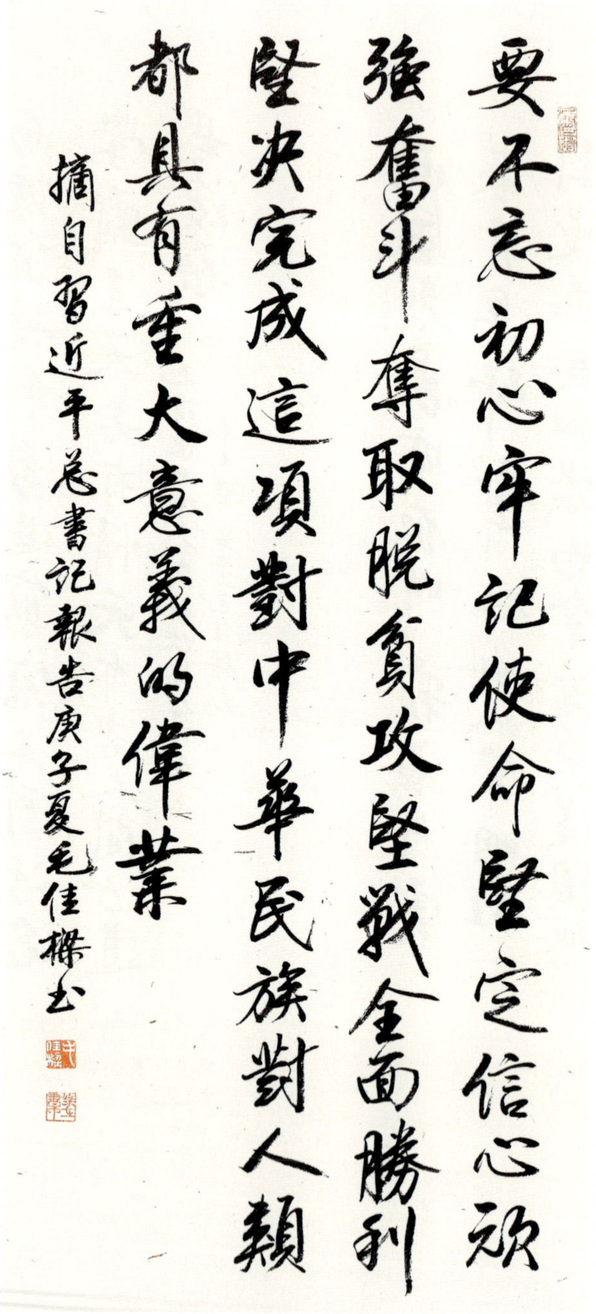


1380mm×690mm

2020上海政协之友社书画摄影作品集（2020年）

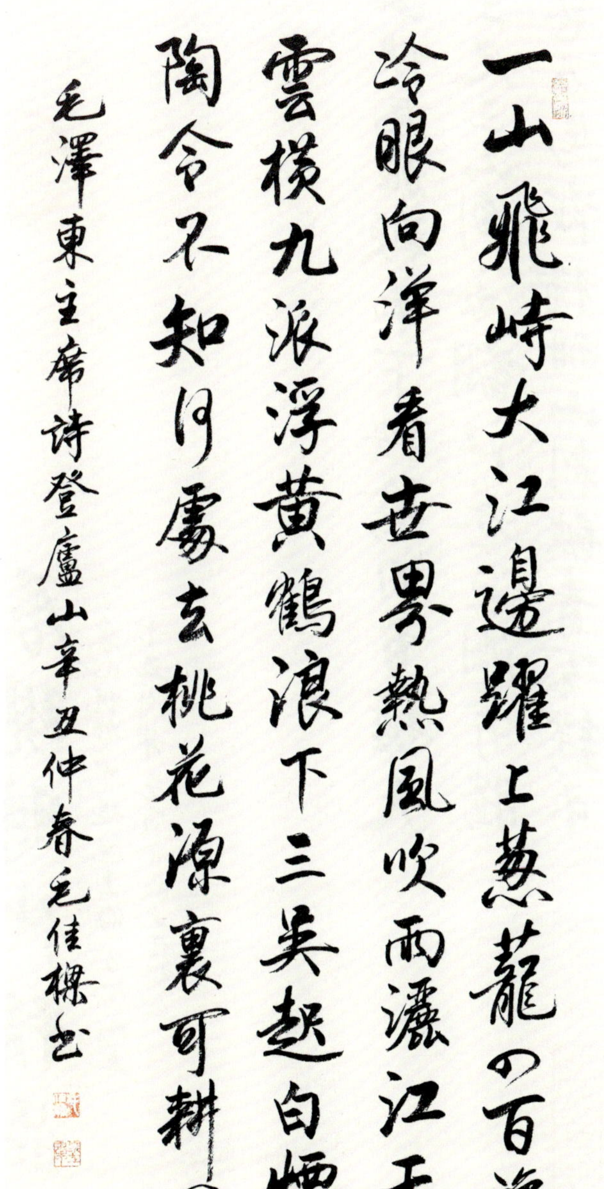


1380mm×690mm

“同心向党，礼赞辉煌”——政协之友庆祝中国共产党成立100周年书画摄影作品集（2021年）

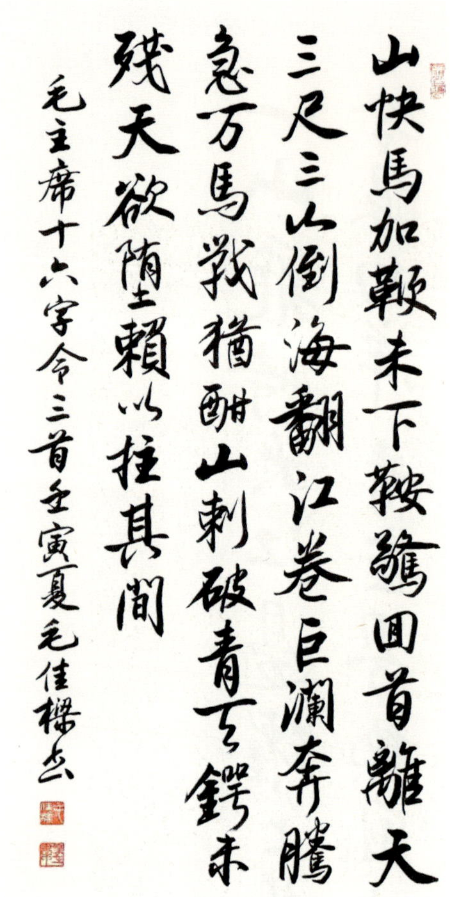


1000mm×500mm

书赠规划局老同事（2022 年）

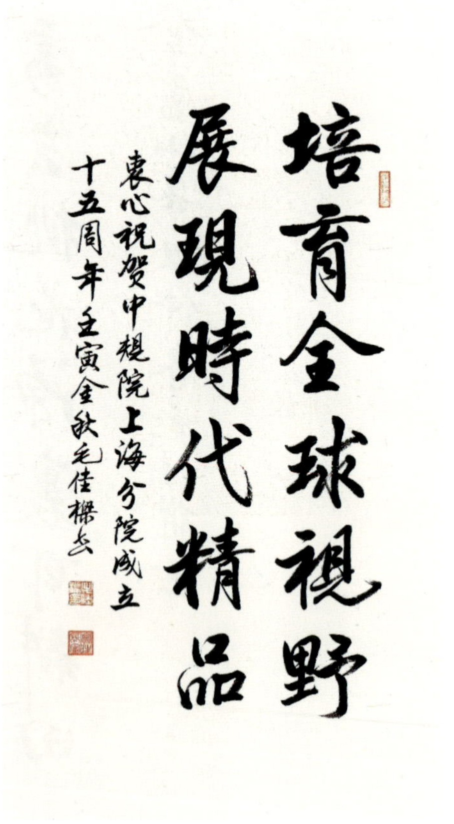


1250mm×650mm

寄语中国城市规划设计院上海分院成立 15 周年（2022 年）

500mm×500mm

上海政协之友社“喜迎二十大”书画摄影作品集（2022年）

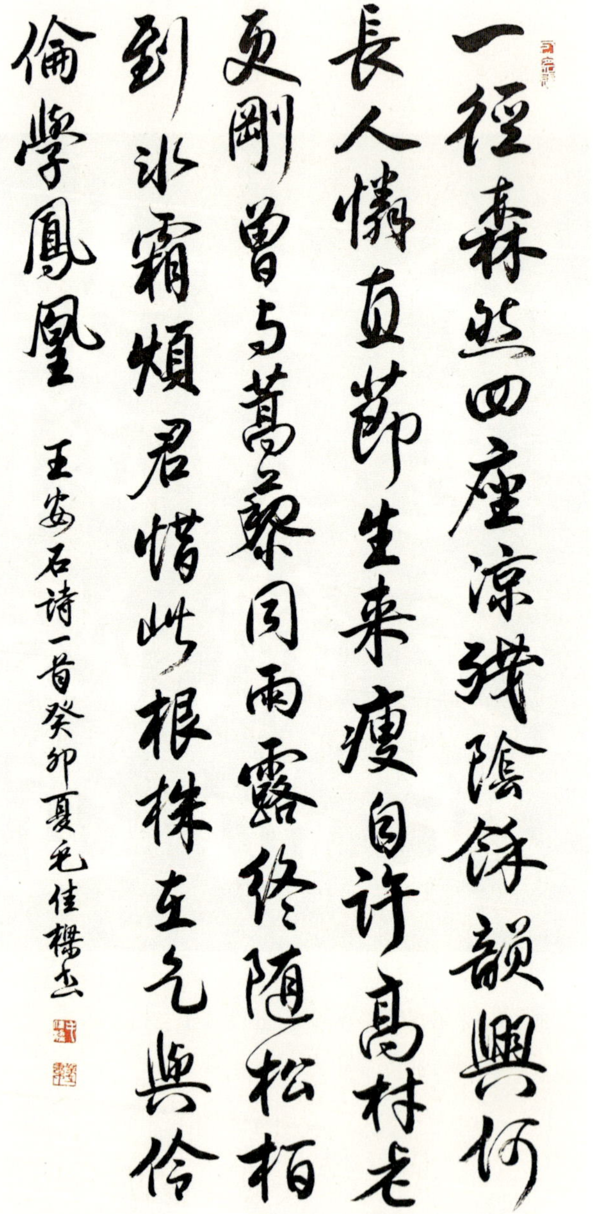


1380mm×690mm

上海市机关书法家协会书法作品展（2023 年）

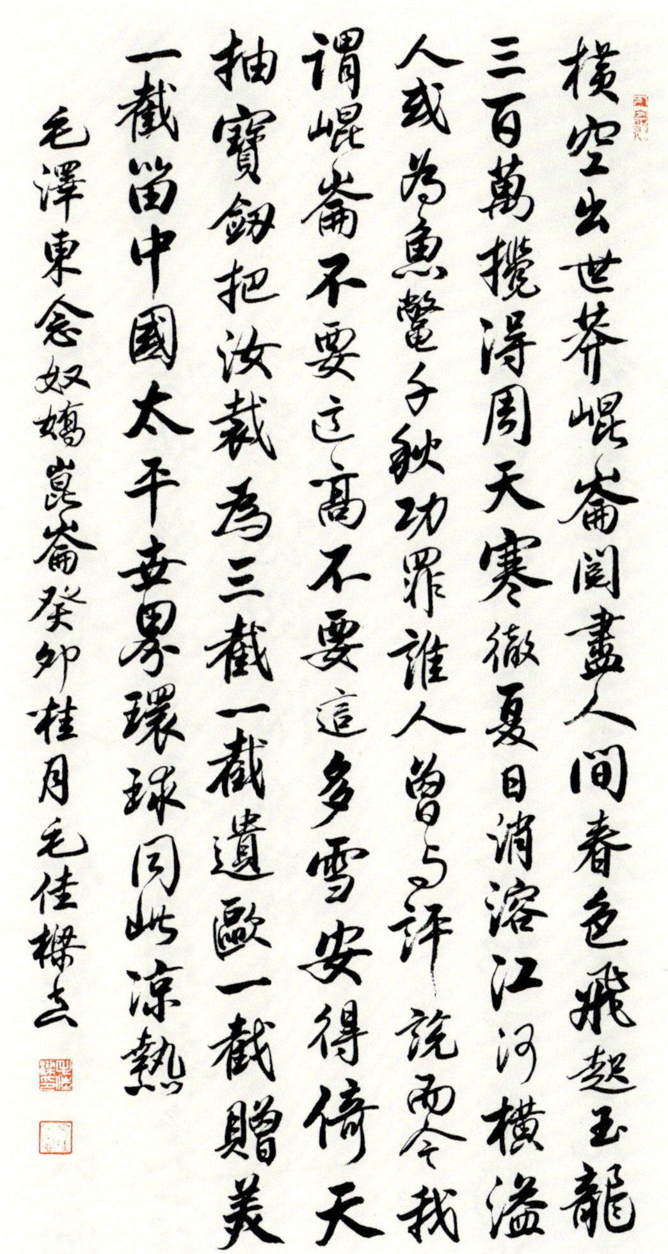


1380mm×690mm

“缅怀领袖·砥砺前进”——上海中国书法院纪念毛泽东诞辰130周年书法作品集（2023年）

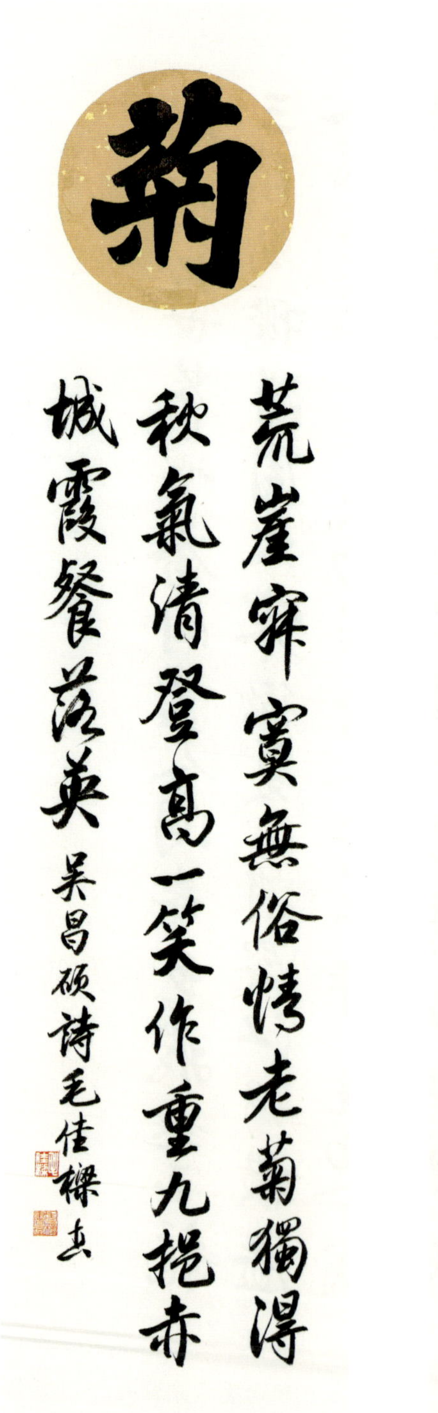


1380mm×345mm

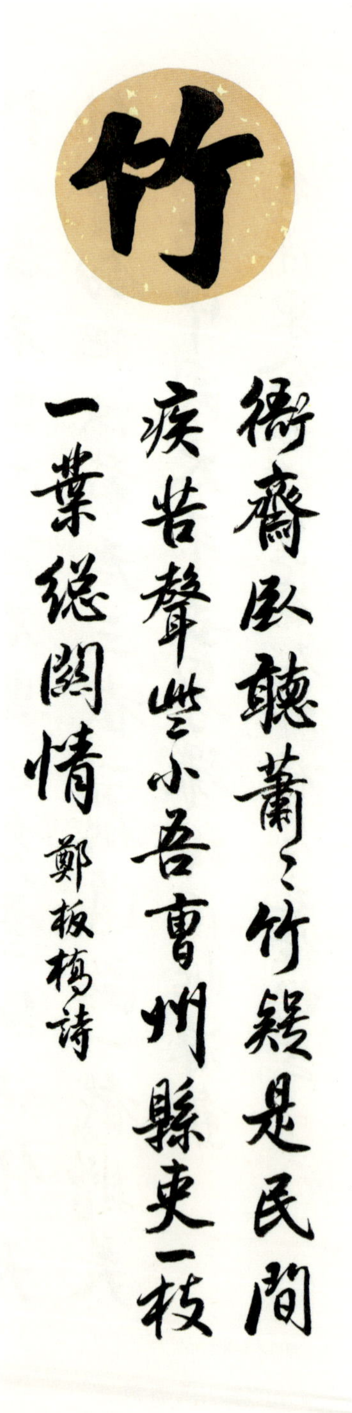


1380mm×345mm

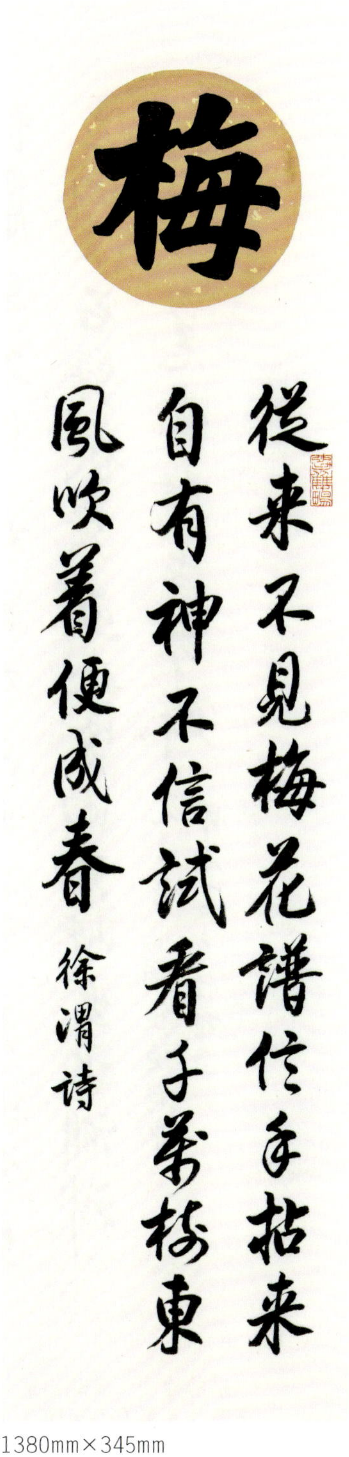


1380mm×345mm

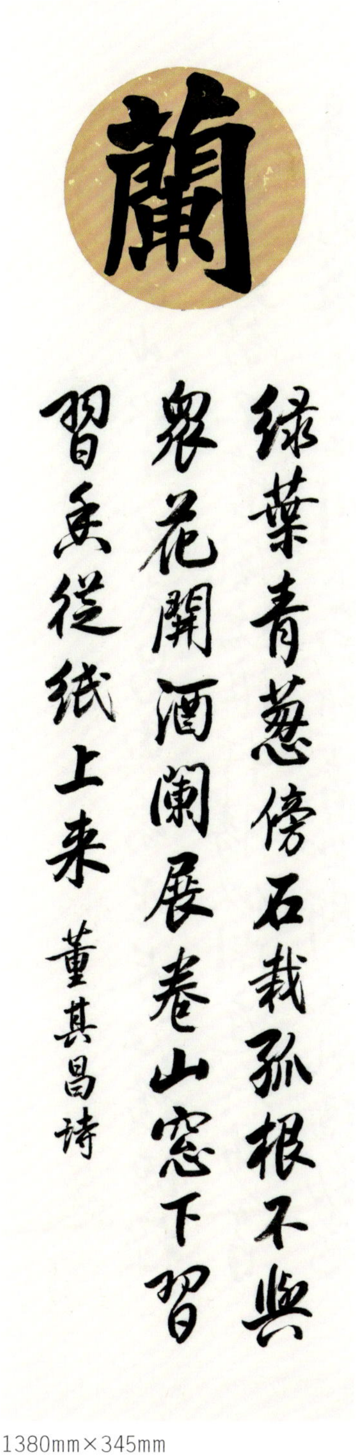


1380mm×345mm

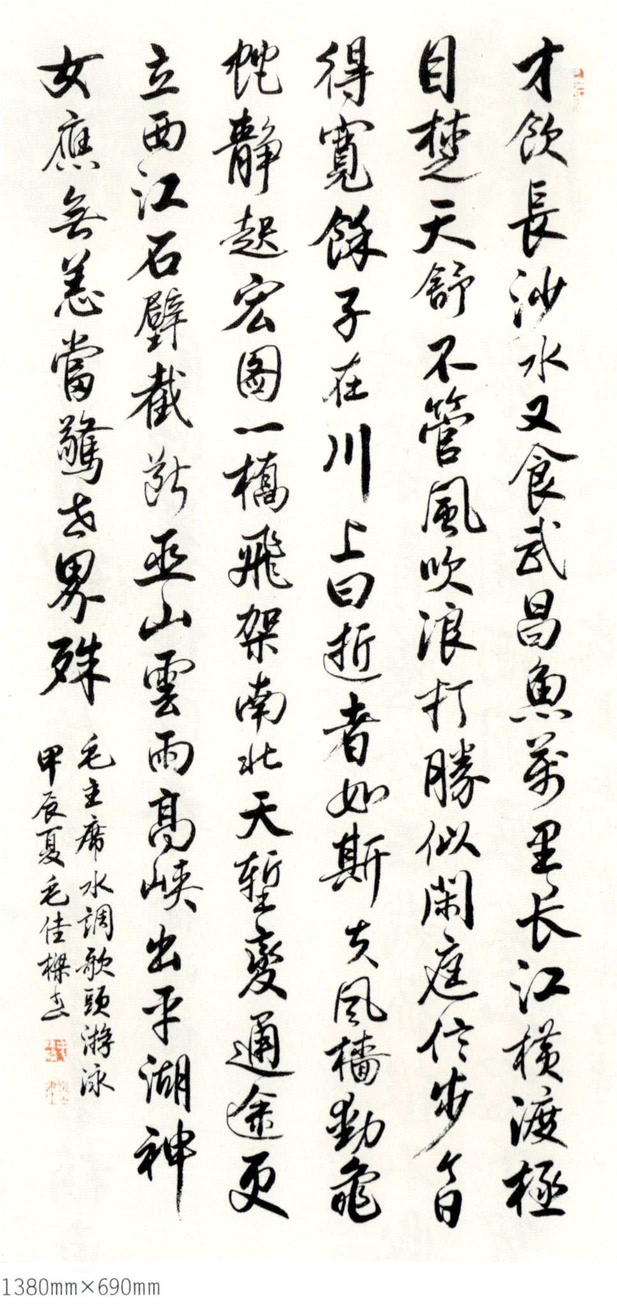


1380mm×690mm

“乐龄建交，盛世华章”——上海市建设交通离退休老同志书画作品集（2024 年）

在市政协之友社书画展与书法老师王宜明先生合影（2024 年 9 月）

# 后 记

时间回到2018年，我在参与改革开放40周年相关活动时，梳理并留存了一些亲身经历的工作笔记与业务资料。在领导的关心和同事们的帮助下，我将这些资料整理成书，起名《为建广厦千万间》。2020年初，我自费印刷了这本书，这既是我珍贵的历史回忆与工作资料，也是我与熟悉的老领导、老同事及亲朋好友共同分享的难忘岁月。

此后，不少同事就书稿中的工作资料与访谈故事和我交流，这些内容从城市建设的视角，展现了上海三十多年来的快速发展与建设成果。在同事们的鼓励下，我于今年春天着手筹备正式出版事宜，并将书名更新为《浦江筑梦——为建广厦千万间》。

首先，我要向上海市第十一届政协主席冯国勤、中国城市规划协会会长唐凯和中国科学院院士郑时龄教授致以诚挚谢意。两位领导与教授分别为拙作作序，对我多年来工作的肯定和鼓励，令我深感荣幸，也十分感动。同时，感谢上海著名书法家、政协之友社书法班王宜明老师为本书题写书名。

在书稿汇编过程中，我得到了诸多老领导、老同事的关心和指点。上海市第十三届人大主任刘云耕阅读了书稿后说："这是一本具有中国特色、时代特征、上海特点的城市建设教科书，内容丰富，尤具操作性，推荐分管城建的县、市长一读，必有所得。"听了这段话我感到坐立不安，这对我来说是极大的激励和鞭策。原副市长周禹鹏帮助审阅了浦东小陆家嘴地区的两篇访谈；原副市长沈骏抽空看了全部书稿样本，并提出了修改完善的宝贵意见。对老领导的支持和帮助，表示衷心感谢。

原市房管局局长刘海生、原市规划资源局局长徐毅松和原市住宅局副局长林应清等，上海市城市规划行业协会负责人张帆、牛小琦、陈亚良、王新军等同仁都给予我全力支持。许多共事过的老同事积极协助，整理相关资料和业务数据，给了我很大的帮助。

在书稿审读阶段，上海市规划和自然资源局局长张玉鑫、市住房和城乡建设管理委员会主任王桢非常关心和支持。市规划资源局政研科技处处长邵一希，市房管局研究室主任赵雁认真审读了书稿。上海城市规划展示馆、上海市城市建设档案馆协助提供相关图片，在此一并表示感谢。

感谢上海现代城市更新研究院院长俞斯佳和李华治、程晨、逄羽静等同志，他们为书稿的文字和图片做了许多梳理和完善工作；上海大学城市更新研究院副院长王剑承担了大量承前启后的基础性工作，并与熊鲁霞、沈印龙、张爱萍、李宪宏、薛长命、沈国平、施海涛等同志参与编辑整理；陶经信、金丹婷、沈瑜等同志参与了相关编务工作。

学林出版社在原有版本基础上对书稿进行了综合性提升，感谢尹利欣总编、资深设计师姜明，王婷玉主任和徐熙纯、张冉两位老师等编辑团队的精心打磨与辛勤付出。

在此，谨向所有为本书付出心血的同仁与朋友表示衷心感谢！由于篇幅与记忆所限，未能将所有提供帮助的单位与个人一一具名致谢，谨此一并表示歉意与感激。

饮水思源，情长笔短。本书所录仅是我个人的工作经历与心得体会，实乃沧海一粟。“人民城市人民建，人民城市为人民”，这是城市建设的永恒主题。我愿与所有热爱这座城市的人们一道，继续学习、力尽所能，为建设更美丽、更具综合竞争力的家园贡献绵薄之力。

我在住宅局、规划局工作期间，向市委、市政府主要领导汇报重大规划和工程等情况，主要源自《上海市志》城乡建设分志中的城乡规划卷和房地产业卷。

因时间仓促，书中文字与图片或有疏漏欠妥之处，恳请各位专家、同仁和广大读者不吝批评指正。

毛佳樑

2025年7月

**图书在版编目(CIP)数据**

浦江筑梦：为建广厦千万间 / 毛佳樑著. -- 上海：学林出版社，2025. -- ISBN 978-7-5486-2086-0

Ⅰ. TU-098.12

中国国家版本馆CIP数据核字第2025YW5047号

**责任编辑** 徐熙纯　张　冉
**特约编辑** 俞斯佳　王　剑　李华治
**装帧设计** 姜　明
**技术编辑** 刘孝宁

**浦江筑梦**
——为建广厦千万间
毛佳樑 著

出　　版 学林出版社
（201101　上海市闵行区号景路159弄C座）
发　　行 上海人民出版社发行中心
（201101　上海市闵行区号景路159弄C座）
印　　刷 上海雅昌艺术印刷有限公司
开　　本 720×1000　1/16
印　　张 30.25
字　　数 46.5万
版　　次 2025年8月第1版
印　　次 2025年8月第1次印刷
ISBN 978-7-5486-2086-0/F·77
定　　价 168.00元